土木与建筑类专业新工科系列教材

总主编　晏致涛

智能建筑概论

ZHINENG JIANZHU GAILUN

（第4版）

主　编　伍　培　侯珊珊　郑　洁
主　审　寿大云　龚延风

重庆大学出版社

内 容 提 要

本书以当今全球第四次工业革命为宏观背景,以我国"智能+"国家战略为指引,以建筑业、智慧城市、人工智能、大数据等相关国家政策为重要依据,介绍"智能建筑"进入新时代后的内涵、架构、理论体系及未来发展趋势。全书共分为 7 章,涵盖智能建筑概述、综合布线系统、建筑设备自动化系统、建筑通信网络系统、办公自动化系统、智慧社区和智慧家庭系统、建筑的本体智能化等内容。

本书内容充实、图示丰富,汲取了当前智能建筑发展和研究的新成果,具有很强的实用性,可作为建筑环境与设备工程、建筑电气与智能化、给排水科学与工程、土木工程、建筑学、工程管理等土建类和电气类专业的教学用书,还可面向应用型本科、职业本科相关专业的教学,也可供从事智能建筑设计、施工、管理及维护的工程技术人员使用,还可作为科研单位及专业技术培训的参考书。

图书在版编目(CIP)数据

智能建筑概论/伍培,侯珊珊,郑洁主编.—4 版.
—重庆:重庆大学出版社,2022.12
土木与建筑类专业新工科系列教材
ISBN 978-7-5689-3678-1

Ⅰ.智… Ⅱ.①伍…②侯…③郑… Ⅲ.①智能化
建筑—高等学校—教材 Ⅳ.①TU18

中国版本图书馆 CIP 数据核字(2022)第 242325 号

土木与建筑类专业新工科系列教材
智能建筑概论
(第 4 版)

主 编 伍 培 侯珊珊 郑 洁
主 审 寿大云 龚延风
策划编辑:张 婷

责任编辑:陈 力 版式设计:张 婷
责任校对:谢 芳 责任印制:赵 晟

*

重庆大学出版社出版发行
出版人:饶帮华
社址:重庆市沙坪坝区大学城西路 21 号
邮编:401331
电话:(023)88617190 88617185(中小学)
传真:(023)88617186 88617166
网址:http://www.cqup.com.cn
邮箱:fxk@ cqup.com.cn(营销中心)
全国新华书店经销
重庆升光电力印务有限公司印刷

*

开本:787mm×1092mm 1/16 印张:17.25 字数:432 千
2022 年 12 月第 4 版 2022 年 12 月第 6 次印刷
印数:13 001—16 000
ISBN 978-7-5689-3678-1 定价:49.00 元

编委会名单

第4版前言

本书自 2006 年出版以来,先后历经了 2011 年第 2 版、2016 年第 3 版,目前为第 4 版。本版以当今全球第四次工业革命为宏观背景,以我国"智能+"国家战略为指引,以建筑智能化、智慧城市、人工智能、大数据等相关国家政策为重要依据,介绍"智能建筑"进入新时代后的内涵、架构、理论体系及未来发展趋势。

智能建筑是包含设备技术、信息技术与现代建筑技术结合而成的时代产物,已逐步从智能进化到智慧阶段,具有智能、安全、节能、高效的性能,满足社会可持续发展理念,实现人、建筑、环境的协调发展,给用户带来舒适高效的体验。建筑能耗约占我国总能耗的 30%,在"碳达峰、碳中和"的背景下,建筑智能化技术对建筑高效运行管理,提升建筑品质,实现节能减排具有重要意义。

今后,建筑业的发展方向是从智能建筑融合升级为智慧城市,以达成新型城市化目标。从整体上的体系结构确定,到观念上的设计理念更新,再到制度上完善相关的标准规范,最后到各种融合平台、云服务平台、各项联动控制系统的建立,是将智能建筑融入城市建设发展的基础路径。物联网、云计算、大数据、人工智能等新技术促进了智能建筑的智慧转型,我国已在北京、上海、深圳等试点城市应用了这些新技术。人类社会对智能化、智慧化生活方式的追求,对智能建筑行业提出了更高的要求,这既是新的机遇,也是新的挑战,要求相关从业人员能够不断学习快速发展的新技术,具备满足新的建筑智能化发展要求的能力。基于智能化技术的飞速发展和未来行业发展方向,第 4 版总结了教学经验,融合了新技术,进行了修订。

第 4 版在修订过程中,更加注意突出教学重点和发展趋势,对智能化建筑的各个系统结合发展趋势进行了梳理,同时对各个系统的最新技术的发展动态进行了介绍,引进了最新的行业规范、协议。在智能小区方面,增加了描述其核心功能需求;建筑设备自动化系统方面,增加了智能停车场相关内容并对火灾自动报警联动控制系统进行了内容更新;在各章节的相应部分增加量子通信、大数据、云计算、可视化技术及本体智能化设计相关内容。

第 4 版能够满足土建类各专业新工科建设要求,内容旨在培养学生对智能建筑的感性认知,从系统工程的角度出发,对智能建筑各个系统的内涵、功能、设计规范和运行原理进行概述,避免复杂的数学计算和信息化原理。希望通过本书的学习能够激发学生对智能建筑的兴趣,鼓励学生通过兴趣主动挖掘建筑智能化背后的现代化技术。教材内容有助于读者对建筑智能化进行全面了解,并在实际工作中促进具体工作的开展与深化。

　　本次修订工作由重庆科技学院伍培、中国人民解放军陆军勤务学院侯珊珊主持,主要分工负责章节如下:第1章、第2章(伍培、侯珊珊),第3章(重庆科技学院杨嘉、东北电力大学金旭),第4章(中国建筑金属结构协会王贺、中国电子节能技术协会科技与教育分会肖继攀、孙新春),第5章(河南省建筑科学研究院有限公司常建国、范立,重庆控环科技集团有限公司胡娟),第6章[互众科技(重庆)有限公司刘俊岭、重庆科技学院杨嘉],第7章(侯珊珊、伍培)。此外,重庆大学建筑规划设计研究总院有限公司廖了,苏州市建筑科学研究院集团股份有限公司雷亚平,重庆交控建设工程(集团)有限公司曹更任,云南交控设计研究院有限公司彭建华,重庆国匠职业资格考试培训集团有限公司陈亮、秦飞,重庆市工程师协会刘娅,重庆市绿色建筑与建筑产业化协会曹勇、陈琼,锐捷网络股份有限公司刘苡村、唐奎,浙江中天智汇安装工程有限公司郑丽军,控环技术研究(江苏)有限公司薛怀东,武汉建安鲲鹏机电工程有限公司童旭等单位和人员,分别在各章负责人的组织下,参与了各章的修订,重庆科技学院2020级硕士研究生靳可、李梦可等参与了资料搜集和整理工作。此次修订工作得到了教育部高等学校建筑电气与智能化专业教学指导分委员会有关专家的关心和指导,重庆大学郑洁教授、王勇教授,重庆市众科人工智能研究院向荣周教授,重庆飞邮网络技术有限公司赵飞、封永虹等在具体内容的优化上给予了细致的帮助,特表衷心感谢。本书再版得到重庆科技学院教材出版基金的大力支持,对此特别表示感谢。

　　本版虽然注意了智能建筑在互联网时代的内容更新,但由于建筑智能化所应用的信息化技术发展迅速,科技发展日新月异,难免挂一漏万。由于作者的业务素质和技术水平有限,书中若有错漏之处,敬请专家、同仁和广大读者批评指正。对本书的任何意见和建议,欢迎致邮:555wp555@163.com。

编　者
2022年12月

第 1 版 前 言

　　本书从智能化建筑发展历史、智能化建筑的构成要素和系统等几个方面,介绍了综合布线系统、建筑物自动化系统、办公自动化系统和通信网络系统的主要功能、构成方式和设计要求,是作者多年对智能化建筑教学、科研和工程设计的总结。

　　本书在阐述时充分考虑到了从业人员的要求和学生的知识结构,侧重于应用性和实践性的知识介绍,用通俗易懂的语言描述了智能建筑技术及其系统的基本知识,避免了复杂的数学推导,以求重点突出,简明实用。本书除作为普通高等学校建筑环境与设备工程专业本科生教材之外,也适合作为智能建筑、楼宇自动化、办公自动化、网络通信、房屋设备安装工程、物业管理、工程施工等相关领域的高等职业技术学院、成人教育学院的教材,还可供从事智能建筑行业系统集成、设计和研发的工程技术人员培训使用。

　　本书由重庆大学郑洁、重庆科技学院伍培主编。第1,3章由郑洁编写,第2,4章由伍培编写,第5章由张卫华编写,第6章由串钢编写,第7章由郑洁、伍培、彭宣伟编写。全书由国家智能建筑教学指导小组组长寿大云教授和南京工业大学龚延风教授担任主审。

　　在编写过程中参考并引用了众多专家学者的研究成果,使本书内容得以充实,在此,我们对这些作者表示深深的谢意。教材在编写过程中,曾得到重庆大学、重庆科技学院相关领导、专家、同事的关心、帮助和支持,也得到相关设计、施工单位专家的热情指导,重庆大学出版社为此书的出版也给予了大力支持,在此一并表示衷心感谢。

　　由于编者的学识和经验有限,书中不妥与错误之处在所难免,敬请广大读者批评指正。

编　　者

2006 年 5 月

目　录

1
概　述

本章导读：

　　本章从建筑设备自动化控制技术的发展出发，介绍了智能建筑的起源、发展和组成内容，并结合发展趋势介绍了智能建筑的生态特性和可持续发展的系统集成思想。通过学习，理解智能建筑的发展趋势和阶段，理解建筑智商的评价原理，掌握智能化建筑的分类和基本结构，对如何实现智能建筑的可持续发展建立一个比较清晰的概念。

　　人类最早居住的建筑极其简陋，只能用于遮阳避雨、防风御寒，后来出现的壁炉、火炕和天窗，成为人类对建筑环境进行改善和控制的最原始设施。随着人类社会的不断发展，建筑物在人类的生活与工作中显得日益重要。一方面，人们对建筑环境的要求越来越高，逐步对建筑热湿环境、空气品质环境、水环境、电环境、光环境、声环境、信息环境提出了越来越明确的要求；另一方面，随着科学技术和生产力的迅速发展，为改善和提高建筑环境质量提供了越来越多的新型建筑设备。因此，传统的水、暖、电等建筑设备的含义迅速扩大，建筑设备的种类越来越多，功能越来越多，技术水平越来越高，系统越来越复杂，其投资、运行能耗和维护费用也越来越高。为了充分、有效地发挥设备潜力，提高系统的整体效能，降低设备运行能耗和系统运行、维护费用，实现建筑物设备自动控制，建筑设备自动化系统（Building Automation System，BAS，楼宇自动化系统）成为建筑技术不断发展的必然要求和自动化技术在建筑领域应用的必然结果。

　　进入 20 世纪 80 年代，电子技术和计算机网络技术得到极大发展，Internet 的出现和普及，已逐渐将人类带入信息社会，人类的生产、生活方式也随之发生变化。人类对现代化居住和办公的建筑环境提出了更高的要求，要求建筑具有适应信息社会的各种信息化手段和设备，以便更好地满足人们工作和生活的需求。在建筑设备实现自动化控制的基础上，引入了涵盖通信、计算机、网络等领域的现代信息技术，基于"信息＋建筑"二元信息物理系统的智能建筑

(Intelligent Building,IB)就逐渐形成。与智能建筑相比,传统建筑由于缺乏数据缆线、基础电子设施以及更符合人工作和生活要求的空间与构造设计,空间展开以及各项服务,不同项目间的协调性较少甚至完全没有,在建筑环境品质、工作与生活便利性、安全性、能源利用效率等方面差距较大。而智能建筑是现代建筑技术与信息技术、控制技术有机结合的产物,具备集数据互通、语音互联、图像互享、网控一体、环境控制、氛围营造等功能的人工智能体,能为使用者提供更为高效舒适、安全可靠的工作及生活环境。进入 21 世纪后,基于"信息+建筑"二元信息物理系统的智能建筑在分布式智能控制理论的推动下日益成熟,现场总线与智能控制成为其主要技术。随着人们对提高工作效率、提升办公与居家生活环境品质等目标的逐渐明确,"以人为本"的理念彻底进入智能建筑的规划、设计和运营维护全周期,IB 发展成为基于"人+信息+建筑"的智慧建筑(Smart Building,SB)。第一代智慧建筑以物联网、云计算、大数据、智能控制为主,第二代智慧建筑则以人工智能(Artificial Intelligence,AI)驱动为主要特征,更多地体现出人与建筑的共融特征。未来的智能建筑将发展成为基于 AI 的高智慧建筑,实现实时感知、高效传输、自主控制、自主学习、个性化定制、自组织协同、自寻优进化、智能决策,具备价值互联与再造能力,不断扩大建筑业生态圈并拉长建筑产业链,成为促进社会发展的主力军。智能建筑的演变过程如图 1.1 所示。

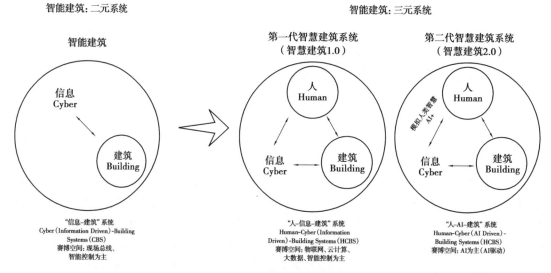

图 1.1 智能建筑的演变

1.1 建筑设备自动化与智能建筑的发展历程

1.1.1 建筑设备自动化控制技术的发展

建筑设备自动化(Building Automation,BA)是随着建筑设备,尤其是暖通空调系统(包括供热、通风、空气调节与制冷系统)的发展而出现的。BA 系统与自动控制技术的发展是同步的。最早的楼宇自动控制系统是气动系统,气动控制系统的能源是压缩空气,主要用于控制供热、供冷管道上的调节阀和空气调节系统的空气输配管道调节阀。在市场需求和竞争的推动下，这种控制技术实现了标准化，统一了压缩空气的压力和有关气动部件的标准，使得符合标准的厂商生产的控制设备可以互换，促进了楼宇控制系统的发展。

随后，电气控制系统逐渐代替气动控制系统，20世纪70年代爆发的"能源危机"，促使以HVAC&R(供热、通风与空调)设备为主要控制对象的BA系统的形成，然后逐渐发展为包含照明、火灾报警、给排水等子系统的集成BA系统。

起初计算机系统只是被简单地纳入电气控制系统之中，形成监督控制(Supervisory Computer Control，SCC)系统，其结构如图1.2所示。最原始的SCC称为数据采集和操作指导控制，计算机并不直接对生产过程进行控制，而只是对过程参数进行巡回检测、收集，经加工处理后进行显示、打印或报警，操作人员据此进行相应的操作，实现对设备工作状态的调整。在后期的SCC系统中，计算机对设备运行过程中的有关参数进行巡回检测、计算、分析，然后将运算结果作为给定值输出到模拟调节器，由模拟调节器完成对设备工作状态的调整。

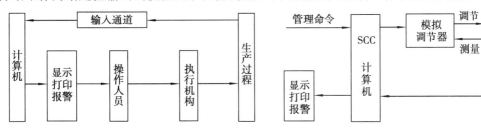

（a）数据采集和操作指导控制结构　　　　（b）模拟调节器控制系统结构

图1.2　SCC系统结构

SCC虽然只是计算机系统在控制领域中最简单的应用方式，但在楼宇自控系统中起到了显著作用，节能效果明显。计算机系统在建筑中的应用由此得到了迅速发展。

20世纪80年代早期，计算机技术和微处理器有了突破性的发展，产生了直接数字控制(Direct Digital Control，DDC)技术，其结构如图1.3所示。DDC技术在楼宇自动化系统中的应用极大地提高了楼宇设备的效率，并简化了楼宇设备的运行和维护程序。随后在计算机网络技术的带动下，产生了各种以DDC技术为基础的分布式控制系统(Distributed Control System，DCS)，其结构如图1.4所示，图中的工作站及分站均为计算机，形成了现代建筑设备自动化系统。

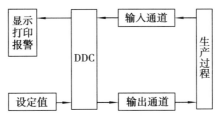

图1.3　DDC系统结构

与SCC和DDC不同，DCS是分级控制。但由于DCS是各开发商的专利产品，技术和标准不能开放，网络不能直接互联，因而出现了现场总线控制系统(Fieldbus Control System，FCS)。它是用现场总线这一开放的、具有互操作性的网络将现场各个控制器和仪表及仪表设备互连，

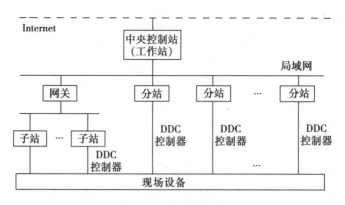

图1.4 DCS系统结构

构成现场总线控制系统,同时将控制功能彻底下放到现场,降低了安装成本和维修费用,其技术和标准是开放式的,任何人均可使用,无专利许可要求。FCS信号传输实现了全数字化,现场仪表的传感器和执行器采用现场总线网络,并与逐层向上至最高层的通信网络相连。FCS系统结构是全分散式的,由总线仪表完成DCS控制站和过程输入输出转换功能,实现比DCS系统更彻底地分散控制。FCS具有的互操作性彻底改变了DCS控制层的封闭性和专用性。由于FCS是开放式的互联网络,可以与不同层次的网络很方便地共享网络数据库资源,为"大数据"奠定了基础,其结构如图1.5所示。

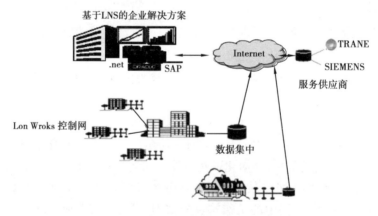

图1.5 FCS在智能建筑领域的应用示意图

随着FCS的应用,其他楼宇设备的自动控制系统也逐渐地被集成到建筑设备自动化系统中,如火灾自动报警与消防灭火设备自动控制系统、智能卡设备自动控制系统等。现代智能建筑的建筑设备自动化系统成为一个高度集成、联动协调、具有统一操作接口和界面的,且有一定智商的自动化系统。

智能建筑在最初发展阶段中,其建筑设备自动化系统通常与IT系统分离。随着技术开放系统(Open Systems Technology)思想及计算机通信技术的发展,专有通信协议的自动化系统被开放通信协议的自动化系统所取代,Internet成为基础网络设施(Infrastructure),管理信息系统的综合化程度越来越高,整体化的管理日渐普及,物业设备设施管理(Facility-Management)越来越专业化,并在整个建筑设备自动化系统内实现完全互操作。这些发展趋势导致建筑设备自动化系统建立在管理系统的基础设施之上,形成网络化的楼宇系统(Networked Building

Systems，NBS)，逐渐成为信息系统的一个子系统。网络化楼宇系统使建筑设备自动化系统具有了统一的操作界面，与通信自动化系统和办公自动化系统成为一个整体，继而形成以物联网、云计算、大数据、智能控制为基础，AI 驱动的智能化建筑，成为智慧建筑元细胞(Smart Building Metacellular，SBM)。

1.1.2　智能建筑的起源和发展

1)智能建筑的起源

由前述可知，随着社会与科技的进步与发展，仅由建筑设备自动化系统所提供的建筑环境已无法适应和满足信息技术的飞速发展下人们对建筑环境信息化的需求。1984 年 1 月在美国康涅狄格州哈福德市对一栋旧金融大厦进行改建，竣工后大楼改名为"City Place"。该大楼主要增添了计算机和数字程控交换机等先进的办公设备，完善了通信线路等设施。大楼的客户不必购置设备便可享受语音通信、文字处理、电子邮件、市场行情查询、情报资料检索和科技计算等服务。此外，大楼内的暖通、给排水、防火、防盗、供配电和电梯等建筑系统设施均由计算机控制，实现了自动化综合管理，为用户提供了舒适、方便和安全的建筑环境，这一举动引起了世人的广泛关注。在"City Place"的宣传材料中第一次出现"智能建筑"一词，因此"City Place"被称为世界上第一栋智能建筑。此后智能建筑的概念开始被世界接受。

之后，智能建筑得到蓬勃发展，以美国和日本最为突出。此外，法国、瑞士、英国、新加坡、马来西亚、中国香港等国家和地区的智能建筑也快速发展起来。中国智能建筑建设始于 1990 年，起步后发展更为迅猛。北京的发展大厦(20 F)是我国智能建筑的雏形，随后建成的有上海金茂大厦(88 F)、深圳地王大厦(81 F)、广州中信大厦(80 F)、南京金鹰国际商城(58 F)等一批具有较高智能化程度的大厦。目前，各地在建的办公大厦绝大多数均为智能建筑，且智能建筑的类型日渐多样化，逐步由办公大厦转向生活住宅和大型公共设施，如大型住宅小区、会展中心、图书馆、体育场馆、文化艺术中心、博物馆、公园等，智能化系统投资上亿元的项目屡见不鲜。2016 年之后，全世界的智能建筑一半以上都在中国建成。

2)智能建筑的发展阶段

在智能建筑发展的 40 多年里，根据自动化控制技术的发展进程，大致也可以归结为下列 6 个阶段，即：

①单功能系统阶段(1980—1985 年)：以闭路电视监控、停车场收费、消防监控和空调设备监控等子系统为代表，此阶段各种自动化控制系统的特点是"各自为政"。

②多功能系统阶段(1985—1990 年)：出现了综合保安系统、建筑设备自控系统、火灾报警系统和有线通信系统等，各种自动化控制系统实现了部分联动。

③集成系统阶段(1990—1995 年)：主要包括建筑设备综合管理系统、办公自动化系统和通信网络系统，性质类似的系统实现了整合。

④智能建筑智能管理系统阶段(1995—2000 年)：以计算机网络为核心，实现了系统化、集成化与智能化管理，服务于建筑，使性质不同的系统实现了统一管理。

⑤建筑智能化环境集成阶段(2000—2018 年)：在智能建筑智能管理系统日渐成熟的基础

上,进一步研究建筑及小区、住宅的本体智能化,研究建筑技术与信息技术的集成技术,智能化建筑环境的设计思想逐步成形。

⑥从智能到智慧的进化阶段(2018年至今):智慧城市、工业4.0的提出,赋予了智能建筑新的内涵,数字孪生技术将智能建筑在时间维度上拓展到全生命周期,将其空间维度拓展到无处不在的空天地一体化网络环境,使其要素边界扩大,人成为建筑的一部分,建筑进化为SBM,建筑群进化为智慧城市元细胞(Smart City Metacellular,SCM),逐步成为一个自我传播、群体交互、自学习、自适应、持续优化、安全可信的城市元。

人类社会在此阶段,开始探索建筑的认知计算和情感计算,同时融入了共享经济、平台经济、区块链等新经济模式,建筑行业开始践行元宇宙的概念。

3)世界各国智能建筑发展现状

美国是世界上第一个出现智能建筑的国家,也是智能建筑发展最迅速的国家。自20世纪90年代以来,美国新建和改建的办公大楼约有70%为智能化建筑。著名的IBM、DEC公司总部大厦等皆是智能建筑。目前,在美国有全球最大的智能化住宅群,其占地3 359公顷,由约8 000栋小别墅组成,每栋别墅设置有16个信息点,仅综合布线造价就达2 200万美元。

日本智能建筑的特点是将其开发、设计、施工过程进行规模化与集团化。此外,以人为本、注重功能、兼顾未来发展与环境保护也是其特点之一。日本的智能建筑大量采用新材料、新技术。在利用信息、网络、控制与人工智能技术上,日本也走在前列。由于智能建筑发展迅速和具有自己的特色,日本被认为是在智能建筑领域进行最全面的综合研究并提出有关理论和进行实践的最具代表性的国家之一。日本大企业对智能建筑的热情很高,日本政府的大力支持和积极推动智能建筑建设,如建设中的节能、环境等因素,均由政策杠杆和法规规范引导解决。智能建筑在英国不仅出现较早,而且发展较快。早在1989年,在西欧的智能大厦中,伦敦就占了12%。在英国,既有为正常人设计建造的智能建筑,也有为残疾者修建的智能建筑。为不同人群定制是其鲜明的特色。英国智能建筑别墅所用的建筑材料多采用自然可再生材料。节能是英国智能建筑的另一特色,如建筑中配有废水处理系统。在系统安全性方面,英国的智能建筑也较为先进。用于智能公寓的技术使得残疾人获得了更大的自由度并降低他们对护理人员的依赖程度,帮助残疾人更多地自行支配生活,进而维护了他们做人的尊严,这也为老龄化社会提供了一种建筑方面的解决方案。

我国智能建筑行业起步较晚,与发达国家相比,我国智能建筑在新建建筑中的比例仍较小,存在很大的发展空间。2012年我国新建建筑中智能建筑的比例仅为26%左右,2018年我国智能建筑占新建建筑的比例已达到40%,虽然仍低于属于发达国家的美国和日本,但由于中国智能建筑在新建建筑中所占的比例每年能保持约3%的增长率,到2025年左右,中国智能建筑在新建建筑中的比例将超过50%。

在时间周期上,我国智能建筑已经过了初创期和发展期,现今处于高速发展期,2018年我国智能建筑行业产值约达50亿美元,产业规模和产业链已形成;在地域发展上,我国智能建筑正在多点面普及化发展,智能建筑正逐步由一线城市向二、三线城市扩展,未来也有望在乡村振兴的进程中提供助益;在技术层面上,我国智能建筑的管理模式正由传统化向智能化、信息化、数字化、网络化过渡,实现真正的智慧化控制。

4)世界各国对智能建筑的定义

智能建筑是各种新兴技术广泛应用于建筑领域的产物,其内涵相对丰富,全球尚无统一的定义。

美国智能建筑学会(American Intelligent Building Institute,AIBI)对智能建筑的定义是:"智能建筑"是通过优化建筑物结构、系统、服务和管理4项基本要素之间的内在关系,来提供一种投资合理,具有高效、舒适和便利环境的建筑物;欧洲智能建筑集团定义中的智能建筑能创造一种可以使用户拥有最大效率的建筑环境;同时,智能建筑可以凭借最低的硬件设备保养成本有效地管理建筑本身的资源,其最终目标是提供一个反应快、效率高和有支持力的环境以使建筑内的不同用户达成其业务。

新加坡政府的公共工程部(Public Works Department,PWD)在其颁布的《智能大厦手册》中要求,智能建筑必须具备3个条件:一是具有完善的安保、消防系统,能有效应对灾难和紧急情况;二是具有能够调节大楼内的温度、湿度、灯光等环境控制参数的自动化控制系统,可以创造舒适、安全的生活环境;三是具有良好的通信网络和通信设施,使各种数据能在建筑内外进行传输和交换,能让用户拥有足够的通信能力。日本智能建筑研究协会(Japan Intelligent Building Research Institute,JIBI)对"智能建筑"定义中要求智能建筑应提供包括商业支持功能、通信支持功能等在内的高度通信服务,并能通过高度自动化的大楼管理体系保证舒适的环境和安全,以提高用户的工作效率。

中国的《智能建筑设计标准》(GB 50314—2015)中将智能建筑定义为:"以建筑物为平台,基于对各类智能化信息的综合应用,集架构、系统、应用、管理及优化组合为一体,具有感知、传输、记忆、推理、判断和决策的综合智慧能力,形成以人、建筑、环境互为协调的整合体,为人们提供安全、高效、便利及可持续发展功能环境的建筑"。2021年颁布的中国建筑学会《智慧建筑设计标准》(T/ASC19—2021)进一步明确"智慧建筑是以构建便捷、舒适、安全、绿色、健康、高效的建筑为目标,在理念规划、技术应用、管理运营、可持续发展环节中充分体现数据集成、分析判断、管控决策,具有整体自适应和自进化能力的新型建筑形态"。图1.6所示为其明确的智慧建筑技术架构。

由此可见,欧美将智能建筑的焦点放在通过技术满足使用者的需求及绿色可持续发展,亚洲则侧重于技术的自动化和建筑功能的控制作用。当前较有代表性的智能建筑有:

①英国曼彻斯特天使一号广场。位于英国曼彻斯特的天使一号广场(图1.7)是英国高品集团的新总部大楼,于2012年建成,是可容纳3万多平方米的高质量办公空间。数据显示,与之前的总部大楼相比,天使一号广场可节省能耗50%,减少碳排放80%,节省营业成本高达30%。大楼实行本地采购和可持续性原则。这座大楼的能源来自于低碳的热电联产系统,由本地高品农场生产的油菜籽作为生物燃料,为热电联合发电站供能,剩余的庄稼外壳成为农场动物的饲料,多余的能量会供应给电网,或是应用在其他的NOMA开发项目(由高品集团发起的英国最大的地区改造项目)中。剩余废弃的热量则会输送给一台吸收式制冷机。该大楼合并了废水回收和雨水收集系统,确保了低水耗。大楼还采用低能耗的LED照明,并尽量采用自然光照。距离窗户7 m之外不设置办公桌。同时配有电动汽车的充电站,使其更能满足新能源车用户的出行需求。

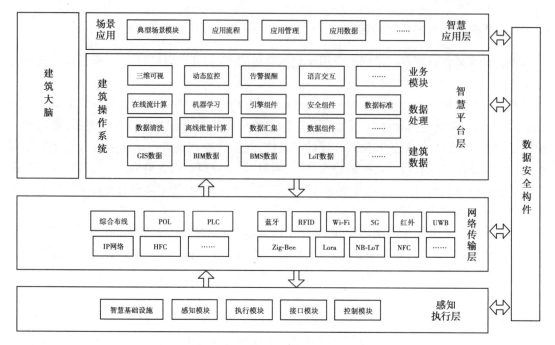

图 1.6 智慧建筑技术架构

图 1.7 天使广场一号

②新加坡义顺邱德拔医院(图1.8)。新加坡对绿色建筑十分重视,截至2020年,绿色建筑占所有建筑的比例至少达到30%。义顺邱德拔医院完全遵循绿色和高能效的理念建成。在光伏系统、采暖通风系统、日常照明系统等方面实现了零能耗,并且扩大绿植覆盖面积,达到70%的自然空气流通,建筑的用能效率比普通医院的平均水平高出50%。

③英国全电式的智能西门子水晶大楼(图1.9)。水晶大楼是一座全电式的智能建筑,以太阳能和地源热泵驱动,大楼内无须燃烧任何矿物燃料,产生的电能也可存储在电池中。此外,水晶大楼还融合了将雨水转化为饮用水的雨水收集系统、黑水(厕所污水)处理系统、太阳能加热系统和新型楼宇管理系统,使得大楼可自动控制、管理能源。

④迪拜太平洋控制大楼(图1.10)。作为中东首个白金级 LEED 项目,迪拜太平洋控制大楼拥有一个集成的楼宇自动化系统,使用有线和无线传感器控制和 M2M 的通信,这使其成为

该地区可持续发展的象征。该建筑具有 IP 骨干网,可用于访问音频、摄像机、电梯和火灾报警器。此大楼主要承担公司的研发活动,还可以提供远程监控该地区公共和私人物业的设施服务。

图 1.8　义顺邱德拔医院

图 1.9　西门子水晶大楼

图 1.10　太平洋控制大楼

⑤上海会德丰国际广场(图 1.11)。会德丰国际广场使用了高透光玻璃幕墙等大量体现循环理念的设施或设备,辅以光纤网络配合卫星通信,高速升降机系统等设施,并将"安全"作为必须因素,引进高科技保安系统,包括全球最先进的自动火灾报警及喷淋灭火系统,在全楼所有区域实现智能门禁、中央闭路电视监控,停车场智能控制和识别等功能,配备高素质专业物业服务、安保与急救人员,为智能建筑作出全方位安全防范表率。整个建筑环境品质优异,成为全球公认的智能建筑范本之一。

⑥江森自控上海总部办公楼(图 1.12)。江森自控是一家数字解决方案公司,为智能建筑的发展提供建筑产品、技术、软件和服务。江森自控上海总部办公楼获得了 IFC-世界银行集团的 EDGE(卓越设计以提高效率)认证、美国绿色建筑委员会的 LEED(能源与环境设计领导力)白金认证和中国绿色建筑设计标志三星级认证。其可持续性体现在大楼使用可再生能源

和智能照明。混合能源和足够的电动汽车充电站是总部大楼的另一个特色,这种举措减少了员工在通勤时的碳足迹。

图 1.11　上海会德丰国际广场

图 1.12　江森自控上海总部办公楼

⑦Glumac 办公楼(图 1.13)。位于上海的 Glumac 的办公楼是东亚第一个 LEED 白金 4 级建筑,也是东亚第一个获得净零能源、水和碳排放认证的建筑。该大楼设有一个室内空气监测系统,让员工可以在他们的移动设备上查看室内空气的污染物水平,大楼拥有 5 个空气净化系统和一面种满植物的绿色墙,以过滤进入大楼的外部大气污染。

⑧北京大兴国际机场(图 1.14)。大兴机场通过"Airport3.0"系统与空管、航空公司、联检单位、政府监管部门、专业公司以及其他驻场单位等合作伙伴的信息共享、协同决策,显著提升机场运行效率、旅客服务水平以及安全保障水平。它搭建了稳定、灵活和可扩展的信息技术架构,以云计算、大数据、物联网平台为基础,构建航班生产运行、旅客运行服务、空侧运行管理、综合交通管理、安全管理、商业管理、能源管理、货运信息管理、环境信息管理九大业务平台,为机场各个单元和利益相关方提供实时、共享、统一、透明的应用服务,从传统机场信息化建设以集成系统为核心转变为多业务支撑平台协同发展,实现全方位、全业务的智慧化管理,成为国际领先的智慧机场。

图 1.13　Glumac 办公楼

图 1.14　大兴国际机场

1.2　智能建筑的组成和功能

智能建筑传统上有 3 种具体表现形式:一是商务型建筑,称为智能大厦,这是智能建筑发展之初最早出现的类型;二是智能社区;三是智能家居,它们为人们提供了现代化的办公和居住环境。虽然它们在功能上会各有所偏重,但本质相同,都是利用基于网络的智能化系统控制的设施来改善建筑环境、提高建筑物的服务能力。但随着社会发展,所有的建筑物和构筑物均可实现智慧化并联网形成网络的一员,其界限逐步模糊。

传统上的智能建筑是智能化建筑环境内的系统集成中心(System Integrated Center,SIC),通过建筑物综合布线系统(Generic Cabling System,GCS)或通信网络(CN)与各种信息终端如通信终端(计算机、电话、传真机和数据采集器等)和传感器(如烟雾、压力、温度和湿度传感器等)的连接来收集数据,"感知"建筑环境各个空间的"状况",并通过计算机处理,得出相应的处理结果,通过网络系统发出指令,指令到达通信终端或控制终端(如步进电机、各种电磁阀、电子锁和电子开关等)后,终端做出相应的动作,使建筑物具有某种"智能"功能。建筑物的使用者和管理者可以对建筑物供配电、空调、给排水、电梯、照明、防火防盗、有害气体、有线电视(CATV)、电话传真、计算机数据通信、购物及保健等全套设备设施都实施按需服务控制。这样可以极大地提高建筑物的管理和使用效率,有效地降低能耗与开销。

智能建筑通常由 4 个子系统构成,即建筑设备自动化系统(Building Automation System,BAS)、通信网络系统(Communication Network System,CNS)、办公自动化系统(Office Automation System,OAS)和综合布线系统。具有这几个子系统的建筑称为智能建筑,它是由智能化建筑环境内的 SIC 利用 GCS 连接和控制其他子系统组成的,如图 1.15 所示。

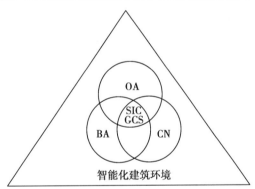

图 1.15　智能建筑的系统构成

1.2.1　SIC 概述

SIC 具有各个智能化系统信息总汇和各类信息的综合管理功能,实际上是一个具有很强信息处理和通信能力的中心计算机系统。为了收集建筑环境内的各类信息,它必须具有标准化、规范化的接口,以保证各智能化系统之间按通信协议进行信息交换。在对收集回来的数据进行处理后,发出相关指令,对建筑物内各个智能化系统进行综合管理。

SIC 正在向建筑云脑方向进化,趋向于自主智能控制、数据智能并实现云端远程管理与控制,目前的落地方式为"云+AI"。类脑计算算法是推动其进化的关键,它会产生思维,并最终形成建筑物的情感感知和行为表现的控制中枢。

1.2.2　GCS 概述

GCS 是一种在 20 世纪 90 年代形成的集成化通用信息有线传输网络,能同时实现数据和语音通信。它一方面利用双绞线、电缆或光缆将智能化建筑物内的各类信息传递给 SIC,再将 SIC 发出的指令发送到各种智能化设备设施;另一方面,它也可利用自身是一个信息传输网络 的特点,在各种智能化设备设施之间实现信息传递。它是智能化建筑物连接子系统各类信息 必备的基础设施。它采用积木式结构、模块化设计,实施统一标准,以满足智能化建筑高效、可 靠、灵活性的使用要求。

实际上,有线和无线互联网、2G、3G、4G、5G 等能够实现数据通信的网络均可作为传输层 的组成部分,让所有能够被独立寻址的普通物理对象实现互联互通。传统上的 GCS 已经拓展 成为有线、无线系统所形成的天地空一体化网络。当 6G 实现了内生安全性之后,无线网络有 望成为数据传输的主流,解决有线网络布线给建筑设计、规划、建造、管理等带来的一系列问题。

1.2.3 BAS 概述

BAS 是以中央计算机为核心,对建筑内的环境及其设备运行状况进行控制和管理,从而 营造出一个温度、湿度和灯光照度稳定且空气清新、安全便利的建筑环境。按各种建筑设备的 功能和作用,该系统可分为给排水监控、空调及通风监控、锅炉监控、供配电及备用应急电站监 控、照明监控、消防自动报警和联动灭火、电梯监控、紧急广播、紧急疏散、闭路监视、巡更及安 全防范等子系统。

BAS 连续不停地对各种建筑设备的运行情况进行监控,采集各处现场数据,自动加以处 理、制表或报警,并按预置程序和人的指令进行控制。

随着多智能体技术(Multi Agent Technology,MAT)的发展,BAS 逐渐演变为小的、相对独 立的、能够彼此通信和协调的、易于管理、工作效率高的一个智慧元,扮演着类似人的感知和四 肢动作功能。

1.2.4 CNS 概述

CNS 是处理智能建筑内外各种图像、文字、语音及数据之间的通信,可实现语音通信、图 文通信及数据通信 3 种功能。

通信网络传统上有电信综合网络、有线电视综合网络和以互联网为代表的计算机网络 3 种类型。CNS 的集成主要是网络集成,贯穿于楼宇建设的全过程,依靠综合布线这种物理网 来实现其目的。普遍采用光纤传输、高速处理建筑内外各种图像、文字、语音及数据。

互联网以一组通用的协议相连,形成逻辑上的单一巨大国际网络,目前已逐渐演变为所有 网络的总称,电信网则变成了网络供应商的接入网。新一代的 IP 协议(IPv6)目前正在替代现 行的 IP 协议(IPv4),在解决网络地址资源数量不足问题的同时,还解决多种接入设备连入互 联网的障碍,为"万物相连""智能升级"奠定了基础。

1.2.5 OAS 概述

OAS 是将计算机技术、通信技术、系统科学和行为科学,应用于传统办公方式难以处理、 数量庞大且结构不明确的业务上。形象地描述办公自动化系统,就是在办公室工作中,以微型 计算机为中心,采用传真机、复印机和电子邮件(E-mail)等一系列现代办公及通信设备,利用 网络(数据通信系统)全面而又广泛地收集、整理、加工和使用信息,为科学管理和科学决策提供服务。它是利用先进的科学技术,不断使人的部分办公业务活动物化于人以外的各种设备中,并由这些设备与办公人员构成服务于特定目标的人机信息处理系统。其目的是尽可能充分地利用信息资源,提高劳动生产率和工作质量,也可以利用计算机信息管理系统辅助决策,以获得更好的信息处理效果。

OAS 主要承担 3 项任务:

（1）电子数据处理

电子数据处理（Electronic Data Processing, EDP）是对大量烦琐的事务性工作进行处理,如发送通知、打印文件、汇总表格和组织会议等。办公自动化系统通过将上述烦琐的事务交给机器来完成,以达到提高工作效率、节省人力的目的。

（2）信息管理系统

信息管理系统（Management Information System, MIS）完成对信息流的控制管理,把各项独立的事务处理通过信息交换和资源共享联系起来,以获得准确、快捷、及时、优质的功效,提高部门工作效率。其中,人工智能（AI）技术推动着 OAS 的进化,机器学习算法成为其关键。

（3）决策支持系统

决策支持系统（Decision Support System, DSS）是一个特殊的管理信息系统或信息管理系统的一个模块,可自动地采集和分析信息,提供各种优化方案,辅助决策者最大可能地做出正确的决定。

DSS 可以独立成为一个专家系统（Expert System, ES）,通过对人类专家问题求解能力的建模,采用人工智能中的知识表示和知识推理技术来模拟专家求解,达到具有与专家同等解决问题能力的水平。

智能建筑在设置子系统的具体内容时,会因每幢建筑的具体情况和需求而有所不同,图1.16所示为一个智能建筑的系统构成。

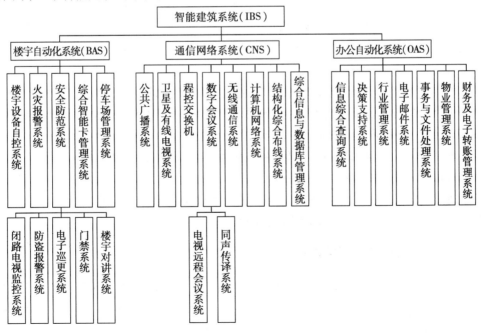

图 1.16　某智能建筑的系统构成

1.3 智能社区与智能家居

现代高科技和信息技术从楼宇大厦、住宅社区、市政公共设施,逐渐融入了日常生活的家庭之中。智能住宅小区和智能家居系统是现代社区建筑与现代计算机、通信、控制等技术有机结合的产物。它采用智能管理和智能控制的方法,将家庭内各种安全措施、信息设备及家用电器,通过家庭总线系统连接起来,构成完整的家庭智能系统,并以信息网络为纽带与社区管理系统互联,形成开放式的社区管理体系,是数个 SBM 形成的一个 SCM。初步实现从智能社区与智能家居向智慧社区和智慧家庭系统的进化。

在此,先简要介绍传统意义上的智能社区和智能家居,本书第 6 章将进一步介绍其进化后的形态:智慧社区和智慧家庭系统。

1.3.1 智能社区的功能及需求

住宅社区是众多家庭居家的集合体,智能社区则面向家居实现高度自动化的物业管理和服务,其基本目标是为住户提供一个舒适、安全、方便和高效率的生活空间;其高级目标是满足住户的个性化需求和居住小区可持续发展要求。

具体而言,智能社区将实现下述功能需求。

1)面向家居的智能化物业管理与服务

在智能社区中,人们对自身居住生活的周围空间提出更高的要求,社区的自治机构已从管理功能转向了服务功能。社会发展对智能社区提出了以下的服务功能要求:

①实现基础物业管理"免打扰",各种能源计量表具有远程抄报、通告功能。

②实现外部社会网络接入和分配功能。

③与智能家居系统联网,可托管家居智能化系统。

④对社区中的定时、固定事件(定时开关小区公共照明、广播等)进行编程控制。

⑤对各类通道(汽车通道、建筑公共门禁)进行身份识别和感应控制。

⑥利用计算机对社区公共设备(配电站、水泵、电梯等)实现统一的检测和协同控制;对社区公共服务设施(停车场、广场、会馆等)实现自动化管理。

⑦实现社区室外环境状况(温、湿度,含尘量,大气污染等)的自动检测。

⑧具有社区公共广播和背景音乐系统。

⑨具有社区信息发布系统,实现社区局域网资源状况查询。

⑩提供个性化的物业服务,如室内水电维修、清洁等。

2)面向社区的智能安全保障体系

安全保障体系是智能化社区的一个重要需求。随着开放式社区建筑理念被广泛认同,对社区安全设施的功能需求提出了更高的要求,既要满足正常通行的方便和视野的开阔,又要保证社区与外界的相对隔离和安全。安全保障体系包括两种不同的服务对象:一是社区中的人

身和财产的安全;二是社区各种设施的安全。具体内容包括:

①社区控制中心可以与所有的音、视频对讲点进行对话,包括家居对讲。这就需要设置门禁处的访客对讲装置及住户住宅内的家居接听装置。

②对社区所有的通道门禁系统进行统一的检测、控制和预警,包括家居门禁、人脸识别以及停车场进出的非接触读卡记录。

③自动接受家居智能化系统的报警和求助,并可与社会系统 110、120、119 等联动。这需要在住宅安装报警装置及各种探测器进行监控,还需提供紧急呼救的功能。

④社区周界非法入侵检测、报警和关键公共部位的视频监视,小区巡更系统。非法入侵可以通过在小区周边安装各类探测器实现;视频监控须设置在小区出入口、周界及公共通道、停车场等重要场所,并由小区监控中心进行监视和录像;在小区内安装巡更站点,保安巡更人员携带巡更记录机按指定的路线和时间到达巡更点并进行记录。

⑤有害气体、火灾等防灾系统的自动报警和防灾减灾系统的联动控制。这项功能的实现离不开各种探测器,如空气质量探测器、烟雾探测器等。

⑥社区设施非正常工作的检测和报警。小区工作人员应定时检查小区内各项设施的工作情况,有的设备本身具有故障显示的功能,通过和小区监控中心的联动及告警,也能及时通知工作人员进行维修维护。

3) 面向物业管理的业务智能化系统

在由智能家居组成的智能社区系统中,物业公司是实现智能社区功能的具体执行者。因此,物业公司的管理和服务业务流程的智能化,既是社区实现物业专业服务的前提,也是智能社区的重要组成部分。物业管理业务智能化系统包括物业公司的内部管理系统、社区基础信息管理系统、家居服务请求受理和收费管理的自动化系统。

4) 面向未来发展的信息资源管理系统

社区智能化要求居住社区能够满足自我持续发展的需求。实现自我持续发展,一是要具有可持续发展空间的建筑规划设计;二是对居住社区信息资源的充分管理和挖掘。居住社区的生命周期一般为 50~70 年,所以智能社区必须具有满足未来发展需要的功能,应具有下列功能的信息管理系统:

①社区基础信息(指物业及其附属设备设施和业主的基本信息)管理系统。

②社区运营实时信息管理系统。包括人员流动、设备运行状况、小区状况等事件的实时信息搜集、储存和处理。

③社区信息资源应用系统,如社区资源使用情况和效率、社区各事件关联性等。

④社区运营辅助决策系统,指对社区物业管理事务的决策支持。

以上智能社区的需求是一个较为完整的功能需求,这些功能都可以因地因时增减,在构建每一个小区智能化系统时,都应根据规模、地理位置、投资、用户需求等进行具体的确定。

1.3.2　智能社区和智能家居的系统结构

与智能建筑类似,智能社区和智能家居系统同样是由 SIC、GCS 和各种传感器及终端连接构成整个系统,协同架构下实现智能社区和智能家居各方面的功能。

1)智能社区的系统构成

社区智能化系统的结构,如图 1.17 所示。社区应设有一个 SIC,即图中的社区主机。社区管理中心副机是一个物业管理备份计算机。社区主机通过小区综合布线与外界接入系统、通信服务系统、安全防范系统和物业管理系统相连。收集各处信息并加以处理后,通过社区网络系统对各系统进行监督、控制和信息沟通。智能社区综合管理中心平台既是社区智能网络的管理中心,又是将社区各住户连接成局域网,并将社区局域网与外界广域网连接起来的桥梁。

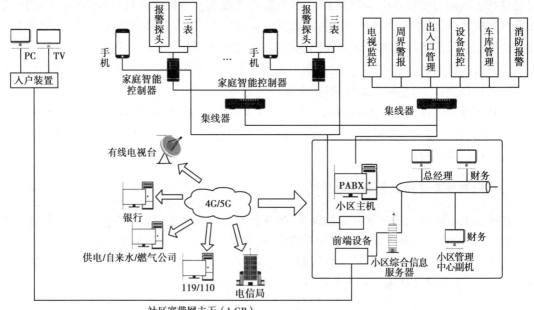

图 1.17 一个智能化社区的系统构成

智能社区的系统架构对于配电自动化建设需求较高,但在现阶段配电系统自动化程度还不够高,不能实现所有系统自动化的要求。因此在设计之初,需要配置好相应的硬件,科学的数据协议以及采集、调控技术。当前物联网、大数据、云计算服务技术也可以辅助智能用电,使得设计更加先进,也有利于满足未来社区居民对于智能化的需求。

2)智能家居的系统构成

智能家居系统,也称家庭智能化系统,是智能社区系统的一个子系统。在图 1.18 中,它通过家庭智能控制器和集线器与智能社区主机相连。智能社区的网络(GCS)分别将各个住户的智能控制器终端集中到小区管理主机。每个家庭智能控制器(图 1.18 中的主控器)就是一个家庭的 SIC,通过智能家居网络连接智能化家庭所需的各项功能终端。智能家居系统包括智能传感执行设备、家庭布线系统和家庭智能控制器 3 部分,其中,家庭智能控制器是家庭智能化系统的核心,也是小区智能网络的节点。

智能家居系统的终端一般具有以下功能:

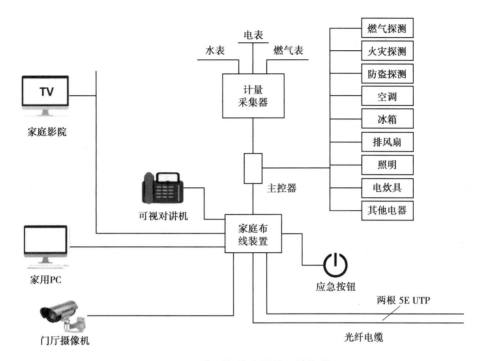

图 1.18 典型智能家居的系统构成

①水表、电表、燃气表数据远程采集与传输。

②住宅保安监控报警。

③火灾、燃气泄漏监视报警。

④住户人工紧急求助报警(火警、匪警、医疗急救)按钮。

⑤通过电话或网络遥控家电开关。

⑥有线电视信号通/断控制,水、燃气的通/断控制,各类家用电器的通/断控制。

另外,随着老龄化社会的到来,家居养老系统也逐步融入智能社区和智能家居系统中,基于视觉的生活服务、健康服务、安全服务、社会服务模块正在逐步发展。

综上所述,观察智能建筑、智能社区、智能家居,就会发现它们在本质上都具有相同的结构:有一个计算机"大脑",通过网络与各种终端系统相连。对于智能建筑来说,终端系统是建筑设备自动化系统、通信网络系统、办公自动化系统;对于智能社区,终端系统主要是通信服务、外界接入、安全防范和物业管理系统;对于智能家居,终端系统主要是一些室内探测、监视、呼叫及控制装置。它们的控制计算机均能通过网络相连,实现协同工作。

随着 AI、物联网、数据挖掘、机器学习技术的发展,传统的智能小区/社区、智能家居已经逐渐向智慧社区和智慧家庭系统进化,本书将在第 6 章进行进一步介绍。

1.4 智慧城市

智慧城市(Smart city)是 21 世纪在全球范围内兴起的新概念,已成为当前世界城市发展的主流方向。它是继数字城市和智能城市后城市信息化的高级形态,是信息化、工业化和城镇化的深度融合,是智能建筑技术随社会的发展在城市里不断普及、拓展和演化的结果,是智能建筑技术发展到高级阶段的表现。

1.4.1　智慧城市的概念

"智慧城市"这个概念,最早起源于 2008 年 IBM 在纽约召开的外国关系理事会上提出的"智慧的地球"这一愿景。随后,在 IBM 公司 2009 年 8 月发布的《智慧的城市在中国》白皮书中,将"智慧城市"定义为一种新型的城市发展策略:"能够充分运用信息和通信技术手段感测、分析、整合城市运行核心系统的各项关键信息,从而对包括民生、环保、公共安全、城市服务、工商业活动在内的各种需求做出智能的响应,为人类创造更美好的城市生活。"更详细地讲,在城市发展过程中,在其管辖的环境、公共事业、城市服务、本地产业发展中,充分利用信息通信技术,通过智能数据技术,智慧地感知、分析、集成和应对地方政府在行使经济调节、市场监管、社会管理和公共服务政府职能的过程中的相关活动和需求,创造一个美好的生活、工作、休息和娱乐环境。本质上是 SCM 通过区块链、4G/5G 连接而成的综合体。

1.4.2　智慧城市的特征

就智慧城市的特征而言,国内学者普遍接受的是 IBM《智慧的城市在中国》白皮书中提出的观点,即全面物联、充分整合、激励创新和协同运作。这 16 个字概述了智慧城市的主要特征,突出了智慧城市的优越性。

(1)全面物联

遍布各处的传感器和智能设备组成"物联网",对城市运行的核心数据进行全时段、全天候的测量、监控,并将所有监测到的信息传送到各个智慧系统进行分析和处理。

(2)充分整合

"物联网"与互联网系统完全连接和融合,将其整合为城市核心系统的运行全图,同时涵盖城市所包含的政治、经济、社会、文化、资源、环境等各个子系统,使其相互协调、平衡和融合。

(3)激励创新

"智慧城市"是创新的城市,鼓励政府、企业和个人在智慧基础设施之上进行科技和业务的创新应用,推动城市智能化的更新和升级,为城市提供源源不断的发展动力。

(4)协同运作

基于智慧的基础设施,城市的各个子系统和参与者进行和谐高效的协作,从而达到城市运行的最佳状态。

1.4.3　智慧城市的应用

智慧城市的目标是让城市的运行更加高效、精细和智能,主要涉及政府、企业、组织和个人间的互动,也涉及现实与虚拟系统间的互动。

1)城市运行智慧服务

城市运行智慧服务主要是指服务于政府进行城市管理工作,根据其工作范围和工作职能所提供的智慧服务,主要包括智能办公、智能监管、智能市政管理。

（1）智能办公

智慧办公是指运用网络通信、物联网、知识管理、数据分析等技术,构建综合信息化办公平台,提高办公效率。目前,国内各地拥有大量的办公自动化系统,从其功能来看,有些系统已具备了一定程度的智能化水平。例如,提供通知提醒、邮件提醒、事务提醒等辅助功能;能够依据代办事务紧急程度,将其自动移交对口部门或人员进行处理等。

（2）智能监管

智能监管系统已经在国内部分地区的公安、监察、质检、安监、环保和减灾等领域得到了一定程度的应用。智能监管系统能实现对监管对象的实时、动态信息获取,从而服务于城市安全、环保、减灾等领域。例如,遍布城市的具有人脸自动识别功能的监控摄像头,能够大大提高抓捕在逃疑犯的概率;安装在特种设备上的智能传感器,能使质检人员足不出户就能第一时间获取设备的运行数据和质量可靠参数;利用物联网技术可对灾害多发区域进行动态监测,实现灾害的提前预警。

（3）智能市政管理

智能市政管理是指利用信息技术,通过遍布的物联网对城市运行所需的水、电、气、管线、道路、照明设施等多种资源和基础设施进行引导、治理,提供经营和服务,实现市政资源的共享和协同管理。例如,智能路灯可根据天气状况自动开关;交通路口信号灯时长根据实时交通流量自动配比。

2) 城市居民智慧服务

城市居民智慧服务主要是指涉及城市居民生活方面的服务,是智慧城市发展的重中之重,主要包括智慧医疗、智慧食品安全、智慧交通。市民只需通过手机或笔记本等智能手持设备,就可通过网络获取自身所需服务,享受智慧城市带来的便捷。

（1）智慧医疗

智慧医疗是指通过建立患者档案,实现患者与医务人员、医疗机构、医疗设备之间的互动。患者可通过任一移动终端,随时随地查看自己的病历档案,查询医院的优势、优惠活动、医生资料、预约专家等。医院还可开展远程会诊,使患者享受高质量的医疗服务。

（2）智慧食品安全

智慧食品安全是指利用射频识别和远程监控技术等,实现食品的全过程安全跟踪。消费者可通过在食品上印刷的唯一标示的二维码或条形码,了解食品生产、包装、运输、销售各个环节的安全相关信息。

（3）智慧交通

智慧交通是指充分利用自动控制技术、无线传感技术、数据通信技术、卫星导航技术、计算机技术等多项高新技术的集成与运用,使人、车、路密切配合达到和谐统一,高效利用交通设施、充分保障道路安全畅通、尽力减少环境污染,极大地提高交通运输效率,解决目前交通拥挤、交通事故频发、环境污染等问题。

1.4.4 国内外智慧城市的建设情况

1)国外智慧城市的建设情况

随着科技水平的提高,近些年来,在许多西方国家,智慧城市的概念在其城市发展战略与规划中扮演着越来越重要的角色,尤其是 2019—2022 年在全球爆发的新冠肺炎疫情,加速了城市智慧化的推进,物联网、大数据、移动互联、云计算、地理信息系统五大智慧城市核心技术,得到推广并表现出下述优势。

(1)实现市民办事的便捷性

如在加拿大,每年 4 月,市民可以网上直接智能报税,下载政府已经汇总的报表,检查后上传。然后政府计算机自动根据其收入,决定是退税还是上税。市民所有资料,包括工作、上学、孩子的补贴、学费、学习补贴,都会自动被税务局分析。当市民工作时,其收入明细会被所雇企业每两周汇总一次给税务局。当市民失业,生孩子或者要做爸爸的时候,市民只需要在网上填写表格,其失业金或"妈妈金"就会直接发送到市民银行卡上。在领取失业金时,市民只需要在网上报告。市民长期失业后自动转入社保,没有数量限制,填表后全部自动通过。同时政府汇总每位市民的医疗信息和信用记录。多数省有教育补助,市民只需登录省教育部网站,填写学校,然后每月补助自动到银行卡。每个省都有免费医疗,市民用医疗卡在药店买处方药,只需要缴纳当月十几元的手续费,不需要额外费用。用医疗卡买非处方药,若有医生签名,也有折扣。市民几乎可以不和政府直接打交道,因为一切政府项目都基本可以网上完成。

(2)落实市政公用设施维护的及时性

在新加坡,汽车上有传感器,开车经过某条公路发现路面损坏,可以自动发送,也可以非常方便地通过手机定位等电子方式进行报修处理。新加坡樟宜国际机场的每个洗手间都有二维码,旅客如果发现有设施需要维修以及有卫生问题,都可通过扫描二维码对该洗手间进行定位,帮助快速解决问题。通过环境监控大数据和定位系统,系统能够做到对在禁烟区吸烟的行为进行及时的提醒和处罚。

在美国,纽约市政府建立了全市下水道电子地图,清晰显示市内下水管道和相关设施,方便施工人员的下水道清淤等作业活动。通过在下水道井盖下方安装电子监视器,实现对水流、水质、堵塞等情况适时不间断监测。当下水道堵塞水流水位高于警戒线时,监视器会自动发出警报,工作人员根据监视器发回的信息及时采取相应措施,能最大限度地预防灾害的发生,进一步提高了全市下水道的运行能力。

2)国内智慧城市建设情况

中国的智慧城市建设历经了 4 个阶段:

①智慧城市 1.0(2008—2012 年):"数字城市"阶段,智慧城市建设工作以实现网络化、信息化为主。

②智慧城市 2.0(2012—2016 年):碎片化推进城市信息化基础设施建设、电子政务、信息惠民,是中国智慧城市建设的探索期。

③智慧城市 3.0(2016—2018 年):国家互联网信息办公室牵头组织国家发展和改革委员

会等 26 个部委联合推动新型智慧城市建设,全面贯彻"创新、协调、绿色、开放、共享"的发展理念。

④智慧城市 4.0(2018 年至今):国务院颁布《新一代人工智能发展规划》,更加强调产业,强调数字经济在城市转型升级和可持续发展中的核心作用,新一代人工智能技术成经济发展的新引擎,带来社会建设的新机遇,中国经济社会各领域正在从数字化、网络化向智能化加速跃升。

现行的智慧城市规划思路和方法如图 1.19 所示。

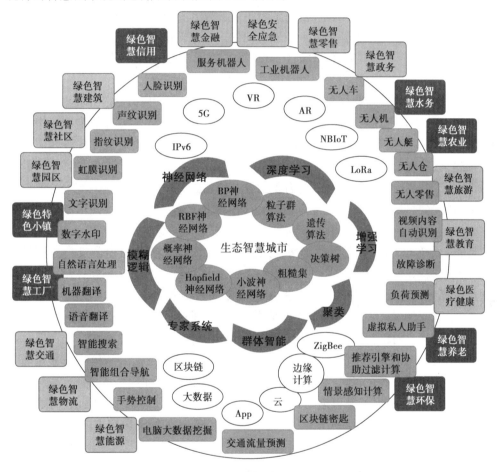

图 1.19　智慧城市现行规划思路和方法

国内智慧城市建设走在前列的主要有北京、上海、深圳及杭州。目前基本建成具备网络基础稳固、数据智能融合、产业生态完善、平台创新活跃、应用智慧丰富、安全可信可控的智慧城市。

在上海,5G 网络已覆盖全市核心区域,社会智能安防覆盖全市各类住宅区域,消防水压表、烟雾报警器、垃圾桶等均有智能传感终端。公交车站站牌可以显示车辆班次的实时信息和车内视频,游客通过上海官方的旅游 App 足不出户就可以通过 5G、VR、AR 等智慧技术展示上海全貌和"16 个区"的景点、酒店、美食、精品线路等,每个人只需走简单的流程(或支付相应的费用),就能在医疗、交通、教育、就业、餐饮等领域享受到各类便民服务。"一网通办""一网统管"等平台,通过信息公开度、便捷度确保了城市高效运行;市民和外来游客时刻能在平等的前提下感受到城市的效率。

中国智慧城市的发展,在框架上与国外其他智慧城市一致,但又具有中国特色。这些特色体现在下述方面。

第一,中国智慧城市的概念化以技术为中心。它几乎完全基于物联网、大数据、5G 技术、人工智能和云计算等信息技术的最新进展,探索它们在城市数据收集、分析和共享中的效用,以实现更高效的城市管理和服务。这种技术中心主义体现了"以人为本"。

第二,智慧城市运动与中国正在推行的城市发展范式相契合。经过 40 余年的经济高速增长和城镇化进程,中国城市正处于从工业经济向知识经济转型、从数量扩张向质量升级的关键时刻。在"创新"成为各级政府建设"创新国家"或"创新城市"的政策热词。智慧城市甚至在概念上被扩展为"智慧社会",并被认可为国家战略。

第三,智慧城市建设体制极具中国特色。这是由中国统一、集中力量办大事的政治体制决定的。中国的智慧城市计划不仅受到技术理性的推动,还受到政治理性的推动。中央政府通过制定国家战略和参与智慧城市的政策和计划,直接干预智慧城市建设。各级政府都在倡导智慧城市建设,甚至形成"智慧城市热"。这种共同和协调的政府行动不仅适用于智慧城市建设,同样适用于中央政府支持的几乎所有重大公共倡议。

第四,科技公司是中国智慧城市体系的关键参与者。那些迅速取得国际竞争力的中国大公司(如华为、百度、阿里巴巴、腾讯)已成为国内外成熟的智慧城市服务提供商。在"本土创新"不断发展的政策文化下,它们在部署智慧城市项目时经常得到政府的支持。智慧城市运动也受到城市居民的欢迎,它们享受了智能技术带来的新的工作和生活方式。居民也会为城市的快速发展感到自豪,尤其是技术带来的便利、效率和安全。

第五,中国智慧城市表现出强大的技术中心主义,通过自上而下和自下而上的共识与协作,推动城市和国家的创新能力和经济转型。通过学习西方发达经济体的最佳实践并避免它们的错误,中国所具备的后发优势有可能会赶上甚至超越西方发达经济体。与欧盟和北美相比,中国智慧城市的发展在 2000 年后期与国外相比,仍处于初级阶段,但目前已成为全球的领军者。在国家战略上对智慧城市进行的讨论和实施,不仅为"一带一路"倡议注入新动力,也是一项惠及全球的基础设施计划,将进一步扩大中国在全球的经济影响力。

1.5　建筑的智商评价与可持续发展

1.5.1　智能建筑的智商评价

1)评价内容

考虑了建筑的可持续发展,并综合了以往人们对 IB 的各种智商的评定方法后,IBRG 的 D.Boyd 和 L.JonKvic 提出了一个评价方法,充分体现了建筑的生态智能,非常值得借鉴。它将所有的智能需求因素分成 4 大类,每个大类分为若干考核小项:第一类是单个用户的需求,共

9 项指标;第二类是机构的需求,共 16 项指标;第三类是当地环境的需求,共 6 项指标;第 4 类是全球环境的需求,共 10 项指标。这些需求因素构成了对 IB 的智商评定的基础,Boyd 等由此给出了 IB 智商计算公式:

$$IQ = 1 + IQ^+ + IQ^-$$ (1.1)

式中　IQ^+,IQ^-——建筑物评价智商值与同类建筑物约定智商值的正、负偏差值。

IB 智商计算公式所涉及的 4 大类及各考核小项的具体内容见表 1.1。

从表 1.1 中可知,每一个列出的因子实际上都是一个小类,还可分为若干个因子。这种建筑智商的评价方法和以前的各种评价方法相比,所包含的内容最为完整。还因为 IQ 评估法全面考虑了个人和机构的需求、本地和全球环境的需求,可用于建筑物的设计、估价和改建。

表 1.1　建筑的智商评价指标

评价因子	具体考核指标
单个用户需求	空气质量;热舒适性;噪声控制;愉悦性;私密性;健康性;光舒适性;激励性;空间舒适性
机构需求	工作人员总人数变动的承受性;设备的互联和更换方便性;对工作人员的吸引力和凝聚力;线缆布局的合理性;机构内部上层、中层及基层之间沟通性;机构设施添加和重布置考虑;工作人员位置的再配置性;对所有设备要求的满足程度;非正式信息交流的最大方便性;硬件运行的防护性;有利于充分发挥想象力的人际因素(如对雇员的友好态度);有利于提高生产率(精神面貌、健康、设备维护、工作设施等);对外保密性;电信的充分性、方便性;内部保密性;电源供应的保障
当地环境需求	气流的影响;建筑阴影的影响;噪声的影响;与地区规划以及交通情况的协调性考虑;日光的影响;现存建筑的再利用
全球环境需求	减缓温室效应;防止 CFC 扩散;可持续材料资源的开发使用;建筑总能耗的控制;气候因素

2)计算方法

在心理学上,人们采用智商来描述智能的高低:

$$IQ = \frac{MA}{CA} \times 100$$ (1.2)

式中　MA——心理年龄;
　　　CA——实际年龄。

当 IQ = 100 时,则表示其智能达到同龄人的平均智力;当 IQ>100 时,则表明其智力高于实际年龄所有的智力;反之,当 IQ<100 时,则低于该年龄的智力。为此,IBRG 提出在方法上模仿人类智商定义,给 IB 定义一个智商 IQB,其基本思想:

$$IQB = \frac{FB}{GB}$$ (1.3)

式中　FB——待评定 IB 的各项评估值的平均值;
　　　GB——同类参照 IB 的各项评估值的平均值。

IQB 只能参照同类 IB 来计算,因为建筑不同于人类。建筑是按用途分类的,例如,办公大楼不同于银行,也不同于住宅楼。即使是同一类的 IB,由于地域、文化、国别等不同,其对智能功能也会不同,如中国的银行建筑,肯定不同于法国或日本的银行建筑。同一地区、同一类建筑都有的需求称为通用需求,它含有很多的变量(评价因子),这些变量在一个确定的范围内取值,形成一个取值框架。最后,进行计算就可得到 IQB。

IBRG 的具体做法如下:

①在一定范围内,确定一定数量的、同类的、具有代表性的智能建筑。

②按表 1.1 的考核要求制订调查表,对已选定的智能建筑各项考核内容打分。

③总结调查表中各项之得分,计算出最终的具体智商值。

IBRG 通过上述方法调查、评价了美国、欧洲和日本约 20 个办公建筑并建立了一个能描述 IB 性能的数据库,然后又开发出了一个能分析智能建筑调查数据的软件包,该软件包有一个交互人机界面,以输入数据、变化参数,最后,计算出智能建筑的 IQB。IBRG 的经验表明,评价 IB 需要用系统论观点来列出各个智能评价因子,测量 IB 对这些因子的反应,并找到一个适用的、能具体计算出 IQB 的方法。

智能建筑的 IQB 需按该建筑的类别来分别计算。假如,通过对 20 个办公类建筑物的评估而获得的 IQB 的平均得分为 IQ_{20},IQ_{20} 包含了前述所列之各项智能评价因子的平均值,可作为对要评估建筑的同类评价因子的评分 F_i 的比较基准。比较结果必然分为两类:一类大于基准值,另一类小于基准值,即:

$$\Delta IQ^+ = \frac{\sum \left(\frac{(F_i - G_i)}{G_i} \right)^+}{N^+} \tag{1.4}$$

$$\Delta IQ^- = \frac{\sum \left(\frac{(F_i - G_i)}{G_i} \right)^+}{N^-} \tag{1.5}$$

式中　ΔIQ^+——各项正偏差的平均值,%;

　　　ΔIQ^-——各项负偏差的平均值,%;

　　　F_i——评估 IB 的第 i 个智能因子的值;

　　　G_i——此类 IB 的第 i 个智能因子的公称约定值;

　　　N^+——正偏差出现的次数;

　　　N^-——负偏差出现的次数。

假如 IB 公称约定值为 1,则被判估的 IB 的计算式(1.3)可改写为:

$$IQB = 1 + IQ^+ + IQ^- \tag{1.6}$$

式(1.6)反映了一个具体被评估 IB 的智商和公认的约定智商的吻合程度。若 IQB>1,则表示该 IB 的智商值超过基准值,智商较高,反之则较低。如果考虑不同类型智能建筑的特点,对所考核的智能因子加权后,式(1.6)不变,式(1.4)和式(1.5)可改为:

$$\Delta IQ^+ = \frac{\sum \left(\frac{R_i(F_i - G_i)}{G_i} \right)^+}{N^+} \tag{1.7}$$

$$\Delta IQ^{-} = \frac{\sum \left(\frac{R_i(F_i - G_i)}{G_i} \right)^{+}}{N^{-}} \qquad (1.8)$$

式(1.7)和式(1.8)中的 R_i 为权重,根据智能评价因子在不同类型建筑中的实际重要性而定。

根据上述方法,若对智能因子分别归类计算。则可分别得到 IB 在个体用户、机构的、地区环境的、全球环境 4 大类的每个考核子项方面的智商值,以分别评价它们与约定值 1 之间的吻合程度,从而给出评价。

上述智商评价方法也可应用于已经用传统的方法进行评估过的建筑,具体计算为:

$$新评估值 = 旧评估值 \times IQB \qquad (1.9)$$

式中,IQB 由式(1.6)计算得来。

中国房地产业协会和国家建筑信息模型(BIM)产业技术创新战略联盟 2020 年 9 月发布了《智慧建筑评价标准》(T/CREA 002),采用等级制评价结果。考核指标由信息基础设施、数据资源、安全与防灾、资源节约与利用、健康与舒适、服务与便利、智能建造 7 类指标组成,每类指标均包括基本项和评分项。评价指标体系还统一设置加分项(创新应用)。

智慧建筑评价的总得分应按式(1.10)进行计算,其中评价指标体系 7 类指标评分项的权重 $\alpha_1 \sim \alpha_7$ 根据建筑功能和智慧性能需求不同有所区别,按表 1.2 取值。

$$\sum Q = \alpha_1 Q_1 + \alpha_2 Q_2 + \alpha_3 Q_3 + \alpha_4 Q_4 + \alpha_5 Q_5 + \alpha_6 Q_6 + \alpha_7 Q_7 + Q_8 \qquad (1.10)$$

表 1.2　智慧建筑评价指标的权重

评价类别	建筑类别	信息基础设施 α_1	数据资源 α_2	安全与防灾 α_3	资源节约与利用 α_4	健康与舒适 α_5	服务与便利 α_6	智能建造 α_7
预评价	居住建筑	0.24	0.14	0.14	0.14	0.14	0.15	0.05
	公共建筑	0.26	0.17	0.15	0.14	0.10	0.13	0.05
评价	居住建筑	0.22	0.12	0.16	0.15	0.15	0.15	0.05
	公共建筑	0.25	0.15	0.14	0.14	0.12	0.15	0.05

按此评价标准,各等级的智慧建筑均应满足本标准全部基本项的要求,且除智能建造指标外,其他各类指标的评分项得分率不应小于 30%。当符合规定且总得分分别达到 50 分、65分、80 分、90 分时,智慧建筑等级分别为一星级、二星级、三星级和三星先锋级。

1.5.2 智能建筑的可持续发展

中国明确提出在"十四五"期间建设"智慧社会"。这一顶层概念的提出,为中国经济发展、公共服务、社会治理提出了全新要求和目标,标志着中国建筑智能化技术迈入了新时代。智慧社会是创新型国家建设的重要组成部分,相较于智慧建筑、智慧城市,智慧社会方面更加侧重于民生领域,从民生角度去配合政府治理任务。从运行机制上看,相较于智慧城市致力于打造政府、企业、居民的互动机制而言,智慧社会更强调在科技支撑下的创新系统协同:生产、生活、治理、服务将更加有机地成为一个整体。智慧社会是在政府提供智慧平台标准的基础上,由企业、机构、居民共同打造智慧政府、智慧企业、智慧城市、智慧生活。在建设过程当中,特别强调人的主体参与,个人成为社会创新的最基本单元,这为直接服务于人生活和工作的建筑明确了发展方向,建筑从传统的智能技术进化到当今以 AI 驱动为主要特征的智慧技术,必须充分体现"以人为本",无论是建筑所有者、设计师,还是管理者、使用人,都将成为智能建筑的一部分,且扮演着越来越重要的角色。追求以人为本的建筑理念,第一要务就是回归生活,立足现实,强调主动智能,其智能化程度越高,对人的服务、对环境生态的呵护、对社会秩序的维护表现就越好。

探索以人为本的建筑项目层出不穷,如法国博比西尼的生态学校、美国纽约的户外文化空间、英国布莱顿的新路街道、英国伦敦游浪汉的温馨家园(春天花园酒店)、英国卡迪夫市人与鸟和谐共处的动物墙壁、法国的多彩公交中心、丹麦奥尔胡斯市火车站、中国海口云洞图书馆、中国成都的西村大院、中国上海社区花园系列等。这些建筑项目,相对于传统智能建筑所依赖的分布式智能控制理论,更多地体现为以认知计算为代表的人工智能计算理论,所体现的可持续发展思想,代表着未来智能建筑的发展方向。

因此,智能建筑是一个充分尊重人的需求、节能、节约资源、保护污染环境,而且保持生态平衡的建筑。在这个意义上的智能建筑也一定是绿色的、生态的建筑,而不仅着眼于智能化控制技术的实现,这是当前建立正确的建筑智能化观念的必然要求。从微观技术角度,智能建筑更应推动绿色节能技术发展,如将太阳能等新能源应用在房屋的照明与保暖系统中;完善绿色建筑技术,如在门窗安装中适当使用密封设计,提高保温性能;加强智能化建筑技术应用,优化采光、水电、暖通等系统设计与管理,提升智能化技术应用效率。

1.5.3 智能建筑的可持续发展

当前,在中国影响建筑智能化可持续发展的主要因素,如图 1.20 所示。在此,就几个主要问题进行简要介绍和分析。

1)社会环境与意识

我国目前的建筑业发展中,尤其是在智能建筑上,为智能而智能,为科技而科技,十分浪费;而且,比较普遍地认为具有自动化控制功能的建筑就是智能建筑,并未意识到建筑的生态智能和人文需求。因此,引进智能建筑先进的规划设计理念、建设可

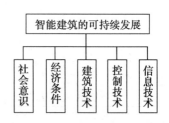

图 1.20 影响智能建筑可持续发展的主要因素

持续发展理念,使智能建筑外在形式与内在结构和功能具有完整的一致性,能与人、与社会、与自然环境相互协调、互相促进,实现和谐共存,积极开发以 AI 为驱动核心的各项智能控制前沿技术,是我国当前面临的紧迫任务。这对于在我国实现智能建筑的可持续发展,推动智慧社会的建设非常重要。

早在 21 世纪初,建设部科学技术委员会智能建筑技术开发推广中心就在名为《我国智能建筑的发展与对策的研究》的报告中提出了中国智能建筑发展亟待解决的 5 个问题,至今仍具现实意义,如下所述。

①功能需求由业主提出,设计通常由设计院负责,而智能化的深化设计与具体实施由系统集成商来完成,不协调甚至脱节问题常见,导致工程建成不能达到预期目标。

②在工程规划、设计、施工、管理、质量监督、竣工验收等环节,缺乏相应的配套标准规范和

技术法规。生态、节能和保护环境方面的重视程度不够。

③技术产品方面,从智能建筑技术的研究到智能建筑产品的开发,缺少必要的引导、协调和支持,同时,还缺乏具有核心竞争力、具备自主知识产权的智能建筑硬、软件产品。当前主流的智能建筑系统仍由美国霍尼韦尔(Honeywell)、德国西门子(Siemens)、美国江森(Johnson)、法国施耐德(Schneider)等公司的产品主导。

④工程技术与产品评估、工程咨询与管理等技术服务不足。

⑤"重建轻管"的现象仍比较普遍。缺乏相应的政策、管理规范和服务体系。物业管理人员的技术水平尚达不到保障智能化系统正常运营的需求。

智能建筑真正的意义在于对使用需求的充分满足,落实"适用、经济、美观、绿色"的新时期建筑指导方针。

2) 系统集成的思想

所谓系统集成,国内较多的定义就是通过结构化的综合布线系统和计算机网络技术,将各个分离的设备(如 PC 机)、功能和信息等集成到相互关联的、统一和协调的系统之中,使资源达到充分共享,实现集中、高效、便利的管理。系统集成应采用功能集成、网络集成、软件界面集成等多种集成技术。系统集成实现的关键在于解决系统之间的互连和互操作性问题,它是一个多厂商、多协议和面向各种应用的体系结构。这需要解决各类设备、子系统间的接口、协议、系统平台、应用软件等与子系统、建筑环境、施工配合、组织管理和人员配备相关的一切面向集成的问题。

上述定义只是一个狭窄的理解,如前所述,智能建筑首先是建筑技术和信息及控制技术的集成,不能简单认为是建筑物电气系统的集成。这一点经常被一些工程师所忽视。我国从事建筑设计各专业人员,习惯按照设计规范按部就班进行设计,总认为 BIS(建筑系统集成)只是电气设计师的工作,难以恰当地将 BIS 与建筑、结构、设备融为一体,对层高、柱网、平面设计以及技术层(室)、管道井、电气井等构造进行妥善考虑。个别地区在当地技术水平有限的情况下,盲目推广装配式建筑而又难以保证配套设备的质量,由此造成完成设计的智能建筑难以使用、不便管理等普遍性问题。

此外,系统集成思想还将在元宇宙等新兴技术概念的推动下出现新的演变。元宇宙是一个建立在区块链之上的虚拟世界,通过数字化形态承载的与人类社会并行的平行宇宙,去中心化平台让用户享有所有权和自治权,是全身心都能感知沉浸的互联网络世界。虽然当下仍有许多技术不足,但是随着科技的发展,所有问题将来都会被一一突破。元宇宙是一个跨越科技行业的愿景,万物互联时代,数字化应用终将大势所趋,全世界都将经历从实体经济向数字经济的重大转变。AI 和区块链技术的成熟,已把元宇宙从科幻拉到了现实。

建筑是元宇宙的基本元素,是虚拟世界中的基本场景。元宇宙会打破建筑行业既定的格局,带来未知的颠覆。建筑行业需要元宇宙,正是因为建筑本身契合了时尚、前卫、高端、虚拟、科幻、泛在、协作、互通等元素特征,增加互联网高效性对建筑行业的支持。

元宇宙对建筑业来说是一个充满可能性的地方:帮助需要同时协作才能完成的工作更好地完成;摆脱物理空间束缚,在虚拟空间创造出更有想象力的建筑设计和建筑应用。智能建筑作为一个主要的宇宙元,在未来将形成一个包括人、信息、建筑、社会、自然在内的内涵更为广泛的系统集成思想。

3) 关于建筑智能化费用

在我国,重新装配或更换智能建筑控制系统元件比较困难:首先,智能化设备多数尚为进口产品,控制标准不一,价格比较昂贵。为了降低工程造价,国内目前已在一些工艺空调系统中,对敏感元件、执行机构、阀门与变送器等尚未实现国产配套开发与生产器件选用国外产品,计算机控制系统则自主开发。其次,房产开发商或投资商、物管企业和业主对机构经济合作理论的不理解,这种观念上的障碍,极大地妨碍了智能建筑在中国的发展。人们对实现建筑智能化的弱电控制系统还存在着根深蒂固的高消费观念,因而面向普通消费者的智能建筑很不容易变为现实,这需要在投资初期针对消费者需要的基础上,对智能化系统做出准确的生命周期费用计算,使投资者和开发商,包括物业管理者和使用者,都能够清楚地看到建筑智能化为建筑销售、运行和管理、使用所带来的好处,从而能够做出明智的抉择。

在国内,寿命周期费用分析方法基本上只是作为一种理论方法在学校里进行讲授,实际工作中并未得到广泛的应用。寿命周期费用主要由购置费和维护使用费构成,常常只有购置费被重视,节约投资也主要是指节约购置费,这样导致建筑的很多智能化系统在开通后不能正常运行。相信随着社会的进步,寿命周期法会越来越多地作为实用手段对投资进行整体控制。

4) 技术与管理工作

国内智能建筑中所选用的BAS基本都是国外产品。国外BAS的供货都是包括敏感元件、执行机构、阀门、变送器、现场控制站(子站)、网络服务器及所有软件的成套供货,其产品质量是可以保证的。但国外供货商在现场调试、人员培训、后期服务等方面不能保证,特别在与甲方及施工单位配合上难度更大。如智能中央空调系统,往往因为自控元件不正常而无法保证自动控制正常投入运行,或者无法实现工况自动转换,以有效利用室外新风来节约能源。

施工单位的技术力量以及对国外产品的熟悉程度也会直接影响BAS的正常运行。如接线错误,特别是因电源线与信号线接错或地线接错引起设备损坏的现象时有发生。若保证不了施工质量,接线混乱给现场调试及系统投运造成的影响是非常大的。我国智能建筑的施工队伍素质普遍有待提高,缺乏训练有素或有经验的施工人员和管理人员,造成安装质量不高。

从管理上看,国内与智能建筑相关的建设、邮电、广电、公安、技术等部门之间的衔接也有待规范,相关的法规、规章、标准尚欠完善,这些都不同程度地制约着中国智能建筑的发展速度。

为尽快解决上述问题,我国于2012年正式开设了建筑电气与智能化本科专业,并实施了智能楼宇管理师、智能建造师职业资格制度,逐步规范、提高智能建筑相关从业人员的素质和能力,有力保障了智能建筑的可持续发展。

思考题

1.试述智能建筑的发展与建筑设备自动化技术的关系。
2.FCS的结构和特点是怎样的?
3.智能化建筑的发展分为哪几个阶段?趋势是什么?

4.智能建筑的基本组成有哪些？它们各自具有什么样的功能？

5.怎么评估智能化建筑的智商？为什么要包括对绿色或生态性能的考量？

6.智能社区和智能家居的功能需求表现在哪些方面？怎样更好地体现以人为本？

7.元宇宙概念会对建筑智能化起到什么样的推动作用？

8.结合自己对自身生活地域的实际了解,谈谈如何更好地建设当地智慧化城市(城镇)？

2

综合布线系统

本章导读:

　　综合布线系统是实现智能建筑集成管理的基础,学习此章,应对综合布线系统的组成、传输介质、连接硬件形成清楚的认识,掌握综合布线系统的配置标准,理解综合布线系统的设计方法和要求,熟悉综合布线系统与其他系统的连接方法。

　　智能建筑是集各种建筑设备、通信网络和办公自动化系统等于一体的综合系统。智能建筑要实现这些功能,前提就是有一个网络平台将这些系统连接起来,使系统与系统之间、系统内容各部分能够实现信息沟通,为综合化管理提供物质基础。该网络系统就是建筑物中的综合布线系统。智能建筑可以帮助业主、房地产经营人和用户实现在这一领域中的关于成本、舒适、方便、安全,长期的灵活性和市场活力的目标。

　　综合布线系统是当前智能建筑的命脉和基本特征。该系统主要负责传输数据和连接其他终端而在电气设计中如何将这些复杂错节的线路都安排整齐,并且达到高效化和经济性,需要认真研究每条线路的具体走向。综合布线系统是以智能化建筑当前和未来布线需求为目标,对建筑物内部和建筑物之间的布线进行统一规划设计,从而将各类智能建筑的组成部分有机地结合起来,构成建筑物智能化系统。它涉及建筑、设备、计算机、通信及智能控制技术等多个领域。

2.1　综合布线系统的基本概念

2.1.1　综合布线系统的由来

　　综合布线系统是一种在建筑物和建筑群中传输信息的网络系统,1985 年由美国电话电报公司(AT&T)贝尔实验室首先推出,并于 1986 年通过美国电子工业协会(EIA)和通信工业协会(TIA)的认证,得到全球的认同。它采用模块化设计和分层的星形拓扑结构,把建筑物内部的语音交换和智能数据处理设备及其他广义的数据通信设施相互连接起来,并采用必要的设备同建筑物外部的数据网络、电话网络和有线电视网络相连接。综合布线系统包括建筑物与建筑群内部所有用以连接以上设备的线缆和相关的布线器件。

GCS出现的意义在于它打破了数据传输和语音传输的界限,使这两种不同的信号能够在一条线路中传输,第一次将建筑物内的计算机网络和电话网络系统综合起来,这也是当前综合布线的主要应用领域。智能建筑内的各个系统都不是完全独立的,各个系统通过通信网络连接在一起,互相交换数据,共同管理建筑。因此,要达到系统集成,解决大楼内各系统的互联问题就成为建设智能建筑的关键。在智能建筑的设计中,系统集成设计有以下的规律和原则:首先,要在保证设计的先进性、开放性和可扩充性的前提下,采用综合一体化的优化集成系统设计;其次,还要考虑用户的实际需要和承受力,有侧重地选取各个系统,制订不同的系统集成实施方案,做到为用户量体裁衣;最后,系统设计要满足工程分阶段实施的可能性。由于用户对系统功能分阶段性以及对工程费用的承受能力,成功的系统集成设计应该是无论用户分多少个阶段来完成这个系统,在今后的系统扩展和功能提升时,这个设计的集成系统始终是一个一体化的整体。

另一方面,GCS随着社会发展进入家庭,智能化小区及家居布线系统迅速发展。当前小区综合布线的主要依据《综合布线系统工程设计规范》(GB 50311—2016)和《综合布线系统工程验收规范》(GB/T 50312—2016)。小区综合布线系统和智能建筑综合布线系统的主要区别在于小区智能化系统的用户独门独户,且每户都有许多房间,每户的每个房间的配线都应独立,小区综合布线系统应实现分户管理。而且智能住宅需要传输的信号种类较多,不仅有语音和数据,还有有线电视、楼宇对讲等。因此,智能小区每个房间的信息点较多,需要的接口类型也较智能建筑丰富。

2.1.2 综合布线系统的特性及优点

综合布线的特点主要有下述4个方面。

①系统性。系统性体现在建筑物的任一区域均有输出端口,为布线工作提供方便,在连接和重新布置工作终端时无须另外布线。

②重构性。重构性体现在综合布线系统能够在不改变布线结构的情况下组织网络结构,这不仅节省了成本,也节省了时间。

③标准化。标准化要求整个建筑物内的输出端口及相应配线电缆应统一,以便平稳连接所有类型的网络和终端,保证综合布线系统能够有效运行。

④通用性。通用性使得综合布线系统一旦安装完成,可连接任一类型的终端。它独立于任何计算机生产厂家,但能适应不同类型的网络,将不同类型的系统连接并应用。

综合布线系统的特性及优点主要表现在以下5个方面。

(1)兼容性

综合布线系统是一套标准的配线系统,其信息插座能够插入符合同样标准的语音、数据、图像与监控等设备的终端插头。一个插座能够连接不同类型的设备,灵活且实用。所谓兼容性是指其自身的完全独立性可以完全适用于多种应用系统而与其他应用系统相对无关的特性。

（2）可扩展性

综合布线系统采用星形拓扑结构、模块化设计，布线系统中除固定于建筑物内的主干线缆外，其余所有的接插件都是积木标准件，易于扩充及重新配置。当用户因发展而需要调整或增加配线时，不会因此而影响整体布线系统，可以保证用户先前在布线方面的投资。

综合布线系统主要采用双绞线与光缆混合布线，对于特殊用户可以把光纤铺到桌面。干线光缆可设计为 40/100 GHz 带宽，为未来通信量的增加提供了足够的富余量，可以将当前和未来的语音、数据、网络、互联设备，以及监控设备等很方便地连接起来。

（3）应用独立性

网络系统的最底层是物理布线，与物理布线直接相关的是数据链路层，即网络的逻辑拓扑结构。而网络层和应用层与物理布线完全不相关，即网络传输协议、网络操作系统、网络管理软件及网络应用软件等与物理布线相互独立。无论网络技术如何变化，其局部网络的逻辑拓扑结构都是总线形、环形、星形、树形或以上几种形式的综合，而星形结构的综合布线系统，通过在管理间内跳线的调整，就可以实现上述不同拓扑结构。因此，采用综合布线方式进行物理布线时，不必过多地考虑网络的逻辑结构，更不需要考虑网络服务和网络管理软件，综合布线系统具有应用的独立性。

（4）开放性和灵活性

采用综合布线的方式，其配置标准对所有厂商的产品都是开放的。综合布线所采用的硬件和相关设备都是模块化设计，对所有的通道和标准都是适用的。因此，所有的设备的开通和更换都不需要重新布线，只需在出现问题的环节进行必要的跳线管理即可，这就大大提升了布线的灵活性和开放性。

（5）可靠性和先进性

综合布线系统采用的是高科技的材料和先进的建筑布线技术，它本身形成了一套完善兼容的信息输送体系。而且每条通道都可以达到链路阻抗的效果，任何一条链路出现问题都不会影响其他链路的工作，在系统传输介质的采用上它们互为备用，从而提升了冗余度，保证了应用系统的可靠运作。

综合布线系统能够解决人乃至设备对信息资源共享的要求，使以电话业务为主的通信网络成为能够同时提供语音、数据、图像和设备控制数据的集成通信网。

2.1.3　综合布线系统的组成

综合布线系统是一种开放式的结构化布线系统。它采用模块化方式，以星形拓扑结构，支持大楼（建筑群）的语音、数据、图像及视频等数字及模拟传输应用。它既实现了建筑物或建筑群内部的语音、数据、图像的彼此相连传输，也实现了各个通信设备和交换设备与外部通信网络相连接。综合布线系统的构成分为 6 个子系统，它们是由传输介质、管理硬件、传输电子线路、电气保护设备等硬件集成在一起的，如图 2.1 所示。

结构化综合布线系统根据其功能分为以下 6 个子系统，如图 2.2 所示。

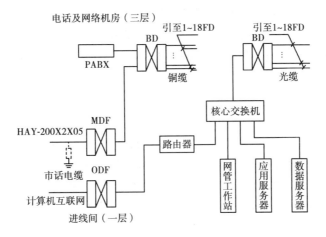

图 2.1 综合布线系统图

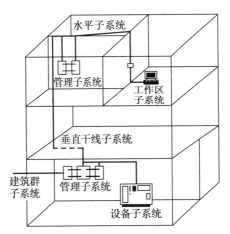

图 2.2 综合布线系统组成示意图

1) 工作区子系统

工作区子系统又称为服务区子系统,相当于电话配线系统中连接话机的用户线及话机终端部分。该子系统包括水平配线系统的信息插座、连接信息插座、终端设备的跳线及适配器。工作区的服务面积一般可按 5~10 m² 估算,工作区内信息点的数量根据相应的设计等级要求设置,一般来说每个工作区都会配置信息插座,数量为 1~2 只。在基本型系统中,配置信息插座的数量为 1 只,而增加型系统中为 2 只。工作区的每个信息插座都应该支持电话机、数据终端、计算机及监视器等终端设备;同时,为了便于管理和识别,有些厂家的信息插座做成多种颜色:黑、白、红、蓝、绿、黄,这些颜色的设置要求符合 TIA/EIA 606 标准。

2) 水平子系统

水平子系统也称为水平干线子系统,布置在同一楼层上。一端接在信息插座上,另一端接在管理间子系统的配(跳)线架上,组成的链路由工作区用的信息插座、楼层分配线架设备至信息插座的水平电缆、楼层配线设备和跳线等组成。结构一般为星形结构,水平电缆多采用四对超五类非屏蔽双绞线,长度小于 90 m,信息插座应在内部做固定线连接,能支持大多数现代化通信设备。如果有磁场干扰或保密需要,则采用屏蔽双绞线,在需要高速率时使用光缆。

如果在楼层上有卫星接线间,水平子系统还应把工作区子系统与卫星接线间连接起来,把终端接到信息的出口。

3) 管理子系统

一般在每幢楼都应设计一个管理间或配线间。其主要功能是对本层楼所有的信息点实现配线管理及功能变换,以及连接本层楼的水平子系统和骨干子系统(垂直干线子系统)。管理间子系统一般包括双绞线跳线架和跳线。如果使用光纤布线,就需要有光纤跳线架和光纤跳线。当终端设备位置或局域网的结构变化时,仅需改变跳线方式,不必重新布线。

4) 垂直干线子系统

垂直干线子系统是用线缆连接设备间子系统和各层的管理子系统。一般采用大对数电缆馈线或光缆,两端分别接在设备间和管理间的跳线架上,负责从主交换机到分交换机之间的连接,提供各楼层管理间、设备间和引入口(由电话企业提供的网络设施的一部分)设施之间的互联。

垂直子系统所需要的电缆总对数一般按下列标准确定:基本型每个工作区可选定 2 对双绞线,增强型每个工作区可选定 3 对双绞线,对于综合型每个工作区可在基本型或增强型的基础上增设光缆系统。

5) 设备间子系统

设备间是在每幢大楼的适当地点设置进线设备,也是放置主配线架和核心网的设备进行网络管理及管理人员值班的场所。它是智能建筑线路管理的集中点。设备间子系统由设备间的电缆、配线架及相关支撑硬件、防雷电保护装置等构成,将各种公共设备(如中心计算机、数字程控交换机、各种控制系统等)与主配线架连接起来。如果将计算机机房、交换机机房等设备间设计在同一楼层中,既便于管理,又节省投资。

设备间的设置位置十分关键,它应兼顾网络中心的位置、水平干线与垂直干线的路由,以及主干线与户外线路(如市话引入、公共网络或专用网络线缆引入)的连接。市话电缆引入点与设备间的连接应控制在 15 m 之内,数据传输引入点与设备间的连接电缆长度不应超过 30 m。

6) 建筑群子系统

建筑群子系统是将多个建筑物的设备间子系统连接为一体的布线系统,应采用地下管道或架空敷设方式。管道内敷设的铜缆或光缆应遵循电话管道和人孔的各项设计规定,并安装有防止电缆的浪涌电压进入建筑物的电气保护装置。建筑群子系统安装时,一般应预留 1 个或 2 个备用管孔,以便今后扩充。

建筑群子系统采用直埋沟内敷设时,如果在同一沟内埋入了其他的图像、监控电缆,应有明显的共用标志。

2.2 综合布线系统的传输介质

传输介质是综合布线系统的最重要的组成构件,它既是连接各个子系统的中间介质,也是信号传输的媒体,决定了网络的传输速率、网络传输的最大距离、传输的安全性、可靠性、可容性和连接器件的选择等。综合布线的传输介质主要是电缆和光缆。智能建筑群之间和建筑物主干线主要采用光缆,建筑物的水平子系统的布线多用双绞线。

2.2.1 双绞线

双绞线(Twisted Pair Cable,TPC)是综合布线工程中最常用的一种传输介质。双绞线由两根具有绝缘保护层的铜导线(典型直径为 1 mm)组成,并按一定密度相互缠绕,每根导线在传输中辐射的电波会被另一根线上发出的电波抵消,降低了信号干扰的程度。把一对或多对双绞线放在一个绝缘套管中便成了双绞线电缆。在双绞线电缆内,不同线对具有不同的扭绞长度。与同轴电缆、光缆相比,双绞线在传输距离、信道宽度和数据传输速度等方面均有所不同,但价格较为低廉,主要用于短距离的信息传输。

1)双绞线的类型

目前,按是否有屏蔽层,双绞线分为非屏蔽双绞线(Unshielded Twisted Pair,UTP)和屏蔽双绞线(Shielded Twisted Pair,STP)。非屏蔽双绞线由绞在一起的线对构成,外面有护套,但在电缆的线对外没有金属屏蔽层。它由 8 根不同颜色的线分成 4 对(白棕/棕、白绿/绿、白橙/橙、白蓝/蓝)。每两条按一定规则绞合在一起,成为一个芯线对,如图 2.3 所示。它是综合布线系统中常用的传输介质。

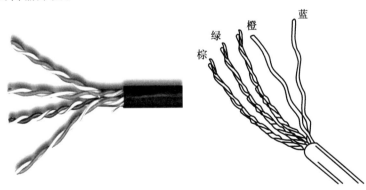

图 2.3 非屏蔽双绞线

因为非屏蔽双绞线电缆无屏蔽外套,直径小,节省所占用的空间,成本低,质量轻,易弯曲,易安装,所以得到广泛应用。

屏蔽双绞线与非屏蔽双绞线相比,在双绞铜线的外面加了一层金属层,这层金属层起着屏蔽电磁信号的作用。按金属层数量和金属屏蔽层缠绕的方式,可细分为铝箔屏蔽双绞线(FTP)、铝箔/金属网双层屏蔽双绞线(SFTP)和独立双层屏蔽双绞线(STP),其屏蔽和抗干扰能力依次递增。STP 指每条线都有各自的屏蔽层,而 FTP 只在整个电缆有屏蔽装置,并且两端都正确接地时才起作用。所以要求整个系统包括电缆、信息点、水晶头和配线架等是屏蔽器件,同时建筑物需要有良好的接地系统。

屏蔽双绞线的优点在于屏蔽层既可减少辐射,防止信息被窃听,也可阻止外部电磁干扰的进入,使屏蔽双绞线比同类的非屏蔽双绞线具有更高的传输速率。但是在实际施工时,很难全部完美接地,从而使屏蔽层本身成为最大的干扰源,导致性能甚至远不如非屏蔽双绞线。所以,除非有保密的特殊需要,通常在综合布线系统中只采用非屏蔽双绞线。

2) 双绞线的应用

电气工业协会/电信工业协会(EIA/TIA)按双绞线的电气特性定义了 7 种不同质量的型号,现主要使用六类线和超五类线。六类和超五类 UTP 是当前最常用的以太网电缆,超五类双绞线是对五类双绞线的改进,传送信号时衰减更小,抗干扰能力更强。五类 UTP 用于支持带宽要求达到 100 MHz 的应用,而超五类可达 155 MHz,能够满足目前大部分室内工作要求。而六类线可支持 250 MHz,七类线可支持 600 MHz 的带宽,基本满足当前对快速通信的需求。六类布线造价仅比超五类略贵一点,已获得广泛应用。

双绞线采用铜质线芯,传导性能良好。目前,常用的六类和超五类双绞线传输模拟信号时,5~6 km 需要一个放大器;传输数字信号,2~3 km 需要一个中继器,双绞线的带宽可达 268 kHz。一段六类和超五类双绞线的最大使用长度为 100 m,只能连接一台计算机,双绞线的每端需要一个 RJ-45 的 8 芯插座(俗称水晶头),各段双绞线可以通过集线器(HUB)互联,利用双绞线最多可以连接 64 个站到集线器。

随着技术的进步,六类线 250 MHz 的带宽将不能满足人们的需要,高质量、高宽带的七类双绞线将会给人们的工作和生活带来极大的方便。七类双绞线是一种屏蔽双绞线,可提供 600 MHz 的整体带宽,传输速率可达 10 Gbps。每一线对都有一个屏蔽层,4 对线合在一起,还有一个公共屏蔽层,所以线径相对较粗。

在 ISO/IEC 11801 第三版草案中,新增了 Category 8.1 和 8.2 的八类线,能在 30 m 信道长度内支持 2 000 MHz 传输,其中 8.1 对应的性能与该标准内的超六类线类似,8.2 对应的性能与超七类线类似。

2.2.2　光缆

光缆是一组光导纤维(光纤)的统称。它不仅是目前可用的媒体,而且是未来长期使用的媒体,其主要原因在于光纤具有很大的带宽,传输速度与光速相同。光纤与电导体构成的传输媒体最基本的差别表现为它传输的信息是光束而不是电气信号。因此,光纤传输的信号不受电磁的干扰,保密性能优异。

1) 光纤的结构与类型

光纤由单根玻璃光纤、紧靠纤芯的包层及塑料保护涂层组成,为使用光纤传输信号,光纤两端必须配有光发射机和接收机,光发射机执行从光信号到电信号的转换,如图 2.4 所示。实现电光转换的通常是发光二极管(LED)或注入式激光二极管(ILD);实现光电转换的是光电二极管或光电三极管。

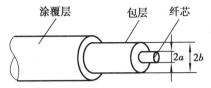

图 2.4 光纤结构示意图

根据光在光纤中的传播方式,光纤有两种类型:多模光纤和单模光纤。多模光纤又根据包层对的折射情况分为突变型折射和渐变型折射。以突变型折射光纤作为传输媒介时,发光管以小于临界角发射的所有光都在光缆包层界面进行反射,并通过多次内部反射沿纤芯传播。这种类型的光纤传输距离要低于单模光纤。

多模突变型折射光纤的散射是通过使用具有可变折射率的纤芯材料来减小的,折射率随着离开纤芯距离的增加使光沿纤芯的传播类似正弦波,如图 2.5(a)所示。将纤芯直径减小到 3~10 μm 后,所有发射的光都沿直线传播,称为单模光纤,如图 2.5(c)所示。它通常使用 ILD 作为发光元件。

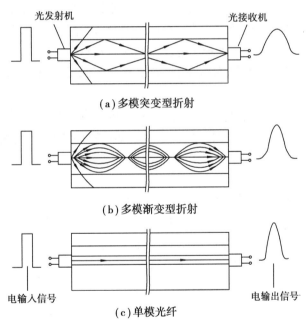

图 2.5 光在多模光纤与单模光纤中的传输

从上述 3 种光纤接收的信号看,单模光纤接收的信号与输入的信号较为接近,多模渐变型次之[图 2.5(b)],多模突变型接收的信号散射最严重,因而它所获得的速率最低。在网络工程中,一般选用规格为 50/125 μm(芯径/包层直径,美国标准)的多模光纤,只有在户外布线大于 2 km 时才考虑选用单模光纤。常用单模光纤有(8,9,10)/125 μm[3] 种。因为单模光纤传输距离长,一般采用无源连接,维护工作量极小,目前在智能大楼和小区内得到广泛应用,使光纤接入(FTTH/O)已占目前固定互联网宽带接入用户总数的 90% 以上。

2)光缆的种类

光缆由一组光纤组成,光纤工程实际使用的是光缆,通常采用双芯光缆和多芯光缆。双芯光缆就是光缆护套中有两根光纤的光缆,通常用于光纤局域网的主干网线,因为所有的局域网连接都同时需要一根发送光纤和一根接收光纤。多芯光缆包含3根到几百根光纤不等。一般情况下,多芯光缆中的光纤数目为偶数,因为所有的局域网连接都同时需要一根发送光纤和一根接收光纤。

按光缆在布线工程中的应用分类,有以下3种。

(1)光纤跳线

光纤跳线是两端带有光纤连接器的光纤软线,适用于网卡与信息插座的连接以及传输设备间的连接,可以应用于管理子系统、设备间子系统和工作区子系统。

(2)室内光缆

室内光缆的抗拉强度较小,保护层较差,但也更轻便、更经济。室内光缆主要适用于水平干线子系统和垂直干线子系统。

(3)室外光缆

室外光缆的抗拉强度较大,保护层较厚重,并且通常为铠装(即金属皮包裹)。室外光缆主要适用于建筑群子系统,常用敷设方式有直埋式和管道式两种。直埋式光缆最常见,它直接埋设在开挖的电信沟内,埋设完毕即填土掩埋,埋深一般为0.8~1.2 m。而管道式光缆多应用于拥有电信管道的建筑群子系统布线工程中,其强度一般并不太大,但应有非常好的防水性能。

智能建筑的系统集成越来越趋向于开放,用户设备要与外部网络光纤设备直接沟通时,还需加装多/单模转换设备,完成楼内外不同类型光纤间的连接,造成重复施工和增加扩建资金,采用吹光纤技术是解决这一矛盾的可行方法。当前只敷设光纤护套空管,光纤在将来实际应用时,再直接吸入护套内。这已是成熟的技术,其优点是既可减少无用光纤点的敷设,也可减少综合布线初期投入。目前敷设护套空管的价格大致与一个铜缆点的价格相当。另外,吸入光纤的根数和性质(单模/多模)均可根据需要而定,因此具有更强的灵活性。这种设计适用于开放式办公环境综合布线。

3)光纤传感器

与传统的传感器相比光纤传感器具有很多不可比拟的优势,尤其是在电力系统应用上。比如,光纤传感器的高灵敏度、绝缘性高、不受电磁辐射干扰、体积小等。光纤传感器易于组成光纤传感网络,图2.6示意了一种光纤传感器用于配电安全监测系统,该系统能实时地监测配电安全,当故障发生时能通知到每一户,并发出报警信号。

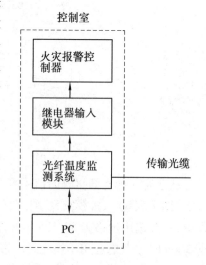

图2.6　光纤传感器用于
配电安全监测

2.2.3 无线介质简介

网络除了有线形式外,还有无线网络,通过无线介质传输信号。无线网络既包括允许用户建立远距离无线连接的全球语音和数据网络(WLAN),也包括为近距离无线连接进行优化的红外线技术及射频技术。它与有线网络的用途十分类似,其最大的不同在于传输媒介的不同,利用无线电技术取代网线,可以和有线网络互为备份。无线网络的发展方向之一就是"万有无线网络技术",也就是将各种不同的无线网络统一在单一的设备下。如芯片采用软件无线电技术,可以在同一个芯片上处理 Wi-Fi、WiMAX 和 DVB-H 数位电视等不同无线技术。

常见标准有以下 4 种:

①IEEE 802.11a:使用 5 GHz 频段,传输速度 54 Mb/s,与 802.11b 不兼容。

②IEEE 802.11b:使用 2.4 GHz 频段,传输速度 11 Mb/s。

③IEEE 802.11g:使用 2.4 GHz 频段,传输速度主要有 54 Mb/s 和 108 Mb/s,可向下兼容 802.11b。

④IEEE 802.11n:使用 2.4 GHz 频段,传输速度可达 300 Mb/s。

目前 IEEE 802.11b 最常用。

IEEE 802.11b 标准含有确保访问控制和加密的两个部分,这两个部分必须在无线 LAN 中的每个设备上配置。拥有成百上千台无线 LAN 用户的公司需要可靠的安全解决方案,可以从一个控制中心进行有效的管理。缺乏集中的安全控制是无线 LAN 只在一些相对较小场所和特定应用中得到使用的根本原因。

1)无线网络分类

无线网络可分为个人网、区域网和城域网 3 类。

(1)个人网

无线个人网(WPAN)是在小范围内相互连接数个装置所形成的无线网络,通常是个人可及的范围内。例如,利用 Wi-Fi、蓝牙连接耳机及便携式电脑、平板机等。

Wi-Fi,中文名无线保真,是一种可以将个人电脑、手持设备(如 PAD、手机)等终端以无线方式互相连接的技术,事实上它是一个高频无线电信号。无线保真是一个无线网路通信技术的品牌,由 Wi-Fi 联盟所持有。无线保真的目的是改善基于 IEEE 802.11 标准的无线网路产品之间的互通性。目前习惯把 Wi-Fi 及 IEEE 802.11 混为一谈,甚至把 Wi-Fi 等同于无线网际网路。

Wi-Fi 可以简单地理解为无线上网,几乎所有智能手机、平板电脑和笔记本电脑都支持无线保真上网,是当今使用最广的一种无线网络传输技术。实际上就是把有线网络信号转换成无线信号,使用无线路由器供支持其技术的相关计算机、手机、平板电脑等接收。手机一般有无线保真功能,在有 Wi-Fi 无线信号时就可不通过电信企业的网络上网。

蓝牙是一个开放性的、短距离无线通信技术标准。它可以用来在较短距离内取代目前多种线缆连接方案,穿透墙壁等障碍,通过统一的短距离无线链路,在各种数字设备之间实现灵活、安全、低成本、小功耗的话音和数据通信。由蓝牙构成的无线个人网已无处不在,并推动了 GPRS,3G,4G 和 5G 甚至 6G 的发展。

ZigBee(IEEE 802.15.4)也是一种短距离、低功耗、低速率的近距离无线网络技术。主要用于设备的监测与控制,传输速率为 4~32 Kb/s,最大传输距离约 100 m,具备可靠、功耗低、成本低的特点。

(2)区域网

无线区域网(Wireless Regional Area Network,WRAN)基于认知无线电技术,IEEE 802.22 定义了适用于 WRAN 系统的空中接口。WRAN 系统工作在 47~910 MHz 高频段/超高频段的电视频带内,由于已经有用户(如电视用户)占用了这个频段,因此,802.22 设备必须要探测出使用相同频率的系统以避免干扰。

NB-IoT(Narrow Band-Internet of Things)是一种典型区域网无线联网技术,定位于营运商级、基于授权频谱的低速率物联网市场,主要应用场景为位置跟踪、环境监测、智能停车、远程抄表、农业和畜牧业,可以用于填补现有移动通信网难以支持的场景。

(3)城域网

城域网(Metropolitan Area Network,MAN)是连接数个无线局域网的无线网络形式,分有线和无线两种,属宽带局域网。有线网采用具有有源交换元件的局域网技术,传输媒介采用光缆,传输速率在 100 Mb/s 以上。可将位于同一城市内不同地点的主机、数据库,以及 LAN 等互相连接起来,这与 WAN 的作用有相似之处,但两者在实现方法与性能上有很大差别。有线 MAN 遵循分布式队列双总线 DQDB(Distributed Queue Dual Bus)标准,即 IEEE 802.6。DQDB 是由双总线构成,所有的计算机都连结在上面。

2003 年,无线城域网标准 IEEE 802.16a 正式通过。致力于此标准研究的组织是 WiMax 论坛——全球微波接入互操作性(Worldwide Interoperability for Microwave Access)组织。WiMax 已成为继无线局域网联盟 Wi-Fi 之后的另一个具有充分产业影响力的无线产业联盟。其基于 IEEE 802.16d 标准的芯片能够帮助实现终端设备与天线的无线高速连接,是被国际电信联盟(ITU)认定的 4G 技术,2G、3G、4G、5G 涵盖的无线通信技术,如 GPRS/GSM/1xTRR/CDMA 等都可看成是无线 MAN。

2)无线局域网常见设备

在无线局域网里,常见的设备有无线网卡、无线网桥、无线天线等。

(1)无线网卡

无线网卡的作用类似于以太网中的网卡,作为无线局域网的接口,实现与无线局域网的连接。无线网卡根据接口类型的不同,主要分为 3 种类型,即 PCMCIA 无线网卡、PCI 无线网卡和 USB 无线网卡。

PCMCIA 无线网卡仅适用于笔记本电脑,支持热插拔,可以非常方便地实现移动无线接入。PCI 无线网卡适用于普通的台式计算机使用。其实 PCI 无线网卡只是在 PCI 转接卡上插入一块普通的 PCMCIA 卡。USB 接口无线网卡适用于笔记本和台式机,支持热插拔,如果网卡外置有无线天线,那么 USB 接口就是一个比较好的选择。

(2)无线网桥

无线网桥用于连接两个或多个独立的网络段,这些独立的网络段通常位于不同的建筑内,相距几百米到几十千米。所以它可以广泛应用在不同建筑物间的互联。同时,根据协议不同,无线网桥又可以分为 2.4 GHz 频段的 802.11b 或 802.11g 以及采用 5.8 GHz 频段的 802.11a 无线网桥。无线网桥有 3 种工作方式,即点对点、点对多点、中继连接,特别适用于城市中的远距离通信。

在无高大障碍(山峰或建筑)的条件下,一对速组网和野外作业的临时组网。其作用距离取决于环境和天线:一对 27 dbi 的定向天线可以实现 10 km 的点对点微波互联;12 dbi 的定向天线可以实现 2 km 的点对点微波互联;一对只实现到链路层功能的无线网桥是透明网桥,而具有路由等网络层功能;在网络 24 dbi 的定向天线可以实现异种网络互联的设备称为无线路由器,也可作为第三层网桥使用。

无线网桥通常是用于室外,主要用于连接两个网络,使用无线网桥不可能只使用一个,必须两个以上,而 AP 可以单独使用。无线网桥功率大,传输距离远(最大可达约 50 km),抗干扰能力强等,不自带天线,一般配备抛物面天线实现长距离的点对点连接。

(3)无线天线

当计算机与无线 AP 或其他计算机相距较远时,随着信号的减弱,或传输速率明显下降,或根本无法实现与 AP 或其他计算机之间通信,此时,就必须借助于无线天线对所接收或发送的信号进行增益(放大)。

无线天线有多种类型,常见的有两种:一种是室内天线,优点是方便灵活,缺点是增益小,传输距离短;另一种是室外天线。室外天线的类型比较多,一种是锅状的定向天线;另一种是棒状的全向天线,适合远距离传输。

2.3 与传输介质连接的硬件

在综合布线时要用到各种不同的连接部件,其中的一些部件用于传输介质的端接,这些部件被称为连接部件,它们在综合布线中占有非常重要的地位。连接部件的概念比较广泛,包括所有的电缆和光缆端接部件,它是用于端接通信介质,并将通信介质与通信设备或者其他介质连接起来的机械设备,其中包括各种信息插座、同轴电缆连接器光纤连接器、配线架、配线盘和适配器等。

连接部件按照其功能不同,分为端接设备、交连设备、传输电子设备和电气保护设备等。

2.3.1 传输介质的端接设备

在综合布线中,端接设备指的是传输介质接合所需的设备,包括连接终端设备的信息插座和各种适配器。

1)常用于双绞线的端接设备——信息插座

信息插座在综合布线系统中用作终端点,也就是终端设备连接或断开的端点。它使用在水平区布线和工作区布线之间可进行管理的边界或接口。在工作区一端将带有 8 针插头的软线插入插座,如图 2.7 所示;在水平子系统一端,可将 4 对双绞线接到插座上。

信息插座,一般为墙面安装型,也有桌面型和地面型的,主要方便计算机等设备的移动接线。通常情况下,信息插座的安装位置距离地面的高度为 30~50 cm。

还有一种转换插座,用于在综合布线系统中实现不同类型的水平干线与工作区跳线的连接。目前,常见的转换插座是 FA3-10 型转换插座,这种插座可以实现 RJ-45 与 RJ-11(即 4 对非屏蔽双绞线与电话线)之间的连接,并可以充分利用已有资源,将 1 个 8 芯信息口转换出 4 个双芯电话线插座,如图 2.8 所示。

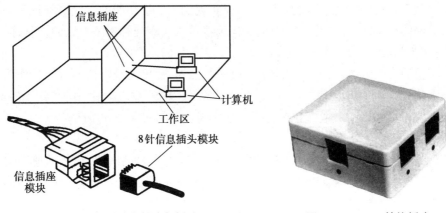

图 2.7　8 针信息插座与插头　　　　图 2.8　FA3-10 转换插座

2) 常用于光纤的端接设备——连接器

光纤连接器是光纤通信系统必需的无源器件,实现了光通道的可拆式连接,如图 2.9 所示。大多数的光纤连接器由 2 个配合插头和 1 个耦合器组成。2 个插头装进 2 根光纤尾端,耦合器起对准套管的作用。常见的光纤连接器有 SC 连接器、FC 连接器和 LC 连接器。LC 连接器所采用的插针和套筒的尺寸是普通 SC、PC 等所用尺寸的一半,仅为 1.25 mm,能够提高光缆配线架中光纤连接器的密度,主要用作单模超小型连接器。

光纤连接器　光纤耦合器

图 2.9　光纤连接示意图

2.3.2　传输介质的配线接续设备

综合布线系统中的配线接续设备主要用来端接和连接缆线。通过配线接续设备可重新安排布线系统中的路由,使通信线路能够延续到建筑物内部的各个地点,从而实现通信线路的管理。配线接续设备分为电缆配线接续设备和光缆配线接续设备。

1) 电缆配线接续设备

电缆配线接续设备包括配线设备、交接设备及分线设备。

配线设备即配线架(箱、柜)等。电缆配线架主要用于端接大型多线对干线电缆盒和一般的四线对水平电缆的导线。它的类型主要是 110 系列,AT&T 公司设计用于在干线接线间、二级接线间和设备间中端接或连接线缆。在主干线普遍采用光缆的情况下,现已基本被淘汰。

交接设备如配线盘(设在交接间的交接设备)和室外设置的交接箱等。配线盘是用来端接四线对水平电缆的设备,在配线盘的背面有一个端接模块,正面有一个八线位组合式连接12端口,常见的配线盘通常为12,24,48和96端口配置。目前常用的六类24口配线盘如图2.10所示。

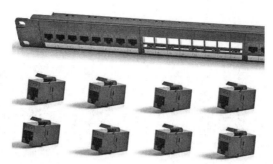

图 2.10　一种六类配线盘及模块

分线设备指电缆分线盒等。电缆分线盘主要是应用于电缆网络中干线与用户支线的分线设备。

配线架在小型网络中是不需要的。如果在一间办公室内部建立一个网络,可以根据每台计算机与交换机或集线器的距离选取1根双绞线,然后在每根双绞线的两端接RJ-45水晶头做成跳线,用跳线直接把计算机和交换机或集线器连接起来。如果计算机要在房间中移动位置,只需要更换1根双绞线。而在综合布线系统中,网络一般要覆盖一座或几座楼宇。在布线过程中,一层楼上的所有终端都需要通过线缆连接到管理间中的分交换机上。这些线缆数量很多,如果都直接接入交换机,既很难辨别交换机接口与各终端间的关系,又很难在管理间对各终端进行管理,而且在这些线缆中有一些暂时不使用,这些不使用的线缆接入了交换机或集线器的端口会浪费很多的网络资源。

在综合布线系统中,水平干线由信息插座直接连入管理间的配线架,在干线与配线架连接的位置,将为每一组连入配线架的线缆在相应的标签上做标记。在配线架的另一侧,每一组连入的线缆都将对应一个接口,如果与配线架相连房间的信息插座上连接了计算机或其他终端,使用跳线将相应配线架另一侧的接口接入交换机就可以了。当计算机终端由一个房间移到另一个房间时,管理人员只需将网络跳线从配线架原来的接口取下,插到新房间对应的接口上即可。

2)光缆配线接续设备

光缆配线接续设备是光缆线路进行光纤终端连接或分支配线的重要部件,具有保护和存储光纤的作用。因配线接续设备的类型和品种较多,其功能和用途也有所不同。此外,还有安装方式、外形结构和安装插合的差别,其分类方法有很多种,一般的光纤光缆配线接续设备主要有光纤配线架、光纤配线柜、光纤配线箱和光纤终端盒等。此外,还有光缆交接箱等设备,它们的用途各有不同。

光纤配线架是室内通信设施和外来的光缆线路互相连接的大型配线接续设备,通常作为机械和线路划分的分界点,安装在智能建筑中设备间或重要的交接间内,如图2.11所示。光纤配线箱功能与光纤配线架完全相同,但容纳的光纤芯数较少,一般用于分支段落或次要的场合。光纤终端盘与光纤配线架和配线箱同属终端连接设备,但其容纳光纤数量更少,且用于与设备光纤之间的连接,其内部结构、外形尺寸和安装方式都与光纤配线架不同,如图2.12所示。

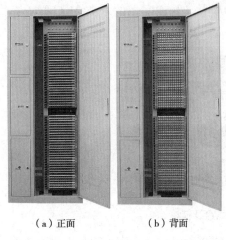

（a）正面　　　（b）背面

图2.11　一种720芯的光纤配线架

图2.12　一种光纤终端盘

光缆交接箱是一种室外使用的配线接续设备,主要用于光缆接入网中主干光纤光缆和分支(又称配线)光纤光缆的相互连接,以便于调度和连接光纤。从内部结构的连接方式来分类,有跳线连接和直接连接两种系列产品,由用户根据用户数量进行选择。

2.3.3　其他连接设备

1)传输电子设备

传输电子设备主要包括工作站接口设备和光纤多路复用器。

（1）工作站接口设备

工作站接口设备可以改善或变换来自数字设备的数字信号,使其能沿着综合布线系统中的双绞线传输,通过光纤发送和接收信号。

工作站接口设备主要包括介质适配器和数据单元。介质适配器可将数据设备的数据传输到综合布线系统中的传输介质——双绞线。介质适配器综合考虑了平衡、轴向滤波和阻抗数据单元用来调整数据,可扩展数据设备的传输距离,并保证信号可以在综合布线系统中的双绞线上与其他信号进行无干扰传输,其电源可取自数据终端设备或使用外部电源。

（2）光纤多路复用路

综合布线系统中的光纤多路复用器实现了通过光纤传输数据,又称为光电转换设备。光纤不受电磁波的干扰,线路的可靠性和数字信号的传输距离都得到大大增加。光纤多路复用器通常成对使用,一个光纤多路复用器将多路电信号转换组合成光波脉冲,通过两根光纤的一根传输到另一个光纤多路复用器,第二个光纤多路复用器接收光信号,并将其分离转换为多路电信号,然后将它们传送到相应的终端。

2)电气保护设备

电气保护的目的主要是减小电气事故对布线系统中用户的危害,减少对布线系统自身、连接设备和网络体系等的电气损害。为了避免电气损害,综合布线系统的部件中专门配有各种型号的多线对保护架。这些保护架使用可更换的插入式保护单元,避免建筑物中的布线受到雷电危害,且每个保护单元内装有气体放电管保护群或固态保护器。

2.4 综合布线系统的配置标准

综合布线系统的配置基本原则是配线(水平)布线子系统的配置应从远期的发展考虑,尽量做到较长时间需求的一步到位。但主干线子系统则从工程实际应用出发,既要满足当前和近期要求,又要节省工程投资;能满足综合布线国家标准相关行业的标准要求;合理划分工作区,如图 2.13 所示;结合电话交换机系统和计算机局域网的设计,语音和数据信息等的配线系统分别进行配置;缆线和接插件配置数量在满足实际需求的同时,留有充分的冗余;产品等级选用要适应产品的技术发展和市场的价格因素。

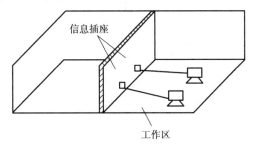

图 2.13 工作区

在进行智能建筑的工程设计时,可根据用户的实际需要和通信技术的发展趋势,选择适当的配置标准。目前,在工程实践中,综合布线系统有 3 种不同类型的配置标准,见表 2.1。

表 2.1 综合布线系统的配置标准

配置标准	配置要求	性能特点
基本型	1.每个工作区一般为一个水平布线子系统,有一个信息插座; 2.每个水平布线子系统的配线电缆是一条; 3.对非屏蔽双绞线电缆; 4.每个工作区的干线电缆至少有 2 对双绞线; 5.接续设备全部采用夹接式的交接硬件	1.支持话音、数据或高速数据系统使用; 2.采用铜芯导线电缆,成本较低,技术要求不高,日常维护管理简单; 3.采用气体放电管式过压保护和能够自动复位的过流保护
增强型	1.每个工作区是独立的水平布线子系统,有两个以上的信息插座; 2.每个工作区的配线电缆是两条 4 对非屏蔽双绞线电缆; 3.每个工作区的干线电缆至少有 3 对双绞线; 4.接续设备全部采用夹接或插接	1.每个工作区有两个以上的通信引出端,任何一个通信引出端的插座,都支持语音、数据传输,灵活机动、功能齐全; 2.采用铜芯导线电缆和光缆混合组网; 3.可统一色标,按需要利用端子板进行管理; 4.采用气体放电管式过压保护和能够自动复位的过流保护

续表

配置标准	配置要求	性能特点
综合型	1.在增强型基础上增设光缆系统,一般在建筑群子系统和垂直子系统上,根据需要采用多模光缆或单模光缆,一般按48个信息插座配2芯光纤; 2.每个基本型或增强型的工作区设备配置应满足各种类型的配置要求	1.每个工作区有两个以上的信息插座,支持语音、数据等的信息传输; 2.采用以光缆为主,光缆与铜芯导线电缆混合组网方式; 3.利用端子板进行管理,使用统一色标

　　基本型配置适用于目前大多数的场合,具有要求不高、经济有效、适应发展和逐步过渡到高级别的特点,一般用于配置标准要求不高的场合。增强型配置能支持话音和数据系统使用,具有增强功能和适应今后发展的特性,适用于中等配置标准的场合。而综合型配置具有功能齐全,能满足各种通信要求,适用于配置标准很高的场合,如规模较大的智能建筑等。

　　所有基本型、增强型和综合型布线系统都能够支持语音/数据等系统,并能随着工程的需要转为更多功能的布线系统。它们的区别主要在于支持语音/数据服务所采取的方式有所不同,在移动和重新布局时线路管理的灵活性也不一样。随着建筑智能化技术发展,对通信系统的性能要求不断提高,全光纤的综合型综合布线系统已得到广泛的应用。

2.5　综合布线系统的设计

2.5.1　综合布线系统的方案设计

　　智能建筑的综合布线系统方案设计包括对系统进行需求分析,对系统的整体规划、各子系统的规划及其他部分等进行设计。此设计最好与建筑方案设计同步进行。确定干线的布线方式是方案设计的重要内容。在进行干线布线时,主要是先通过室内外的各层分配箱,然后在各个信息点进行布线。目前,主要有以下几种布线方式:

　　第一,预埋管布线方式。这种布线方式的优点是节省材料、施工方便、技术成熟,而且配料也较为简单。主要应用金属管或PVC管,在现浇板中进行预埋,再按照管井内接线箱、墙面或柱面、出线盒的顺序进行布线。在布线过程中,可以与地面接线盒进行配合。

　　第二,吊顶内布线方式。这种方式主要应用于现代办公楼,利用吊顶空间敷设线槽,对各类电气线路进行布线。

　　第三,地面线槽布线方式。这种方式主要是在浇层或找平层中安装线槽,但需要注意的是这种布线方式只适用于新建的自动化设备密度较高的办公建筑,由于需要进行大的施工,必须要保证施工质量。

　　第四,地毯下布线方式。这种布线方式主要使用扁带式电缆,这种电缆的特点是厚度薄、性能好,可以直接在地毯下进行明敷设,施工方便灵活、工期短,对空间适应性强,但造价较高,因此只适用于施工量较小的局部改建项目。

在第7章建筑本体智能化的建筑层高设计小节中,将进一步介绍各种布线方式。

接下来介绍从需求分析到整体规划,再到子系统规划和其他附属配套部分设计的具体内容。

1) 系统的需求分析

现代智能建筑多是集商业、金融、娱乐、办公及酒店于一身的综合性的多功能大厦。建筑内各部门、各单位由于业务不同,工作性质不同,对布线系统的要求也各不相同,有的对数据处理点的数量多一些,有的却对通信系统有特别的要求。在进行布线系统的总体设计时,作为布线系统总体设计的第一步,必须对建筑种类、建筑结构、用户需求进行确定,结合信息需求的程度和今后信息业务发展状况,包括现在和若干年以后的发展要求都尽可能作详细深入的了解,在详细勘查现场掌握了需求的第一手资料的基础上对需求作深入分析。

2) 系统整体的规划

综合布线系统的系统规划,必须在仔细研究建筑设计和现场勘察布线环境后作出,其主要工作包括:

①规划公用信息网的进网位置、电缆竖井位置。

②楼层配线架的位置。

③数据中心机房的位置。

④PBX 机房的位置。

⑤与智能建筑各子系统的连接。

3) 系统信息点的规划

布线系统信息点在规划时可考虑的种类有:

(1)计算机信息点

在规划计算机信息点(数据信息点)时,必须根据各种不同情况分别处理:对于写字楼办公室,国内一般估算每个工作站点占地面积为 $8\sim10\ m^2$,据此推算出每间写字楼办公室应用多少个计算机信息点。普通办公室按拥有一个计算机信息点设计,银行计算机信息点的密度要大一些,商场则可以根据 POS 系统收款点布局来决定计算机信息点。

(2)电话信息点

内部电话信息点的分配密度较直拨电话信息点大,内线电话作为直拨电话的一种补充,要求有一定富余量。

(3)与 BAS 的接口

在考虑系统信息点的数量与分布时,建筑设备自动化系统中的接口也必须考虑在其中。目前,这些接口主要有楼宇设备监控系统的接口、消防报警系统的接口和闭路电视监控系统的接口。

(4)信息点分布表

将上述工作的成果列表显示,全面反映建筑内信息点的数量和位置。

4）各子系统的设计

综合布线系统子系统的设计指工作区子系统的设计、水平子系统的设计、垂直干线子系统的设计、管理子系统的设计、设备间子系统的设计、建筑群子系统的规划设计，明确各系统的功能和要求。

5）附属或配套部分的设计

综合布线系统的附属或配套部分设计主要指以下3个方面。

（1）电源设计

交直流电源的设备选用和安装方法（包括计算机、电话交换机等系统的电源）。

（2）保护设计

综合布线系统在可能遭受各种外界电磁干扰源的影响（如各种电气装置、无线电干扰、高压电线及强噪声环境等）时，采取的防护和接地等技术措施的设计。

综合布线系统要求采用全屏蔽技术时，应选用屏蔽缆线和屏蔽配线设备。在工程设计中，该系统应有详尽的屏蔽要求和具体做法（如屏蔽层的连续性和符合接地标准要求的接地体等）。

（3）土建工艺要求

对于综合布线系统中的设备间和交换间，设计中要对其位置、数量、面积、门窗和内部装修等建筑工艺提出要求。此外，上述房间的电气照明、空调、防火和接地等在设计中都应有明确的要求，详见第7章。

2.5.2 综合布线系统的技术设计

技术设计是在方案设计基础进一步进行的确定技术细节的详细设计。设计步骤如图2.14所示。线路的走向主要分为两种，即水平方向和垂直方向。水平方向的走线比较容易，布置相对便利，而垂直方向走线布置于各个层间的设备小间内，智能建筑内部的设备小间主要布置网络设备和跳线架，因此需要在设计时注意在层面上留出弱电井或通信间，为垂直方向走线做准备。

2.5.3 建筑群子系统的设计要求

主干传输线路方式的设计极为重要，在建筑群子系统应按以下基本要求进行设计。

①建筑群子系统设计。应注意所在地区（包括校园、街坊或居住小区）的整体布局传输线路的系统分布和所在地区的环境规划要求，有计划地实现传输线路的隐蔽化和地下化。

②设计时的要求。应根据建筑群体的信息需求的数量、时间和具体地点，结合小区近远期规划设计方案，采取相应的技术措施和实施方案，慎重确定线缆容量和敷设路由，要使传输线路建成后，保持相对稳定，且能满足今后一定时期内的扩展需要。

③建筑群子系统是建筑群体的综合布线系统的骨架。它必须根据小区的总平面布置（包括道路和绿化等布局）和用户信息点的分布等情况来设计。其内容包括该地区的传输线路的分布和引入各幢建筑的线路两部分。在设计时除上述要求外，还要注意以下要点：

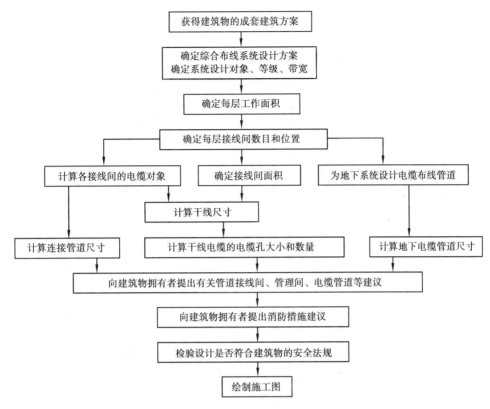

图 2.14 综合布线系统的技术设计流程图

a.线路路由应尽量短捷、平直,经过用户信息点密集的楼群。

b.线路路由和位置应选择在较永久的道路上敷设,并应符合有关标准规定和其他地上或地下各种管线以及建筑物间的最小净距的要求。除因地形或敷设条件的限制,必须与其他管线合沟或合杆外,通信传输线路与电力线路应分开敷设或安装,并保持一定的间距。

c.建筑群子系统的主干传输线路分支到各幢建筑的引入段,应以地下引入为主。如果采用架空方式(如墙面电缆引入),应尽量采取隐蔽引入,选择在建筑背面等不显眼的地方。

2.5.4 设备间子系统的设计要求

设备间子系统如图 2.15 所示,其设计应符合下列要求:

①设备间应处于建筑物的中心位置,便于垂直干线线缆的上下布置。当引入大楼的中继线线缆采用光缆时,设备间通常设置在建筑物大楼总高的(离地)1/4~1/3 楼层处。当系统采用建筑楼群布线时,设备间应处于建筑楼群的中心,并位于主建筑的底层或二层。

②设备间应有空调系统,室温应控制在 18~27 ℃,相对湿度应控制在 60%~80%,能防止有害气体(如 SO_2,H_2S,NH_3,NO_2)等侵入。

③设备间应安装符合国家法规要求的消防系统,应采用防火防盗门以及采用至少耐火 1 h 的防火墙;房内所有通信设备都有足够的安装操作空间;设备间的内部装修、空调设备系统和电气照明等安装应满足工艺要求,并在装机前施工完毕。

④设备间内所有进线终端设备宜采用色标以区别各类用途的配线区。

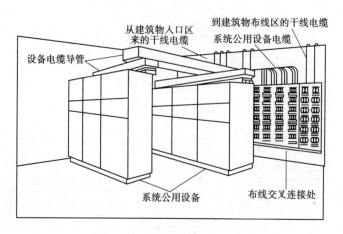

图 2.15　设备间子系统示意图

⑤设备间应采用防静电的活动地板,并架空 0.25~0.3 m 高度,便于通信设备大量线缆的安放走线。活动地板平均荷载不应小于 500 kg/m²。室内净高不应小于 2.55 m,大门的净高度不应小于 2.1 m(当用活动地板时,大门的高度不应小于 2.5 m),大门净宽不应小于 0.9 m。凡要安装综合布线硬件的部位,墙壁和天花板处应涂阻燃油漆。

⑥设备间的水平面照度应大于 150 lx,最好大于 300 lx。照明分路控制要灵活、方便。

⑦设备间的位置应避免电磁源的干扰,并设置接地装置。

⑧设备间内安放计算机通信设备时,使用电源按照计算机设备电源要求进行。

2.5.5　管理子系统的设计要求

1)管理子系统的功能

管理子系统设置在每层配线设备的房间内,它由交接间的配线设备,输入/输出设备等组成。管理子系统可应用于设备间子系统。

从功能上来讲,管理子系统提供了与其他子系统连接的手段。交接使得有可能安排或重新安排路由,因而通信线路能够延续到连接建筑物内部的各个信息插座,从而实现综合布线系统的管理。每座大楼至少应有一个管理子系统或设备间。管理子系统具有以下三大功能。

①水平/主干连接:管理区内有部分主干布线和部分水平布线的机械终端,为无源(如交叉连接)或有源或用于两个系统连接的设备提供设施(空间、电力、接地等)。

②主干布线系统的相互连接:管理区内有主干布线系统不同部分的中间跳接箱和主跳接箱,为无源或有源或两个系统的互连或主干布线的更多部分提供设施(空间、电力、接地等)。

③入楼设备:管理区设有分界点和大楼间的入楼设备,为用于分界点相互连接的有源或无源设备、楼间入楼设备或通信布线系统提供设施。

2)管理子系统的交连形式

管理子系统常见的交连形式有以下 3 种,如图 2.16 所示。

①单点管理单交连。这种方式使用的场合较少。

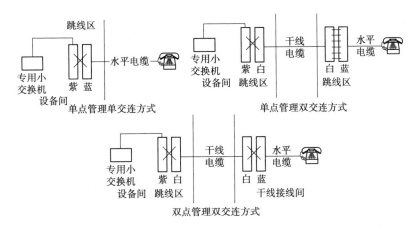

图 2.16　管理子系统的 3 种交连形式

②单点管理双交连。管理子系统宜采用单点管理双交连。单点管理位于设备间里面的交换设备或互联设备附近,通过线路不进行跳线管理,直接连至用户工作区或配线间里面的第二个接线交接区。如果没有配线间,第二个交连可放在用户间的墙壁上。

③双点管理双交连。当低矮而又宽阔的建筑物管理规模较大、复杂(如机场、大型商场)多采用二级交接间,设置双点管理双交连。双点管理除了在设备间里有一个管理点之外,在配线间仍为一级管理交接(跳线)。在二级交接间或用户房间的墙壁上还有第二个可管理的交接。双交接要经过二级交接设备。第二个交连可能是一个连接块,它对一个接线块或多个终端块(其配线场与站场各自独立)的配线和站场进行组合。

3)管理子系统的设计要求

在进行管理子系统设计时,应遵循下列原则:

①管理子系统在通常情况下宜采用单点管理双交连。交接场的结构取决于工作区、综合布线系统规模和所选用的硬件。在管理规模大、复杂、有二级交接间时,才设置双点管理双交连。在管理点,宜根据应用环境用标记插入条来标出各个端接场。

②交接区应有良好的标记系统,如建筑物名称、建筑物位置、区号、起始点和功能等。

③交接间及二级交接间的配线设备宜采用色标区别各类用途的配线区。

④当对楼层上的线路较少进行修改、移位或重新组合时,交接设备连接方式宜使用夹接线方式;当需要经常重组线路时,交接设备连接方式宜使用插接方式;在交接场之间应留出空间,以便容纳未来扩充的交接硬件。

2.5.6　垂直干线子系统的设计要求

垂直干线子系统(图 2.17)的设计应符合下列要求。

①所需要的电缆总对数和光纤芯数,其容量可按国家有关规范的要求确定。对数据应用应采用光缆或超五类以上的双绞线,双绞线的长度不超过 90 m。

②应选择干线电缆最短、最安全的路由,宜使用带门的封闭型综合布线专用的通道敷设干线电缆。它可与弱电竖井合用,但不能布放在电梯、供水、供气、供暖和强电等竖井中。

③干线电缆宜采用点对点端接或分支递减端接。

④如果需要把语音信号和数据信号引入不同的设备间,在设计时可选取不同的干线电缆或干线电缆的不同部分来分别满足不同路由的语音和数据的需要。

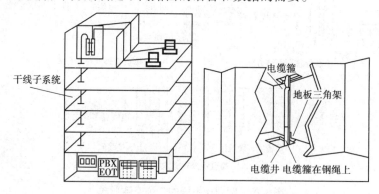

图 2.17　垂直干线子系统和电缆井示意图

2.5.7　水平子系统的设计要求

水平子系统由工作区的信息插座、楼层配线架(FD)、FD 的配线线缆和跳线等组成,如图 2.18 所示,其设计应遵照下列要求。

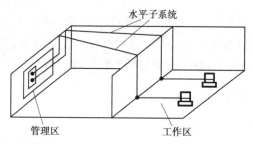

图 2.18　水平子系统示意图

第一,根据智能化建筑近期或远期需要的通信业务种类和大致用量等情况选用传输线路和终端设备。

第二,根据传输业务的具体要求确定每个楼层的通信引出端(即信息插座)的数量和具体位置。同时对终端设备将来有可能发生增加、移动、拆除和调整等变化情况有所估计,在设计中对这些可能变化的因素应尽量在技术方案中予以考虑,力求做到灵活性大、适应变化能力强,以满足今后通信业务的需要,可以选择一次性建成或分期建成。

水平布线的安装形式可根据建筑物的具体情况选择在地板下或地平面中安装,也可以选择在楼层吊顶内安装。本书在最后一章进行进一步的介绍。

2.5.8　工作区子系统的设计要求

工作区子系统的设计应符合下列要求。

①一个独立的需要设置终端设备的区域宜划分为一个工作区。工作区应由水平布线系统的信息插座延伸到工作站终端设备处的连接电缆及适配器组成。一个工作区的服务面积可按 $8\sim10\ m^2$ 估算,或按不同的应用场合调整面积的大小。

②每个工作区信息插座的数量和具体位置按系统的配置标准确定。

③选择合适的适配器,使系统的输出与用户的终端设备兼容。

2.5.9 系统的屏蔽要求

完整的屏蔽措施可以有效地改善综合布线系统的电磁兼容性,大大提高系统的抗干扰能力。采取屏蔽措施时,对布线部件和配线设备的具体要求如下:

①在整个信道上屏蔽措施应连续有效,不应有中断或屏蔽措施不良现象。

②系统中所有电缆和连接硬件,都必须具有良好的屏蔽性能,无明显的电磁泄漏,各种屏蔽布线部件的转移阻抗应符合有关标准要求。

③工作区电缆和设备电缆及有关设备的附件都应具有屏蔽性能,并满足屏蔽连续不间断的需要。

④系统中所有电缆和连接硬件,都必须按有关施工标准正确无误地敷设和安装;在具体操作过程中应特别注意连接硬件的屏蔽和电缆屏蔽的终端连接,不能有中断或接触不良现象。

2.5.10 系统的接地要求

综合布线系统采用屏蔽措施后,必须装配良好的接地系统,否则将会大大降低屏蔽效果,甚至会适得其反。接地的具体要求如下:

①系统的接地设计应按《建筑物电子信息系统防雷技术规范》(GB 50343—2012)进行。接地的工艺要求和具体操作应按有关施工规范办理。

②系统的所有电缆屏蔽层应连续不断,汇接到楼层配线架或建筑物配线架后,再汇接到总接地系统。

③汇接的接地设计应符合以下要求:

a.接地线路的路由应是永久性敷设路径并保持连续。当某个设备或机架需要采取单独设置或汇接时,应直接汇接到总接地系统,并应防止中断。

b.系统的所有电缆屏蔽层应互相连通,为各个部分提供连续不断的接地途径。

c.接地电阻值应符合有关标准或规范的要求,例如,采用联合接地体时,接地电阻不应大于10 Ω。

④综合布线系统的接地宜与智能化建筑其他系统的接地汇接在一起,形成联合接地或单点接地,以免产生两个及两个以上的接地体之间有电位差影响。若有两个系统的接地体时,要求它们之间应有较低的阻抗,同时,它们之间的接地电位差有效值应小于1 V。如果不能保证接地电位差有效值小于1 V时,应采取技术措施解决,如采用光缆等方法。

2.6 综合布线系统与其他系统的连接

综合布线系统是以建筑环境控制和管理为主的布线系统,是一个模块化的、高灵活性建筑布线网络。它可以连接语音、数据、图像以及各种楼宇控制和管理设备。目前,综合布线系统在智能建筑中的典型使用情况,如图2.19所示。从图中可知,智能化建筑的各相关子系统都可通过综合布线系统连接在一起。

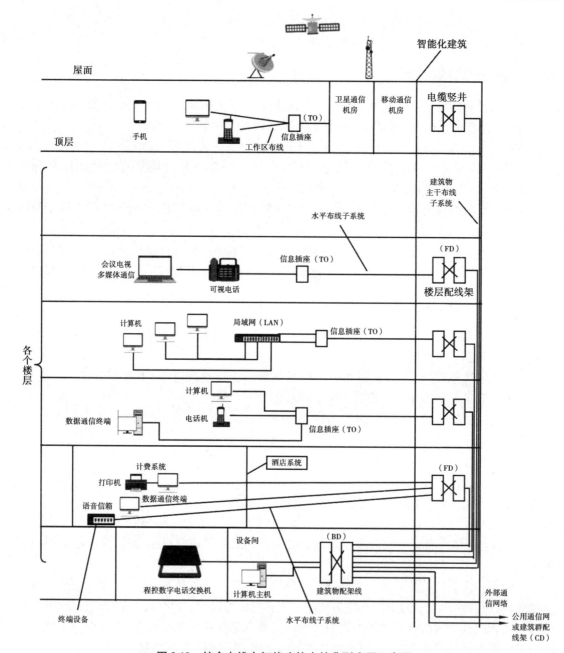

图 2.19　综合布线在智能建筑中的典型应用示意图

　　由图 2.19 也可以了解到目前广泛使用的综合布线系统与建筑设备自动化系统的集成尚有一定的距离,下面进一步介绍相关情况。

2.6.1　GCS 与建筑设备自动化系统

　　建筑设备自动化系统(BAS)是智能建筑中的重要组成部分,是一个集中管理和分散控制相结合的计算机控制系统,简称集散型控制系统。

　　集散控制系统(DCS)是 20 世纪 70 年代随着计算机技术发展而出现的。它的主要基础是

4C 技术,即计算机、控制、通信和 CRT 显示技术。DCS 分为硬件和软件两个部分。其硬件部分主要由集中操作管理装置、分散过程控制装置和通信接口设备等组成。通过通信网络将这些硬件设备连接起来,共同实现数据采集、分散控制和集中监视、操作及管理等功能。DCS 软件包括工程师站组态软件、操作员站在线软件、现场控制器运行软件、服务器软件等。

当前,BAS 常采用分层分布式结构。整个集散型控制系统分为 3 层,每层之间均有通信传输线路(又称传输信号线路)相互连接形成整体。因此,集散型控制系统结构由第 1 层中央管理计算机系统、第 2 层区域智能分站(现场控制设备,即 DDC 控制器)和第 3 层数据控制终端设备或元件组成,如图 2.20 所示。

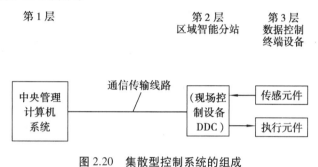

图 2.20   集散型控制系统的组成

中央管理系统实施集中操作还有显示、报警、打印与优化控制等功能。智能分站通过传输信号线路和传感元件定期采集现场各监测点的数据,并将现场采集的数据及时传送到上位管理计算机;同时,接收上位管理计算机下达的实施指令,通过信号控制线控制执行元件动作,完成对现场设备进行控制。传感元件和执行元件称为终端设备,传感元件对温度、湿度、流量、压力、有害气体和火灾检测等监测对象进行检测,执行元件对水泵、阀门、控制器和执行开关等进行调节或开关。

目前,GCS 与 BAS 的集成工作主要体现在如何确定综合利用的通信线路和安装施工协调两个方面。

1) BAS 的通信线路

目前,在建筑设备自动化控制系统中各子系统中常用的线缆类型,主要有电源线、传输信号线路和控制信号线 3 种:电源线一般采用铜芯聚氯乙烯绝缘线;传输信号线通常采用 50 Ω,75 Ω,93 Ω 等同轴电缆和双绞线等,有非屏蔽(UTP)或屏蔽(STP)两种类型。控制信号线一般采用普通铜芯导线或信号控制电缆。由此可见,BAS 所用的线缆类型只有传输信号线路可与综合布线系统综合利用,这种技术方案也能简化网络结构,降低工程建设造价和日常维护费用,方便安装和管理工作。此时,应统一线缆类型、品种和规格,并注意:

①建筑自动化系统品种类型较多,有星形、环形和总线形等不同的网络拓扑结构,其终端设备使用性质各不相同,且它们的装设位置也极为分散。而综合布线系统的网络拓扑结构为星形,各种缆线子系统的分布并不完全与各个设备系统相符,因此,在综合布线系统设计中,不能强求集成,而应结合实际有条件地将部分具体线路纳入综合布线系统中。

②按照国家标准规定要求火灾报警和消防专用的信号控制传输线路应单独设置,不得与 BAS 的低压信号线路合用。因此,在综合布线系统中这些线路也不应纳入。

③BAS如在传输信号过程时,有可能产生电缆线路短路、过压或过流等问题,必须采取相应的保护措施,不能因线路障碍或处理不当,将交直流高电压或高电流引入综合布线系统而引发更严重的事故。

当利用综合布线系统作为传输信号线路时,GCS通过装配有RJ-45插头的适配器与建筑环境控制和监测设备的网络接口或直接数字控制器(DDC)设备相连。经过综合布线系统的双绞线和配线架上多次交叉连接(跳接)后,形成建筑设备自动化系统中的中央集中监控设备与(分散式)直接数字控制设备之间的链路。此时,(分散式)直接数字控制设备与各传感器之间也可利用综合布线系统中的线缆(屏蔽或非屏蔽)和RJ-45等器件构成连接链路。

2)GCS与BAS的施工协调

智能建筑中BAS的信号传输线路利用综合布线时,其线路安装敷设应根据所在的具体环境和客观要求,统一考虑选用符合工艺要求的安装施工方法。主要注意以下5点:

①BAS水平敷设的通信传输线路,其敷设方式可与综合布线系统的水平布线子系统相结合,采取相同的施工方式,如在吊顶内或地板下。

②当BAS的通信传输线路,采取分期敷设的方案时,通信传输线路所需的暗敷管路、线槽和槽道(或桥架)等设施,都应预留扩展余量(如暗敷管路留有备用管、线槽或槽道内部的净空应有富余空间等),以便满足今后增设线缆的需要。

③应尽量避免通信传输线路与电源线在无屏蔽的情况下长距离墙平行敷设。如必须平行安排,两种线路之间的间距宜保持0.3 m以上,以免影响正常信号传输。如在同一金属槽道内敷设,它们之间应设置金属隔离件(如金属隔离板)。

④在高层的智能建筑内,建筑自动化系统的主干传输信号线路,如客观条件允许时,应在单独设置通信和弱电线路专用的电缆竖井或上升房中敷设。如必须与其他线路合用同一电缆竖井,应根据有关设计标准规定保持一定的间距。

⑤在一般性而无特殊要求的场合,且使用双绞线的,应采用在暗敷的金属管或塑料管中穿放的方式;如有金属线槽或带有盖板的槽道(有时为桥架)可以利用,且符合保护线缆和传送信号的要求时,可采取线槽或槽道的建筑方式。所有双绞线、对称电缆和同轴电缆都不应与其他线路同管穿放,尤其不应与电源线同管敷设。

2.6.2 GCS与电话系统

传统2芯线电话机与综合布线系统之间的连接通常是在各部电话机的输出线端头上装配1个RJ-11插头,然后将其插在信息出线盒面板的8芯插孔上就可使用。在8芯插孔外插上连接器(适配器)插头后,就可将1个8芯插座转换成2个4芯插座,供两部装配有RJ-11插头的传统电话机使用。采用连接器也可将1个8芯插座转换成1个6芯插座和1个2芯插座,供装有6芯插头的电脑终端以及装有2芯插头的电话机使用。此时,系统除在信息插座上装配连接器(适配器)外,还需在楼层配线架(IDF)上和在主配线架(MDF)上进行交叉连接(跳接),构成终端设备对内或对外传输信号的连接线路。

数字用户交换机(PABX)与综合布线系统之间的连接是由当地电话局中继线引入建筑物的,经系统配线架(交接配线架)外侧上的过流过压保护装置后,跳接至内侧配线架与用户交换机(PABX)设备连接。用户交换机与分机电话之间的连接是由系统配线架上经几次交叉连接(跳接)后形成的。

建筑物内直拨外线电话(或专线线路上通信设备)与综合布线系统之间的连接是由当地电话局直拨外线引入建筑物后,经配线架外侧上的过流过压保护装置和各配线架上几次交叉连接(跳接)后构成直拨外线电话线路,如图 2.21 所示。

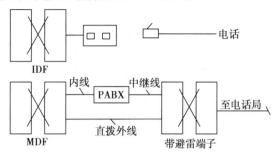

图 2.21　综合布线与外线电话的连接

2.6.3　GCS 与计算机网络系统

计算机网络与综合布线系统之间的连接,是先在计算机终端扩展槽上插上带有 RJ-45 插孔的网卡,然后再用一条两端配有 RJ-45 插头的线缆,分别插在网卡的插孔和布线系统信息出线盒的插孔,并在主配线架上与楼层配线架上进行交叉连接或直接连接后,就可与其他计算机设备构成计算机网络系统,如图 2.22 所示。

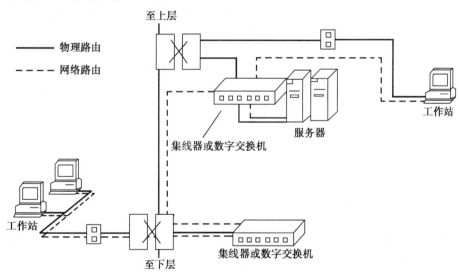

图 2.22　GCS 与计算机网络的连接

2.6.4　GCS 与电视监控系统

电视监控系统中所有现场的彩色(或黑白)摄像机(附带遥控云台及变焦镜头的解码器),除采用传统的同轴屏蔽视频电缆(75 Ω)和屏蔽控制信号电缆与控制室控制切换设备连接构成电视监控系统的方法外,还可采用综合布线系统中非屏蔽双绞线缆(100 Ω)为链路,以及采用视频信号、控制信号(如 RS 232 标准)适配器与监视部分、控制室部分的电子监控设备相匹配相连后,构成各摄像机及解码器与监控室控制切换设备之间采用综合布线系统进行通信的监控电视系统的方法,如图 2.23 所示。

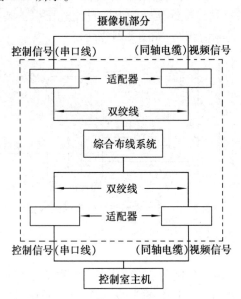

图 2.23　综合布线与电视监控系统的连接

智能建筑可按实际应用分为很多种类型。不同类型的智能建筑,其投资成本、智能化程度以及对综合布线技术的要求也各有差异。如专用大厦和商业大厦由于主要用途是专业办公或商务办公,在建筑中需要使用大量的电气设备,同时还要另外配置通信、计算机、消防、保安、楼宇自动化控制、管理自动化等系统,其投资成本及对于综合布线技术的要求也较高。国外常办公大楼综合布线投运 2 年甚至 1 年后就需要改造扩容,尤其是进入智慧社会建设阶段,元宇宙概念得到落实和接受之后,考虑到未来可能迎来的高密度数据量需求,一般需考虑 5 年左右的超前量。

思考题

1.综合布线系统的基本含义是什么? 它的现状和发展方向是怎样的?

2.综合布线系统由哪些子系统组成? 各子系统的主要功能是什么? 主要使用什么部件?

3.综合布线系统中使用的主要传输媒体有哪些? 各有何应用特点?

4.综合布线系统的配置标准和性能特点是怎样的?

5.综合布线系统的设计过程是怎样的?

6.综合布线系统的各子系统设计有哪些基本要求?

7.综合布线系统目前与建筑设备自动化系统是如何集成的?

8.综合布线系统是怎样与电话系统、计算机网络系统和电视监控系统相连接?

9.工作区子系统的设计需求有哪些?

10.系统接地的要求有哪些?

11.简述集散型控制系统的组成,并介绍其控制过程。

3

建筑设备自动化系统

本章导读：

　　建筑设备自动化系统是智能建筑的一个主要组成系统。本章对此系统的组成及常用控制方式进行了介绍，并逐一介绍了给排水、低压供配电与照明、暖通空调、交通运输、消防自动报警与联动控制、安全防范系统等工程的自动化控制原理。学习本章，应理解各种设备自动化控制原理、功能和特点，掌握各种常见的水、暖、电等设备系统的主要监控内容。

　　建筑设备自动化系统是智能建筑必不可少的基本组成部分，又是采用计算机技术、传感器技术和自动化控制技术对建筑物内多而散的设备设施实行监视、管理和自动控制，使各个子系统既可以独立工作，也可以将多个子系统结合为一个整体，实现全局的最优化控制和管理。

　　BA 系统（建筑设备自动化系统）既可以为人们提供安全保证和舒适宜人的生活与工作环境，又可以提高系统运行的经济效益，即使在非智能化的建筑中的应用也很普遍。本章将对建筑设备自动化系统的构成及各子系统的原理、功能做进一步的介绍。

3.1　建筑设备自动化系统的概述

3.1.1　系统构成

　　建筑设备自动化系统（Building Automation System，BAS），又称为楼宇自控系统，是采用计算机技术、自动控制技术和通信技术组成的高度自动化的建筑物设备综合管理系统，目前已经发展成为分布式智能控制系统，并进化为基于多智能体（Multi-Agent，MA）的集成系统，同时伴生数字孪生应用。主要负责对建筑物内许多分散的建筑设备进行监视、管理和智能控制。主要包括：

（1）建筑设备运行监控系统

建筑设备运行监控系统包括高压配电、变电、低压配电、应急发电，以及空调及冷热源、通风环境监测与控制、给排水、卫生设备、污水处理和照明系统。

（2）交通运输系统

交通运输系统包括电梯控制和停车场管理两个子系统，负责对电梯的运行进行监控和对停车场进行自动化收费管理。

（3）智能防火系统

智能防火系统由火灾的自动检测与报警、灭火、排烟、联动控制和紧急广播等子系统组成，是一种能够及时发现和通报火情，并采取有效措施控制扑灭火灾而设置在建筑物中或其他场所的自动消防设施。

（4）安全防范系统

安全防范系统由防盗报警、电视监控、出入控制和确认分析及电子巡更等子系统组成，可以有效防止各种偷盗和暴力事件，是一个多层次、立体化的安防系统。

（5）广播系统

广播系统主要由广播电台和连接到建筑物内外的扬声器组成，用于播放背景音乐和事故广播。

随着技术的发展，建筑自动化系统的内容也会不断丰富，智能建筑的核心是系统集成。因此，建筑设备自动化系统应尽可能将以上各个子系统通过综合布线系统或网络进行联网运行。

BAS 的结构经过多年的发展，组成内容基本不变，即微机、现场控制器、末端设备以及通信网络 4 个部分。但拓扑结构发生了较大变化。目前，BA 系统拓扑结构常为管理层（后台服务器、工作站、打印机、存储设备）、控制层（含 CPU 的控制器）、现场层（传感器、执行器、其他第三方设备）3 层结构。

3.1.2 系统的控制方式

1）DCS 集散控制

由第 1 章介绍可知，在工业控制领域中发明的集散控制系统，20 世纪 80 年代引入了 BAS 中，逐渐成为 BAS 的主流技术，集散系统是"一种多机组成的、逻辑上具有分级管理和控制功能的分级分布式系统，由一个中央站和若干个分站组成"。配有微处理机芯片的直接数字控制器（DDC）分站，可独立完成所有控制工作，具有完善的控制、显示功能和节能管理、时间程序，可连接打印机、安装人机接口等。

DCS 的网络结构是环形或总线型，在这两种结构的网络中，各节点平等，任意两个节点之间的通信可以直接通过网络进行，而不需要其他节点的介入。但同时需要共享传输介质，主要解决方法是以令牌来限定每个节点使用网络的时间，另一种则是采用载波侦听与碰撞检测技术（CSMA/CD）（相关概念的解释见本书 4.4.5 节）。

现场控制站是完成对过程现场 I/O 处理的直接数字控制器，它对现场发生的过程量作数字采集和存储，并通过网络向上传送，同时本身也完成局部的闭环控制与顺序控制。操作员站的主要功能是为系统运行的操作员提供人机界面,使操作员了解现场运行状态,同时操作员也可对过程进行调节和控制。操作员站的主要设备是彩色 CRT 显示器、键盘、鼠标器或轨迹球。工程师站则用于对 DCS 进行离线的配置、组态工作和在线的系统监督、控制、维护。

由于 DCS 采用大系统分级递阶控制的思想,将生产过程做水平分解而将功能做垂直分解,生产过程的控制采用全分散的结构,而生产过程的信息则全部集中并存储于数据库中,利用通信网络向上传递。这种控制分散、信息集中的结构使系统的危险分散,提高了可靠性,因而被称为集散控制系统。它使用分布在被控建筑设备现场的 DDC 对设备实行实时监测、控制,可以克服计算机集中控制带来的危险性高度集中和常规仪表控制功能单一的局限性。

集散控制系统中设备分别处于 4 个不同的层次,自上而下一般为管理级、监控级、控制级、现场级。在各个层次中,同一层次的计算机地位是相同的,分别承担整个控制系统相应的任务,而它们之间的协调主要依赖上一层计算机的管理,部分依靠与同层中其他计算机数据通信实现,形成分级分布式控制系统。图 3.1 表示了按设备功能组织的集散型控制系统。

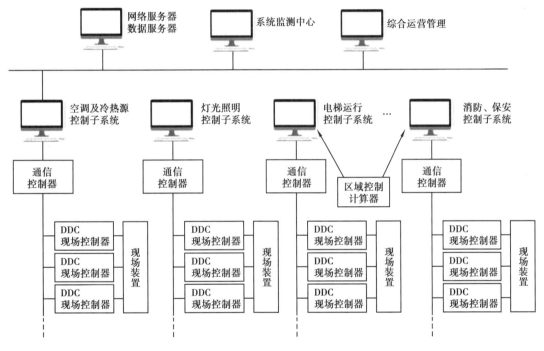

图 3.1　按设备功能组织的集散型控制系统

2) FCS 现场总线控制

DCS 虽然称为分布式控制,但它的测控层并没有实现彻底分布,控制依赖于控制站。而现场总线控制(Fieldbus Control System,FCS)系统结构是全分散式的,它将 DCS 中现场信息的 4~20 mA 模拟量信号传输变为全数字双向多站的数字通信,成为全数字化系统,放弃了传统的集散控制系统所必需的输入/输出模块和现场控制站,以现场总线为纽带,把它们连接成可以互相沟通信息,共同完成自控任务的网络系统与控制系统。其结构模式是"工作站—现场总线控制器"二层结构,FCS 用二层结构完成了 DCS 三层结构功能,成本低,能为多种现场智能仪表实现多点连接,支持处于底层的现场智能仪表,利用公共传输介质与上层系统互相交流信息,具备双向数字通信功能,可靠性增强。图 3.2 表示了 DCS 和 FCS 的异同。

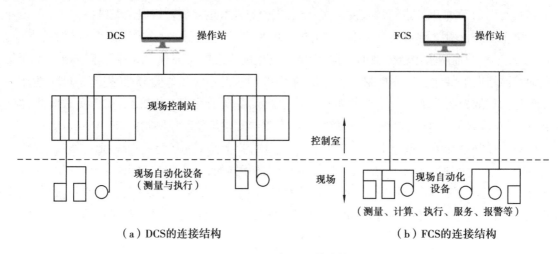

（a）DCS 的连接结构   （b）FCS 的连接结构

图 3.2　DCS 与 FCS 的比较

由此可见,现场控制总线是连接智能现场设备和自动化系统的数字式、双向传输多分支结构的通信网络,是建筑智能化控制系统真正实现"集中管理"和"分散控制"的重要通信工具。20 世纪 90 年代现场总线出现后,现场控制站已向总线结构发展,其控制功能将进一步分散到现场设备上,而现场控制站的主 CPU 则越来越像一个通信控制器。所以,FCS 是 DCS 应用总线技术,将向更加分散化的方向发展的结果,向多智能体系统演变,而多自主体传感器网络、自组织动态智能网络、无线传感网络、物联网技术成为其支撑技术。

在现场总线控制系统中,有线网络使用 LonWorks 技术和 BACnet 技术较多。无线则以 ZigBee 为主。

（1）LonWorks

LonWorks 是目前技术上较为全面的一种总线技术,被誉为通用的控制网络。其网络协议是完全开放的,通信不受通信介质的限制,它所支持的介质是现场总线中最多的,并且多种介质可以在同一网络中混合使用,这使它在楼宇设备控制中具有较好的适应性。

建筑智能化系统的构成可分为上、下两层:上层是信息网（属信息域）;下层是控制网（属控制域）。信息网的基本功能是完成信息的发送、传输和接收,实现文本、声音、图像信息的传递。控制网又称为测控网,主要是作为过程自动化、制造自动化、楼宇自动化等领域现场自动控制设备之间互联的通信和控制网络,最终实现各系统现场的仪表、传感器、执行器、被控设备等的联网通信、测量和控制。控制网强调的是信息传递后的控制和执行,如实现各种基本控制、校正、报警、显示、测量、监控及控管一体化的综合自动化功能。它本质上是一个完成自动控制任务的网络通信系统与控制系统,是自动化与信息技术融合的产物。

LonWorks 的通信除支持传统的主从式外,还支持对等式的通信方式。网络结构不受限制,可以支持自由拓扑。由于网络通信采用了面向对象的设计方法,提出了网络变量的概念,使网络通信的设计简化为参数设置,既节省了大量的设计工作量,也增加了通信可靠性。使用双绞线连接,通信速率为 78 kB/s 时,其直接通信距离可达 2 700 m,非常适合大楼和住宅小区范围内的信号采集和数据传送,且其网络上的节点数可达到 32 000 个。由于 LonWorks 技术具备上述优点,这一技术已在测量及控制的各个领域中广泛采用,也被多个标准化组织所承认,它被 EIA 定义为家庭控制网络的标准,被 ASHRAE(即美国供暖、空调和制冷工程师协会)采纳作为其 BACnet 标准的组成部分,使之成为楼宇自动化和家庭自动化中公认的技术标准。

(2)BACnet

BACnet 是"楼宇自动化和控制网络的数据通信协议"的缩写。数据通信协议是通过计算机网络进行数据交换的一套语法规则。BACnet 特别之处在于它针对了建筑设备的具体需要,例如,如何请求一个温度值,如何定义一个风机运行时间,如何发送设备状态等。

BACnet 产生于 20 世纪 90 年代,2003 年 1 月成为正式的国际标准(ISO 16484 标准)。目前是楼宇自控网络数据通信协议中唯一国际标准。该标准具有以下优点:

①技术先进、完全开放。

②专门应用于楼宇自控网络,具有高效的特点。

③被很多国际的主要标准组织接收为标准,具有权威性。

④不依赖现有的网络技术,具有良好的互联优势。

⑤良好的伸缩性和扩展性。

BACnet 确立了不必考虑生产厂家,只要遵循其标准,各种兼容系统在不依赖任何专用芯片组的情况下,相互开放通信的基本原则。BACnet 是一种通信协议标准,因而不受制于任何一家国外企业,厂家可依照该标准开发自己的产品,并可拥有自己的知识产权。

ASHRAE 的 BACnet 委员会提出了一种新的描述自动控制系统功能性的方法,称为"互操作域(Interoperability Areas)",其中规定了 5 个互操作域,分别是数据共享、报警和事件管理、时序安排、趋势记录、设备与网络管理。目前市场上符合 BACnet 的品牌有 Honeywell、Airtek、Siemen、Johnson、Alerton 等。

(3)I-Bus 系统

I-Bus 系统是 ABB 公司开发生产的基于 CAN 的现场总线控制系统,它是在《国际智能建筑标准》(ISO/IEC 14543—3)下设计完成的,现已被广泛应用于各公共建筑和居民住宅中。I-Bus系统主要是对建筑的空调、灯光、窗帘、HVAC 设备、办公电器等进行控制,控制方式种类很多,有现场面板控制、分散集中控制、远程控制、定时控制、红外线控制、气象控制、消防联动控制等,多种多样的控制技术被应用到智能建筑控制系统中,使用者操作方便、灵活,系统也便于维护、修改和管理。

智能建筑控制系统的发展经历了多种方式,现在最新的发展趋势是设备具有芯片,支持多种现场总线和开放协议,能独立运行和管理,并通过 Web 浏览器进行访问。物联网公司 Tridium 推出的具有开创性的 Niagara 体系,可以通过软件技术将 LonWorks、BACnet 等多种标准集成到通用对象模型的应用程序环境并嵌入控制器级,支持浏览器界面开放技术,使得管理人员可以随时随地通过 Web 互联网进行控制和管理,也是以下所述网络集成系统的具体应用。

3) 网络集成系统

随着企业网 Intranet 的建立,建筑设备自动化系统逐渐采用 Web 技术,把 BAS 中央站嵌入 Web 服务器,融合 Web 功能,以网页形式的工作模式,使 BAS 与 Intranet 成为一体化系统,如图 3.3 所示。企业网的授权客户,可以通过浏览器去监控管理服务建筑的设备,从而使传统独立的控制系统 BAS 成为企业网的一部分,进而和传统独立的管理系统协调一致地工作,实现控制管理一体化。

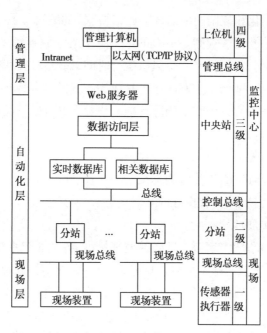

图 3.3　网络结构系统体系结构

网络 Web 化使 BAS 从客户机/服务器计算模式转变成为浏览器/服务器计算模式,引起 BAS 结构发生改变,第 1 个变化就是传统的 BAS 服务器变成了三层结构,这是嵌入 Web 服务器造成的结果。从图 3.4 中可以看出这三层是由 Web 服务器层、数据访问层和数据库层组成,其中第 2 层是虚拟层,用于连接各种事务访问实时数据库和相关数据库的数据存取。BAS 结构的第 2 个变化就是 Web 化的 BAS 增加了相关数据库,因为事务管理信息和决策支持信息都是存储在相关数据库中。BAS 系统 Web 化,也促使了"云存储"和"云计算"的发展。在未来,随着 5G、6G 通信速率的剧增,大量历史数据存储设备(如建筑能耗采集服务器)、视频存储设备(如硬盘录像机),将会逐步被网络备份系统——"云存储"所替代。而"云计算"作为最上端的集中和控制平台,能够实现一个区域设备的更"大"的集散控制。目前,为满足现场实时数据处理要求的提高,出现了"边缘计算"。边缘计算是指在靠近物或数据的源头,采用网络、计算、存储、应用核心能力为一体的开放平台,就近提供最近端服务,本质上还是属于云计算的范畴。如图 3.5 所示。

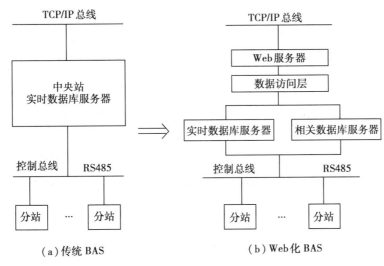

图 3.4 从传统 BAS 到 Web 化 BAS

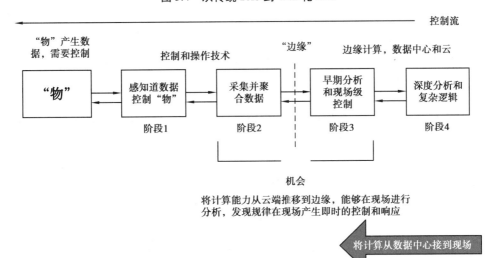

图 3.5 边缘计算

3.1.3 BAS 中的关键技术

1)直接数字控制器

直接数字控制(DDC)是以微处理器为基础,不借助模拟仪表而将系统中的传感器或变送器的输出,输入微型计算机中,经微机计算后直接驱动执行器的控制方式,简称 DDC(Direct Digital Control),这种计算机称为直接数字控制器,它安装在被控制设备的附近。各种被控制的变量(温度、湿度、压力等)通过传感器或变送器按一定时间间隔取样的方式读入 DDC,读入的数值与 DDC 记忆的设定值进行比较,当出现偏差时,按照预先设置的控制规律,计算出为消除偏差执行器需要改变的量,来直接调整执行器的动作。DDC 控制器中的 CPU 运行速度很快,它能在很短的时间间隔内,完成一个回路的控制。因此,它可分时控制多个回路,使 1 个

DDC 控制器可代替多个控制仪表。DDC 型号规格不同,其输入/输出总点数不同,可以完成不同规格的建筑电气设备的控制。其工作原理如图 3.6 所示。

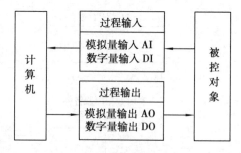

图 3.6　直接数字控制 DDC

使用现场直接数字控制器实行控制,就不需要常规仪表的中间环节(如调节器等),可以由计算机通过控制信号线输出指令,直接控制现场执行机构(如调节阀等)。DDC 具有可靠性高、控制功能强、可编写程序及局部数据处理等功能,既能独立监控有关设备,又可联网并通过中央/上位管理计算机接受统一监控与优化管理,减少了中央/上位管理计算机的工作。

多数 DDC 应具备下列基本功能:能随时得到现场的测量值;能随时显示、修改各种预设控制参数值;能根据温度、湿度、压力、压差等参数的控制要求和现场测量数据,自动输出控制指令,无须人工干预;具有自诊断及现场诊断功能,发生故障时,能够自动报警或显示等;可自动校正长期运行中放大的漂移等引起的测量误差;具有数据掉电保护与自启动功能;可对机组进行手动与自动切换;具有通信功能,如设有常规的 RS-485 或 CANBUS 等现场总线的通信接口,既可单机自动运行,又可与中央管理计算机组成集散型控制系统;还具有一定抗电磁干扰性能。图 3.6 显示了现场控制器输入、输出信号的 4 种类型。

①AI:模拟量输入,如温度、湿度、压力等,一般为 0~10 V 或 4~20 mA 信号。

②AO:模拟量输出,作用于连续调节阀门、风门驱动器,一般为 0~10 V 或 4~20 mA 信号。

③DI:数字量输入,一般为触电闭合、断开状态,用于启动、停止状态的监视和报警。

④DO:数字量输出,一般用于电动机的启动、停止控制,两位式驱动器的控制等。

图 3.7 显示了一个典型的现场直接数字控制器。

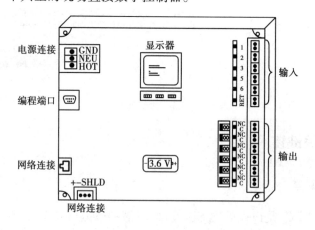

图 3.7　现场控制器

2)自动控制算法

在集成化系统的控制网里,末端运行着各式各样的检测、控制设备,无论是具有现场总线功能的智能化单元,如智能水表、智能调节阀,还是系统的核心控制单元直接数字控制器(DDC)或 PLC,为了达到自动控制的目的,这些设备中所运行的软件程序必须包含一个重要功能模块,即自动控制算法实现模块。

PID 算法是最基本也是工程中使用最多的,是一种线性控制;模糊算法则是利用计算机来实验人的控制经验,属于非线性控制。为适应智能建筑的集成要求,两者又结合形成混合控制。下面介绍其基本原理。

(1)PID 算法

连续时间 PID 控制系统如图 3.8 所示。图中,虚线框中 D(s)为控制器,负责完成 PID 控制规律。设输出量 $y(t)$ 与给定量 $r(t)$ 之间的误差的时间函数为:

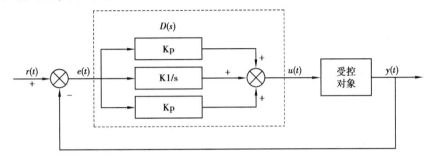

图 3.8 连续时间 PID 控制系统框图

$$e(t) = r(t) - y(t) \tag{3.1}$$

用 $e(t)$ 的比例、积分、微分的线性组合构成控制量 $u(t)$,称为比例(Proportional)积分(Integration)微分(Differentiation)控制,此即 PID 控制。

在实际应用中,根据受控对象的特性和控制的性能要求,采用不同的控制组合,形成下列控制器:

比例(P)控制器:

$$u(t) = K_p e(t) \tag{3.2}$$

比例"+"积分(PI)控制器:

$$u(t) = K_p \left[e(t) + \frac{1}{T_1} \int_0^t e(\tau) d\tau \right] \tag{3.3}$$

比例"+"积分"+"微分(PID)控制器:

$$u(t) = K_p \left[e(t) + \frac{1}{T_1} \int_0^t e(\tau) d\tau + T_D \frac{de(t)}{dt} \right] \tag{3.4}$$

式中 K_p——比例放大系数;

T_1——积分时间;

T_D——微分时间。

比例控制能迅速反应误差,从而减小稳态误差。但是,比例控制不能消除稳态误差。比例放大系数的加大,会引起系统的不稳定。积分控制的作用是:只要系统有误差存在,积分控制器就能完全消除误差。积分作用太强会让系统超调加大,甚至使系统出现振荡。微分控制可以减小超调量,克服振荡,使系统的稳定性提高,并加快系统的动态响应,缩短调整时间,改善系统动态性能。

应用 PID,需要适当调整比例放大系数、积分时间和微分时间,才能得到良好效果。

（2）模糊算法

模糊控制系统的基本结构如图3.9所示。

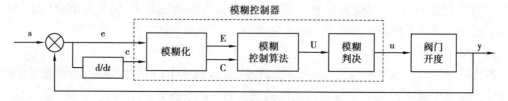

图3.9 模糊控制系统框图

其中s为系统的设定值，y为系统输出，e和c分别是系统偏差和偏差的微分信号，也就是模糊控制器的输入，u为控制器输出的控制信号，E、C、U为相应的模糊量。由图3.9可知，模糊控制器主要包含3个功能环节：用于输入信号处理的模糊量化和模糊化环节、模糊控制算法功能单元，以及用于输出解模糊化的模糊判决环节。

模糊控制器设计的基本方法和主要步骤大致包括：

①选定模糊控制器的输入输出变量，并进行量程转换；选取方法如图3.9所示，分别取e、c和u。

②确定各变量的模糊语言取值及相应的隶属函数，进行模糊化。模糊语言值一般选取3、5、7或8个，如取为|负,零,正|，|负大,负小,零,正小,正大|，|负大,负中,负小,零,正小,正中,正大|等，然后对所选取的模糊集定义其隶属函数，常取三角形隶属函数，如图3.10所示，并根据问题的不同取为均匀间隔或非均匀的间隔，或采取单点模糊集方法进行模糊化。

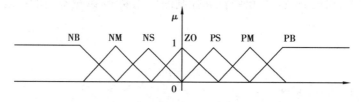

图3.10 隶属函数取法示意

③建立模糊控制规则或控制算法。规则的归纳和规则库的建立，是从实际经验过渡到模糊控制器的中心环节。控制律一般由一组条件语句构成，如：if e = N and c = N, then u = PB；或总结为模糊控制规则表，见表3.1。

表3.1 模糊控制规则表示例

u	c = N	c = Z	c = P
e = N	PB	PM	Z
e = Z	PS	Z	NS
e = P	Z	NM	NB

④确定模糊推理和解模糊化方法。常用的模糊推理方法有最大最小推理和最大乘积推理两种，解模糊化方法则有最大隶属度法，中位数法，加权平均，重心法，求和法或估值法等，从而将模糊量转化为精确量，最终实现控制策略。

3) 网络控制器

据前所述,可把楼宇自控系统看作三级控制方式:中央操作站、网络控制器和现场控制。网络控制器是 BAS 通信网络的重要装置,如图 3.11 所示。它一方面通过以太网与操作站及其他网络控制器联系;另一方面通过现场总线网络与分布在大厦各处的直接数字控制器通信。在网络控制器中存放着整个系统所有的信息,网络控制器具有多种控制功能,如各种机电设备的运行时间统计、事件统计、电力负荷削峰限载计算、联动控制、机组群控等复杂的高性能控制功能,对整个 BAS 进行监控。同时,网络控制器又是将各个分系统接入 BAS 进行设施集成的重要接口。

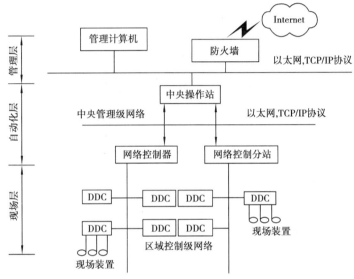

图 3.11　网络控制器在控制网络中的位置和作用示意图

4) 组态软件

组态软件是系统操作和管理工程师与 DDC 之间的可视化的界面(联系渠道)。"组态"(Configure)的含义是"配量""设置",是指用户通过类似搭积木的简单方式来完成自己所需要的软件功能,而不必编写计算机程序。从其功能划分来看,大致可分为人机界面(MMI)组态和 DDC 组态。目前,一般商用组态软件其大部分功能是针对通用性较强的人机界面组态。组态软件负责将通过图形组态(可视化图形编程)生成的 DDC 控制策略转换为 DDC 能理解并执行的实时 C 语言,经过编译以后,通过一定的传输协议,传送给 DDC,允许用户为实现监控制定以及修改监控界面;并负责接收 DDC 发出的报警信息及进行必要的处理,并通知有关各方,该报警信息由操作工程师确认后,发出必要的联动控制信息。在无人值守时,也可根据相关算法预置的程序自动进行。

5) 控制网络与数据传输协议

数据传输协议是楼宇自动化系统实现开放性、互操作性及标准化的关键,因为单个设备的内部信息不需要公开,只有该项设备与其他设备进行联系与通信时,才需要制订并符合一些标准,否则将会无共同语言,该项设备将不能构成控制网络的一部分。在这方面,业界已有很多的论述,但至今还没有找到公认的协议标准,而协议标准与控制网络又是联系在一起的,从目前楼宇自动化系统的现状来看,主流协议大致有 BACnet 协议、LonTalk 协议和工业以太网协议。

LonTalk 是美国 Echelon 公司于 1992 年制定的控制网络协议标准,并于 1999 年获得美国国家标准协会通过,成为美国国家标准,编号为 ANSI/EIA 709.1A。该网络协议针对一般性的控制网络,并非只针对楼宇自控,具有一定的普遍性。该公司同时推出了实现该协议的一系列手段、方法和措施。从硬件方面的 Neuron Chip 芯片、各种收发器、网络适配器、LonWorks 开发装置、软件方面的 Neuron C 语言、网络操作系统,一直到 LonWorks 网络的全面实现,提供了完整的基础。因此,在该协议的基础上开发楼宇自控系统相对容易一些,但由于核心技术必须依赖于 Echelon 公司,各生产厂商也会受到一定的制约。

以太网(IEEE 802.3 Ethernet)协议在信息传输领域已是公认的最佳协议,由于是完全公开的、完全透明的协议,世界上越来越多的厂商已经开发了大量的价廉物美的以太网协议的接口芯片。这些芯片不仅仅能处理以太网底层协议,而且提供了大量上层的 TCP/IP 协议软件包。就目前几种主流开放式协议标准的关系而言,LonTalk,BACnet 和 TCP/IP 的主要关系是互补。这是因为它们的侧重、目标和实现方法上有极大的不同:TCP/IP 是信息网(信息域)的协议;BACnet 是由 ASHRAE 综合了几种局域网 LAN 的协议而制定的,它也是信息网(信息域)的协议;只有 LonTalk 是控制网(控制域)的协议。它们之间的关系主要是互补,很多国家标准和国际大公司产品中提倡的多层结构为:由 BACnet 或 TCP/IP 构成上层,用 LonTalk 构成下层,形成一种优势互补的组合模式。

6)XML 语言

建筑内部各自动化系统之间及建筑之间的信息流通的频率和速度正以几何级数增长。但自动化系统的异构性阻碍了这种信息流通的顺利进行,例如,BAS 中的能源管理系统(EMS)可能由不同厂家提供,应用程序常常运行于不同的平台,其相应的数据格式也是私有的非标准格式,因此,不同系统之间的数据交互相当困难。于是,可扩展标记语言(Extensible Markup Language,XML)应运而生,它作为一种数据交换的标准格式,可极大增强不同系统间的交互能力。

XML 是万维网联盟(World Wide Web Consortium,W3C)制定的用于描述数据文档中数据的组织和安排结构的语言。它定义了利用简单、易懂的标签对数据进行标记所采用的一般语法,提供了计算机文档的一种标准格式。XML 文档中包含的数据是文本字符串,描述这些数据的文本标签围绕在周围。数据和标签有一个特别的单位称为元素(element)。XML 是一种文本文档的元标记语言(meta-markup language),因此,在 XML 中,可以自由定义标签,充分表达文档的内容。XML 的优点体现在以下 3 个方面:

①异构系统间的信息互通。目前,不同的企业之间甚至企业内部的各个部门之间,存在着许多不同的系统。系统间往往因其大相径庭的平台、数据库软件等,造成信息流通的困难。XML 的出现,使异构系统间可以方便地借助 XML 作为交流媒介。各种类型的信息,不论是文本的还是二进制的,都能用 XML 标注。

②数据内容与显示处理分离。XML 强调数据本身的描述和数据内容的组织存放结构,因此,可被不同的使用者按照自身的需要从中提取相关数据,用于不同的目的。XML 文档是文本,任何能读文本文件的工具都能读 XML 文档。因此,用 XML 描述的数据可以长期保存而不必担心无法识别。

③自定义性和可扩展性。由于 XML 是一种元标记语言,因此没有能够适用于所有领域中所有用户的、固定的标签和元素,但它允许开发者和编写者根据需要定义元素。XML 中的 X 代表 Extensible(可扩展),即可以对 XML 进行扩展以满足各种不同的需要。通过扩展,XML 文档描述的数据信息不仅清晰可读,而且对数据的搜索与定位更为精确。

3.2　建筑设备运行监控系统

智能化建筑涉及的建筑设备种类繁多,但基本上还是由供配电与照明系统、暖通空调系统和给排水系统等设备组成。

3.2.1　供配电系统的监控

电气自动化检测监控功能在供配电系统中能够对系统各项参数进行实时监控。同时通过监控数据与相关数据的对比分析,能够及时发现系统运行中存在的故障问题,并发挥报警信息,以确保故障问题得到及时处理。此外,还可以将系统的运行数据进行存储与分析,作为故障信息识别及处理的可靠依据。

1)供配电基础知识

(1)电力网

输、配电线路和变电所等连接发电厂和用户的中间环节是电力系统的一部分,称为电力网。电力网常分为输电网和配电网两大部分。由 35 kV 及其以上的输电线路和与其相连接的变电所组成的网络称为输电网。输电网的作用是将电力输送到各个地区或直接送给大型用户。35 kV 以下的直接供给的线路,称为配电网或配电线路。用户电压等级如果是 380/220 V,则称为低压配电线路。将电压降为 380/220 V 的用户变压器称为用户配电变压器。如果用户是高压电气设备,这时的供电线路称为高压配电线路。连接用户配电变压器及其前级变电所的线路也称为高压配电线路。

(2)电压等级

电力网的电压等级较多,不同电压等级有不同的作用。从输电的角度看,电压越高越好,但要求绝缘水平也越高,因而造价也越高。目前,我国电力网的电压等级主要有:0.22 kV,0.38 kV,6 kV,10 kV,35 kV,110 kV,220 kV,500 kV 等,现在我国最高交流电压为 1 000 kV。

(3)用电负荷等级

在电力网上,用电设备所消耗的功率称为用户的用电负荷或电力负荷。用户供电的可靠性程度用负荷等级来区分它是由用电负荷的性质来确定的。用电负荷等级划分为三类:一级负荷、二级负荷、三级负荷,见表 3.2。

表 3.2　电力负荷等级

一级负荷	二级负荷	三级负荷
中断供电造成人员伤亡者、重大政治影响者、重大经济损失者或公共场所的秩序严重混乱者	中断供电造成较大政治影响者、较大经济损失者或公共场所的秩序混乱者	不属一、二级负荷者

在建筑用设备中,属于一级负荷的设备有消防控制室、消防水泵、消防电梯、防排烟设施、火灾自动报警、自动灭火装置、火灾事故照明、疏散指示标志和电动防火门窗、卷帘、阀门等消防用电设备、保安设备、主要业务用的计算机及外设、管理用的计算机及外设、通信设备、重要场所的应急照明。属于二级负荷的设备有客梯、生活供水泵房。空调、照明等属于三级负荷。

(4)供电系统

电力的输送与分配,由母线、开关、配电线路、变压器等组成一定的供电电路,这个电路就是供电的一次线路,即主接线。智能建筑由于功能上需要,一般都采用双电源供电,即要求有2个独立电源,常用的供电方案,如图 3.12 所示。

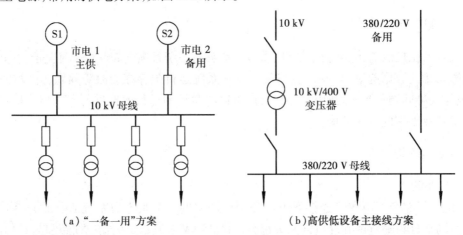

（a）"一备一用"方案　　　　　　（b）高供低设备主接线方案

图 3.12　常见的双电源供电方案

2)供配电系统的监控过程

图 3.13 中,$1^{\#}$变压器与 $2^{\#}$变压器一用一备、交替工作。在 $1^{\#}$变压器工作时,DDC 控制器通过温度传感器检测 $1^{\#}$变压器的工作温度,当 $1^{\#}$变压器的工作温度超过一定标准时,DDC 控制器就输出指令到控制开关的动作机构,使 $1^{\#}$变压器的进线开关断开。如果 $1^{\#}$变压器的温度未超标,但 DDC 检测到进线电流电压异常,超过控制值,也会控制 $1^{\#}$变压器的进线开关断开,然后再接通 $2^{\#}$变压器的进线开关,使供配电系统能够持续供电。

当 DDC 检测到 $1^{\#}$,$2^{\#}$变压器的低压侧的电流电压均异常时(如停电),则会断开两个变压器的进线开关,启动备用柴油发电机。在启用柴油发电机后,对柴油发电机的油箱油位、柴油发电机的转速、电流频率、电压、电流进行检测,适时调整柴油发电机的运行状态。在柴油发电机耗尽油料或出现故障时,则停止备用发电。

智能建筑中的高压配电室对继电保护非常严格,一般的纯交流或整流操作不能满足要求,必须设置蓄电池组,以提供控制、保护、自动装置及应急照明等所需的直流电源。一般采用镉镍电池组,对镉镍电池组的监控包括电压监测、过流过压保护及报警等。

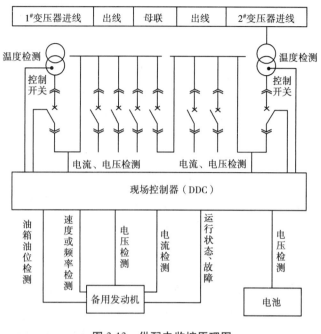

图 3.13 供配电监控原理图

3)供配电系统的监测控制功能及内容

(1)监控功能

《建筑设备监控系统工程技术规范》(JGJ/T 334—2014)对供配电监控系统的监控功能做了规定。

①监控系统对高压配电柜的监测功能应符合下列规定:

a.应能监测进线回路的电流、电压、频率、有功功率、无功功率、功率因数和耗电量。

b.应能监测馈线回路的电流,电压和耗电量。

c.应能监测进线断路器、馈线断路器、母联断路器的分、合闸状态。

d.应能监测进线断路器、馈线断路器和母联断路器的故障及跳闸报警状态。

②监控系统对低压配电柜的监测功能应符合下列规定:

a.应能监测进线回路的电流、电压、频率,有功功率、无功功率、功率因数和耗电量,并宜能监测进线回路的谐波含量。

b.应能监测出线回路的电流、电压和耗电量。

c.应能监测进线开关、重要配出开关、母联开关的分、合闸状态。

d.应能监测进线开关、重要配出开关和母联开关的故障及跳闸报警状态。

③监控系统对干式变压器的监测功能应符合下列规定:

a.应能监测干式变压器的运行状态和运行时间累计。

b.应能监测干式变压器超温报警和冷却风机故障报警状态。

④监控系统对应急电源及装置的监测功能应符合下列规定：

a.应能监测柴油发电机组工作状态及故障报警和日用油箱油位。

b.应能监测不间断电源装置（UPS）及应急电源装置（EPS）进出开关的分、合闸状态和蓄电池组电压。

c.应能监测应急供电电流、电压及频率。

（2）电力供应监控装置

它根据检测到的现场信号或上级计算机发出的控制命令产生开关量输出信号，通过接口单元驱动某个断路器或开关设备的操作机构来实现供配电回路的接通或断开。实现上述控制通常包括以下几方面的内容：

①高、低压断路器、开关设备按顺序自动接通/分断。

②高、低压母线联络断路器按需要自动接通/分断。

③备用柴油发电机组及其配电柜开关设备按顺序自动合闸转换为正常供配电方式。

④大型动力设备定时启动、停止及顺序控制。

⑤蓄电池设备按需要自动投入及切断。

（3）电力设备管理

供配电系统除了实现上述保证安全、正常供配电的控制外，还能根据监控装置中计算机软件设定的功能，以节约电能为目标对系统中的电力设备进行管理，主要包括变压器运行台数的控制、用电负荷的监控、功率因数补偿控制及停电到恢复送电的节能控制等。

（4）供配电系统监控的关键技术

①采样技术。自控系统的关键环节就是数据采集。根据采样信号，采集过程分为直流采样和交流采样。直流采样的对象为直流信号。它把交流电压、电流信号经过各种变送器转化为 $0\sim5$ V 的直流电压，再由各种装置和仪表采集。其实现方法简单，只需对采样值做一次比例变换即可得到被测量的数值。但直流采样无法采集实时信号，变送器的精度和稳定性对测量精度影响很大，设备复杂且维护困难。交流采样是将二次测得的电压、电流经高精度的电流互感器（CT）、电压互感器（PT），把大电流高电压变成计算机可测量的交流小信号，然后再由计算机进行处理。这种方法能够对被测量的瞬时值进行采样，实时性好，相位失真小，通过算法运算后获得的电压、电流、有功功率、功率因数等电子参数有着较好的精确度和稳定性，成本也较低。目前，通常采用 8031 单片机实现电力参数的交流采样。通过 LED 显示器显示频率、电压、电流的实时值，在过电压 30%、欠电压 30%时进行声光报警，并能定时打印电压、电流及频率值。

②双 CPU 技术。监控系统的主要功能分为监测控制和保护控制两个方面。用双 CPU 处理单元，一个用于信号监测控制，被称为监控 CPU；另一个用于保护控制，称为保护 CPU。这样可以将系统保护、控制、测量、通信等功能合理地分配到 2 个 CPU 芯片并行处理，防止系统满负荷工作，既有利于提高系统处理问题的速度和能力，还可以提高系统的稳定性。图 3.14 是双 CPU 处理单元的原理框图。

在图 3.14 中，虽然 2 个 CPU 都和输入、输出信号连接在一起，但是它们所负责的功能不同。在正常情况下，监控 CPU 主要担负对外界信号的测量及通信任务，并按一定时间与保护 CPU 交换信息，以便监测保护 CPU 的工作状态是否正常。而保护 CPU 除了监测监控 CPU 是否正常工作外,其主要任务是在被控制设备发生故障时,能准确无误地对设备进行保护。只有当其中的一个 CPU 被监测到有错误后,另一个 CPU 才会立即替换其工作;同时,通过通信接口向远控主机发信号报警,完成对整个系统的监控与保护任务。

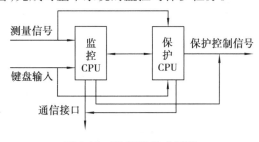

图 3.14 双 CPU 技术原理

3.2.2 主动配电网

进入 21 世纪后,分布式电源(Distributed Generation,DG)得到了长足的发展,未来 DG 分布式储能将广泛而高密度地接入电网,并在未来节能减排中扮演越来越重要的角色,配电网也会变得越来越复杂。DG 的高渗透率接入,在不断满足电网能量需求的同时,也使新的市场、新的服务、新的交易机制得到了尝试和发展,其对电网和环境带来的效益也越来越受到关注。在智能配电网和主动配电网的框架下,新的配电模式正在逐渐形成。

智能电网是指一个完全自动化的供电网络,其中的每一个用户和节点都得到了实时监控,并保证了从发电厂到用户端电器之间的每一点上的电流和信息的双向流动。通过广泛应用的分布式智能和宽带通信及自动控制系统的集成,可以保证市场交易实时进行和电网上各成员之间无缝连接及实时互动。由于目前在"发、输、配、用"电这一链条中,同发电和输电环节相比,配电、用电以及电力公司和终端用户的合作等环节上相对薄弱,影响了系统的整体性能和效率,因此 SDG 成为了目前智能电网的研究重点。DG、储能系统、电动汽车及智能终端的大量接入,使配电网具备了一定的主动调节、优化负荷的能力,具有主动管理能力的配电网称为主动配电网(Active Distribution Network,AND)。ADN 通过引入 DG 及其他可控资源,辅助以灵活有效的协调控制技术和管理手段。实现配电网对可再生能源的高度兼容和对已有资产的高效利用,并且可以延缓配电网的升级投资、提高用户的用电质量和供电可靠性。

根据国际大电网会议(CRIGE)配电与分布式发电专委会 C6.11 项目组的工作报告,ADN 可定义为:可以综合控制分布式能源的配电网,可以使用灵活的网络技术实现潮流的有效管理,分布式能源在其合理的监管环境和接入准则基础上承担系统一定的支撑作用。

ADN 的功能框图如图 3.15 所示。首先,利用高级量测体系和先进的通信技术实现实时运行数据的准确可靠收集,通过负荷和发电预测以及状态估计等功能准确感知系统当前的运行状态。然后,利用系统的可控资源和分布式能源进行优化,并通过市场价格的制订(能源交易的管理等)方式激励电力用户响应配电网运营商的调度计划,在满足各种运行约束的前提下,实现配电网的最优运行。ADN 的作用就是变被动控制方式为主动控制方式,依靠主动式的电网管理对这些资源进行整合。因此,现代配电网已不再等同于仅仅将电力能源从输电系统配送到中低压终端用户的传统配电网,而是一个主动配电系统(Active Distribution System,ADS)。

为了更好地理解 ADN 的含义,这里将其和微网进行比较:

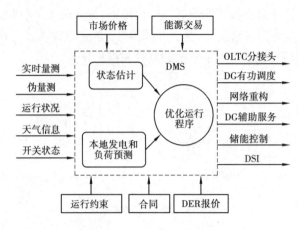

图 3.15　ADN 功能框图

（1）从设计理念上

微网是一种自下而上的方法,能集中解决网络正常时的并网运行以及当网络发生扰动时的孤岛运行,而 ADN 采用自上而下的设计理念,从整体角度实现系统的优化运行。

（2）从运行模式上

微网是一个自治系统,可以与外部电网并网运行,也可以孤岛运行,而 ADN 是由电力企业管理的公共配电网,常态方式下不孤岛运行。

（3）从系统规模上

微网是实现 DG 与本地电网耦合较为合理的技术方案,但其规模和应用范围往往受限,而 ADN 旨在解决电网兼容及应用大规模间歇式可再生能源,是一种可以兼容微网及其他新能源集成技术的开放体系结构。

（4）从资源利用上

微网强调的是能量的平衡,满足能量上的自给自足和自治运行,而 ADN 更强调信息价值的利用,通过高级量测系统和先进的通信技术达到全网资源的协调优化。

3.2.3　照明监控系统

在现代建筑中,照明系统成为仅次于空调系统的耗电大户,我国照明系统所消耗的电能约占建筑内电力总消耗量的 1/6,建筑物性质不同,照明用电量所占比例也不同。如何做到既保证照明质量又节约能源,是照明控制的重要内容。因此,需要对照明供电系统进行合理设计与节能控制,以达到节省能源,提供高效、舒适、安全可靠的照明环境及高水平管理的目的。

智能建筑是多功能的建筑,不同用途的区域,如室内走廊、楼梯间、大堂、室外的庭院、环境灯饰、休息区等,对照明存在不同的要求。因此,应根据不同区域的特点,对照明设施进行不同的控制。在系统中应包含一个智能分站,对整个建筑的照明设备进行集中的管理控制。这个智能分站就是照明监控系统,它包括了建筑物各层的照明配电箱、事故照明配电箱以及动力配电箱。

《建筑设备监控系统工程技术规范》(JGJ/T 334—2014)对照明监控系统的监控功能做了如下规定:

①监控系统对照明的监测功能应符合下列规定：

a.应能监测室内公共照明不同楼层和区域的照明回路开关状态。

b.应能监测室外庭院照明、景观照明、立面照明等不同照明回路的开关状态。

c.宜能监测室外的区域温度。

②监控系统对照明的远程控制功能应能实现主要回路的开关控制。

③监控系统对照明的自动启停功能应能按照预先设定的时间表控制相应回路的开关。

④监控系统对照明的自动调节功能宜包括下列内容：

a.设定场景模式。

b.修改服务区域的照度设定值。

c.启停各照明回路的开关或调节相应灯具的调光器。

实际工程应用中，照明监控系统的功能已远远超过了以上规范规定。按照照明监控功能，可将照明系统分为几个部分：公共区域照明（门厅、走廊、楼梯等）系统监控、工作与办公室照明监控、障碍照明与建筑立面景观照明监控、应急照明的应急启/停控制以及状态显示。

照明监控系统的任务主要有两个方面：一是为了保证建筑物内各区域的照度及视觉环境而对灯光进行控制，称为环境照度控制，通常采用定时控制、合成照明控制等方法来实现；二是以节能为目的对照明设备进行的控制，简称照明节能控制，有区域控制、定时控制、室内检测控制3种控制方式。

照明区域监控系统功能框图，如图3.16所示。照明区域控制系统的核心是DDC分站，一个DDC分站所控制的规模可能是楼层的照明或是整座建筑的装饰照明，区域既可按地域划分，也可按功能划分。作为BAS的子系统，照明监控系统除了对各照明区域的照明配电柜（箱）中的开关设备进行控制，还要与上位计算机进行通信，接受其管理控制。因此，它是典型的计算机监控系统。

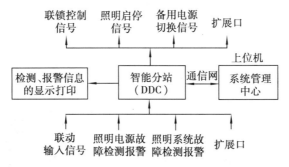

图3.16 照明监控系统示意图

3.2.4 暖通空调监控系统

空调系统是为了营造室内温度适宜、湿度恰当和空气洁净的良好的工作与生活环境。在智能楼宇中，一般采用集中式空调系统，通常称为中央空调系统。由图3.17可知，中央空调系统主要由空气处理系统、冷源系统（冷冻站）、热源系统组成。对空气的冷热处理集中在专用的机房里，按照所处理空气的来源，集中式空调系统可分为封闭式系统、直流式系统和混合式系统。封闭式系统的新风量为零，全部使用回风，其冷、热消耗量最少，但空气品质差。直流式系统的回风量为零,全部采用新风,其冷、热消耗量最大,但空气品质好。由于封闭式系统和直流式系统的上述特点,二者都只在特定情况下使用。绝大多数场合采用适当比例的新风和回风相混合,这种混合系统既能满足空气品质要求,经济上又比较合理,因此应用最广。

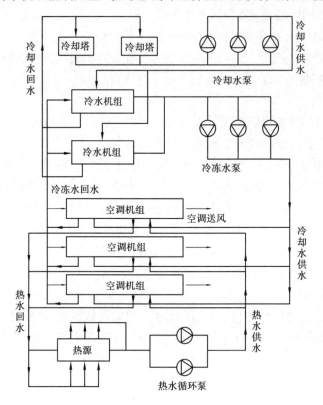

图 3.17　中央空调系统组成示意图

1)新风机组的监控

新风机组的主要作用是,夏季通入冷水对新风降温除湿,冬季通入热水对空气加热,干蒸汽加湿器用于冬季对新风加湿。在图 3.18 中,按空气流程分段的各段监控内容如下:

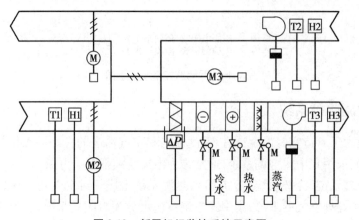

图 3.18　新风机组监控系统示意图

①新风、回风混合段:在回风段设风阀门 M2 可控制风门开度,在冬季节省热量,在夏季节约冷量。

②空气过滤段:新风和回风一起经过空气过滤器除尘净化,当过滤网上灰尘逐渐增多时,通过的气流阻力会增大,检测滤网两侧压差 ΔP;当压差达到一定值时,及时清洗滤网。

③冷却段:表冷器对空气进行等湿冷却或除湿冷却。在夏季,向表冷器输入 2~15 ℃冷冻水,通过调节 $M_{冷水}$(电磁阀)的开度,控制流量,从而调节空气的温度和湿度。

④加热段:在冬季,向加热器中输入 28 ℃以上的热水,通过调节 $M_{热水}$(电磁阀)开度,控制热水流量及空气温度。

⑤加湿段:通过调节蒸汽阀 $M_{蒸汽}$ 的开度,控制蒸汽流量,改变湿度。

除以上的控制方式外,还可对温度和湿度进行同时控制,控制过程如下:

①回风温度控制:由回风管道内的温度传感器 T2 实测出回风温度,实测温度变换成接口电路要求的模拟量信号,与回风温度设定值比较。经过 PID 运算后,控制相应的输出电压,用来控制表冷器(加热器)的阀门 $M_{冷水}$($M_{热水}$)开度,调节冷水(或热水)流量,使回风温度保持在设定范围内自动调整。

②回风湿度控制:由回风管道内的湿度传感器 H2 实测出回风湿度,输入模拟信号与湿度设定值比较,得出的偏差经过 PI 运算,输出电压信号,控制电动阀 $M_{蒸汽}$ 开度,使回风湿度稳定在设定值范围内。

③焓值的控制:此处的焓即空气中所含的热量。空气中的焓值是温度和相对湿度的函数,通过新风管道中的温度、湿度传感器 T1 及 H1 和回风道中的 T2 及 H2 检测出新风和回风温度与相对湿度,计算出新风和回风的焓值。按照新风和回风焓值的比例,输出相应的电压信号,控制新风风门 M2 与回风风门 M3 的开度。

④启/停时间控制:从节能目的出发,编制软件,控制风机启/停时间,同时累计机组的工作时间,为定时维修提供依据。

⑤连锁控制:自动实现必要的连锁保护功能。采用压差开关检测风机启停状态,风机前后压差达到设定值,发出正常运行信号,自动启动系统控制程序投入运行。如果检测出风机前后压差过低,应发出故障信号,并自动停机。

⑥过滤器堵塞报警:用压差开关检测过滤器两侧的压差,当压差超过设定值时,报警灯亮。

⑦机组用电量累计:为能源计量及收费提供依据。

⑧工作状态显示与打印:采用文字或图形显示并打印数据。包括风机启/停状态,风机故障报警,过滤器堵塞报警,新风、回风、送风的温度、湿度的设定值等。

⑨与消防系统联动:当发生火灾时,接收到消防联动控制器发出的联动控制信号后,立即停止通风,自动启动排烟机和排压风机。

2)风机盘管系统

风机盘管机组(FCU)的局部调节,包括风量调节、水量调节和旁通风门调节 3 种调节方法。风量调节通常分高、中、低 3 挡调节风机转速,以改变通过盘管的风量。水量调节多采用两通阀变流量调节,也可采用三通阀分流调节。

作为一种局部空调设备,风机盘管对温度控制的精度要求不高,温度控制器也比较简单,最简单的自控可通过双金属片温度控制器直接控制电动截止阀的启、闭来实现。在要求较高的场合,可采用 NTC 元件测温,用 P 或 PI 控制器控制电动调节阀开度和/或风机转速,通过改变冷、热水流量和风量来达到控制温度的目的。当电动调节阀开度和风机转速同时受温度控制器控制时,如图 3.19 所示,应当保证送风量不低于最小循环风量,以满足室内气流组织的最低要求。

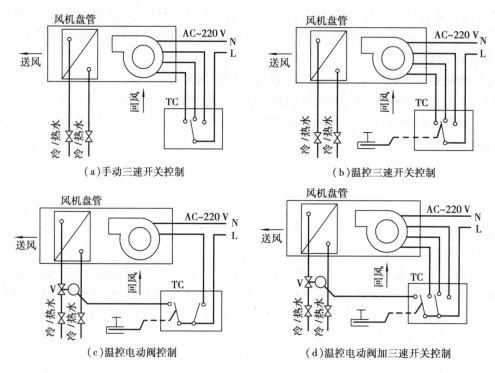

图 3.19　风机盘管的控制方法

《建筑设备监控系统工程技术规范》(JGJ/T 334—2014)对空调监控系统的监控功能做了规定。要求监测下列参数:

①室内空气的温度和设定值。

②供冷、供热工况转换开关的状态。

③当采用干式风机盘管时,还应监测室内的露点温度或相对湿度。

应能实现下列安全保护功能:

①风机的故障报警。

②当采样干式风机盘管时,还应具有结露报警和关闭相应水阀的保护功能。

应能实现风机启停的远程控制。

应能实现下列自动启停功能:

①风机停止时,水阀连锁关闭。

②按时间表启停风机。

应能实现下列自动调节功能:

①根据室温自动调节风机和水阀。

②设定和修改供冷/供热工况。

③设定和修改服务区域温度设定值,且对于公共区域的设定值应具有上、下限值。

宜能根据服务区域是否有人控制风机的启停。

3)供暖系统的监控

供暖系统包括热水锅炉房、换热站及供热网。根据智能建筑的特点,下面对供暖锅炉房的监控进行简要介绍。

供暖锅炉房的监控对象可分为燃烧系统和水系统两大部分。其监控系统可由若干台DDC 及 1 台中央管理机构成。各DDC 装置分别对燃烧系统、水系统进行监测控制。根据供热状况控制锅炉及各循环泵的开启台数,设定供水温度及循环流量,协调各台 DDC 完成监控管理功能。

（1）锅炉燃烧系统的监控

热水锅炉燃烧过程的监控任务主要是根据需要的热量,控制送煤链条速度及进煤挡板高度,根据炉内燃烧情况、排烟含氧量及炉内负压控制鼓风、引风机的风量。为此,检测的参数有:排烟温度;炉膛出口、省煤器及空气预热器出口温度;供水温度;炉膛、对流受热面进出口、省煤器、空气预热器、除尘器出口烟气压力;一次风、二次风压力;空气预热器前后压差;排烟含氧量信号;挡煤板高度位置信号。燃烧系统需要控制的参数有炉排速度,鼓风机、引风机风量及挡煤板高度等。

由于燃煤锅炉的使用逐步受到限制,现在各大中城市广泛使用自动化的燃气燃油锅炉,称为热水机组。它们一般采用数字控制方式,自带 DDC 既可独立工作,也可联网受控,接受上位／中央管理计算机的控制。

（2）锅炉水系统的监控

锅炉水系统监控的主要任务有以下 3 个方面:

①保证系统安全运行。主要保证主循环泵的正常工作及补水泵的及时补水,使锅炉中循环水不致中断,也不会由于欠压缺水而放空。

②计量和统计。测定供回水温度、循环水量和补水流量,从而获得实际供热量和累计补水量等统计信息。

③运行工况调整。根据要求改变循环水泵运行台数或改变循环水泵转速,调整循环流量,以适应供暖负荷的变化,节省电能。

4)冷热源及其水系统的监控

空调水系统包含两个独立的系统,即空调冷冻水循环系统和空调冷却水循环系统。这两个系统在水力上是独立的系统,但在热力上却是紧密相关、不可分割的整体。空调冷冻水系统把室内热量带入制冷工质中,然后冷却水系统将其从制冷工质排入大气。其监控内容如下:

（1）冷却水系统的监控

冷却水系统的作用是通过冷却塔和冷却水泵及管道系统向制冷机提供冷水,监控的目的主要是保证冷却塔风机、冷却循环水泵安全运行,确保制冷机冷凝器侧有足够的冷却水通过,并根据室外气候情况及冷负荷调整冷却水运行工况,通过调节冷却塔风机和冷却水循环泵的转速,在规定范围内控制冷却水温度。

(2)冷冻水系统的监控

冷冻水系统由冷冻水循环泵通过管道系统连接冷冻机蒸发器及用户各种冷水设备(如空调机和风机盘管)组成。对其进行监控的目的主要是保证机组的蒸发器通过足够的水量,使蒸发器正常工作;向冷冻水用户提供足够的水量以满足使用要求;在满足使用要求的前提下,尽可能减少水泵耗电。主要的控制方式就是根据冷冻水经过蒸发器后的温度,调整冷冻水循环泵的转速,增大或减小冷冻水的流量,以保证有足够的冷冻水量通过蒸发器。

图3.20所示为两台冷却塔和两台冷水机组组成的一个中央制冷系统的自动监控原理图。系统中启动与停止的顺序如下:

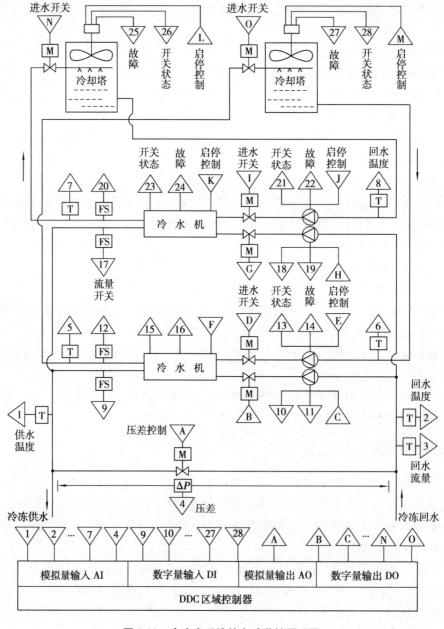

图3.20 冷冻水系统的自动监控原理图

①启动。其顺序控制为冷却水电动阀→冷却水泵→冷却塔进水自动阀→冷却塔风机→冷冻水电动阀→冷冻水泵→冷水机组→监视水流状态。

②停止。其顺序控制为冷水机组→冷冻水泵→冷冻水电动阀→冷却塔风机→冷却塔进水电动阀→冷却水泵→冷却水电动阀。

对于串联运行的制冷系统,当其中任意一台设备发生故障时,系统将自动关停该串联制冷机组,启动运行累计时间最少的下一串联制冷机组。对于并联运行方式的制冷系统,当某一台设备发生故障时,关停该设备,然后启动与之并联的另一台运行累计时间最少且相同的设备。

根据冷冻水总供水、总回水的温度及总回水流量来计算冷冻水系统的冷负荷,按其实际的冷负荷决定投入冷水机组的数量,即实现冷水机组运行台数的优化控制,以达到最佳的节能效果。

根据冷冻水总供水和总回水之间的压差值与 BAS 中设定的压差值进行比较后,控制旁通阀的开关,从而保证冷冻供、回水压差的稳定。

冷却塔回水温度与系统中设定的值相比较后,控制冷却塔进水电动阀及风机的启动/停止。

(3)热水制备系统的监控

热水制备系统以热交换器为主要设备,其作用是产生生活、空调及供暖用热水。对这一系统进行监控的主要目的是监测水力工况以保证热水系统的正常循环,控制热交换过程以保证要求的供热水参数。

5)变风量控制系统(VAV)

普通集中式空调系统的送风量固定不变,通过改变送风温度来适应各空调房间的负荷变化,称为定风量(CAV)系统。但实际上房间热湿负荷很少达到最大值,且在全年的大部分时间低于最大值。当室内负荷减小时,定风量系统靠调节再热量以提高送风温度(减小送风温差)来维持室温。既浪费热量,又浪费冷量。因而出现了变风量系统,如图3.21所示。

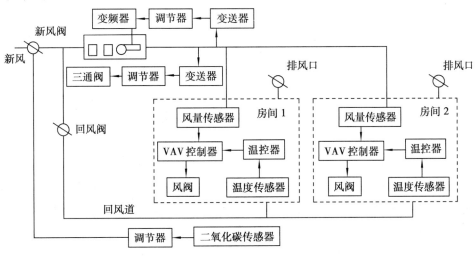

图 3.21　变风量空调系统结构

变风量空调系统是一种通过改变送入各房间的风量来适应房间负荷变化的全空气系统。

具体而言,系统通过变风量末端调节末端风量来保证房间温度;同时,变频调节送、回风机来维持系统的有效、稳定运行,并动态调整新风量保证室内空气品质,是有效利用新风能源的一种高效的全空气系统。它不仅在定风量系统上安装了末端装置和变速风机,而且还有一整套由若干个控制回路组成的控制系统。变风量系统运行工况是随时变化的,它必须依靠自动控制才能保证空调系统最基本的要求——适宜的室温、足够的新鲜空气、良好的气流组织、正常的室内压力。目前,通常采用3种变风量系统控制方法。

(1)定静压控制法

当室内负荷发生变化时,室温相应发生变化。室温的变化由温度传感器感知并送到变风量末端装置控制器,调节末端装置的控制风阀开度,改变送风量,跟踪负荷的变化。随着送风量的变化,送风管道中的静压也随之发生变化。静压变化由安装在风道中某一点(或几点取平均值)的静压传感器测得的,并送至静压控制器。静压控制器根据静压实际值和设定值的偏差调节变频器的输出频率,改变风机转速,从而维持静压不变;同时,还可根据不同季节、不同需要来改变送风温度,以满足室内环境的舒适性要求。定静压控制法的原理如图 3.22 所示。

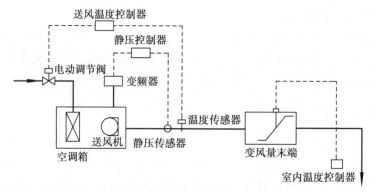

图 3.22　定静压控制法原理

定静压控制方法简单,概念清晰,在实际工程中被广泛采用。只要经过仔细调试,采用定静压控制方法的变风量空调系统能够取得预期的运行效果。但定静压控制法的主要缺点有以下两个:一是静压测点的位置难以确定,二是风道静压的最优设定值难以确定。为了保证在最大设计负荷时,系统中处于"最不利点"的末端装置仍有足够的风量并留有一定的富余量,系统设计时往往将静压设定值取得较高,增加了风机能耗。当系统在部分负荷下运行时,末端装置的风阀开度较小,使得气流通过时噪声较大,且因送风量降低而造成室内气流组织变坏,并可能造成新风量不足,因此出现了变静压控制法。

(2)变静压控制法

所谓变静压控制,就是利用压力无关型变风量末端中的风阀开度传感器,将各台末端的风阀开度送至风机转速控制器,控制送风机的转速,使任何时候系统中至少有一个变风量末端装置的风阀接近全开。图 3.23 所示为变静压控制方法原理图。

变静压控制方法的主要思想就是利用压力无关型变风量末端的送风量与风道压力无关的特点,在保证处于"最不利点"处末端送风量的前提下,尽量降低风道静压,从而降低风机转速,减少风机能耗。

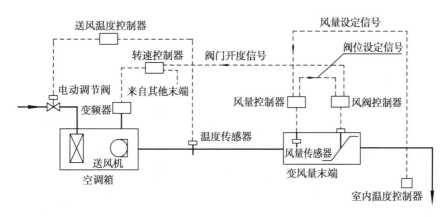

图 3.23 变静压控制法原理图

（3）总风量控制法

在变静压控制方法中，当室内温度发生变化后，温度控制器给出一个风量设定信号，在风量控制器中与实际风量进行比较、计算后，给出阀位设定信号，送往风阀控制器改变风阀开启度，从而改变风量；同时，风阀控制器还将阀门开启的信号传递给风机转速控制器，用于调节风机转速。

在上述过程中，温度控制器已经给出了风量设定信号，但最后用于风量调节（即风机转速调节）的依据却是风阀开度，而不是实际风量。由此设想，如果将任意时刻系统中各末端的风量设定信号直接相加，就能够得到当时的总风量需求值，这一风量需求值就可作为调节风机转速的依据，不再需要通过风阀开启度这一参数来过渡。总风量控制方法原理图如图 3.24 所示。

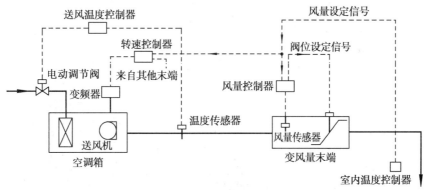

图 3.24 总风量控制法原理图

3.2.5 给排水监控系统

给排水系统是任何现代建筑必不可少的重要组成部分，一般建筑的给排水系统包括生活给水系统、生活排水系统和消防水系统，这几个系统都是楼宇自动化系统重要的监控对象。由于消防水系统与火灾自动报警系统、消防自动灭火系统关系密切，国家技术规范规定消防给水应由消防系统统一管理，因此，消防给水系统由消防联动控制系统进行控制。在智能建筑中，除了冷水供应系统以外，还有生活热水供应系统。本节主要讨论生活给水排水以及热水系统的监控。

1)给水系统

现代建筑中常见的生活给水系统有市政管网直接给水方式、高位水箱给水方式、水泵直接给水方式、气压罐给水方式、无负压给水方式,以及上述几种给水方式的组合。

现代智能建筑的高度一般都较高,在高层建筑中,一般城市供水管网的供水压力不能满足用水要求,除了低区部分楼层可由城市管网供水以外,其余高层均需提升水压供水。由于供水的高度增大,如果采用统一供水系统,显然下部楼层的水压将过大,过高的水压对使用材料设备、维修管理均不利,为此必须进行合理竖向分区供水。目前,国内高层建筑一般每8~10层分为一个供水区。智能建筑中常见的系统有以下3种方式:高位水箱给水方式、气压罐压力给水方式、水泵直接给水方式。

(1)高位水箱给水方式及其系统的监控

高位水箱给水系统及其监控,如图3.25所示。

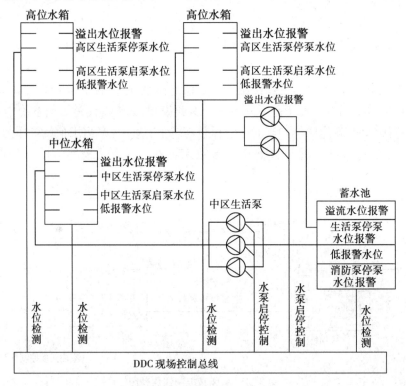

图3.25 供水监控系统示意图

图3.25所示的高位水箱,设置了4个液位开关,分别为溢流报警水位、停泵水位、启泵水位和低限报警水位。DDC根据液位开关送入信号来控制生活给水泵的启停。当高位水箱液面低于启泵水位时,DDC送出信号自动启动生活水泵运行,向高位水箱供水。当高位水箱液面高于启泵水位而达到停泵水位时,DDC送出信号自动停止生活水泵。如果高位水箱液面达到停泵水位而生活水泵不停止供水,液面继续上升达到溢流报警水位,控制器发出声光报警信号,提醒工作人员及时处理。同样,当高位水箱液面低于启泵水位时,水泵没有及时启动,而用户继续用水,当水位达到低限报警水位时,控制器发出报警信号,提醒工作人员及时处理。当

·86·

工作泵发生故障时,备用泵能自动投入运行。

在由多台水泵组成的系统中,多台水泵互为备用。当其中一台水泵损坏时,备用水泵能投入使用,以保证系统正常工作。为了延长各水泵的使用寿命,通常要求水泵累计运行时间数尽可能均衡。因此,每次启动水泵时,应优先启动累计运行时间数最少的水泵,控制系统应有自动记录设备运行时间的功能。控制中心能实现对现场设备的远程控制,监控系统能够在控制中心实现对现场设备的远程开/关控制。

对于位于低层(一般在地下室最底层)的低位生活消防水池,也应设置水池溢流水位、停泵水位、启泵水位和低限报警水位4个液位开关,通过供水泵或供水阀门控制水池水位在预定范围。当水位达到报警位置时,控制器发出报警信号,提醒值班人员及时处理。这一部分在图中并未画出,但可根据高位水箱的情况予以理解。

总的来说,给水系统的监控功能包括:地下储水池水位、楼层水池、屋顶水箱水位的检测及当高/低水位超限和水泵故障时的报警,并根据水池(箱)的高/低水位控制水泵的启/停。当检测到生活给水泵的工作状态异常或出现故障时,将备用水泵投入工作。

高压水箱给水系统用水是由水箱直接供应,供水压力比较稳定,且有水箱蓄水,供水较为安全。但水箱重量大,增加了建筑物的负荷,且占用楼层的建筑面积。

(2)气压罐压力给水方式

考虑到重力给水系统的种种缺点,可考虑气压罐压力给水方式。水泵—气压水箱(罐)给水系统是以气压水箱(罐)代替高位水箱,而气压水箱可以集中于地下室水泵房内,从而避免在楼中设置水箱的缺点,如图3.26所示。目前大多采样密封式弹性隔膜气压水箱(罐),可以不用空气压缩机补气,既可节省电能又可防止空气污染水质,有利于优质供水。

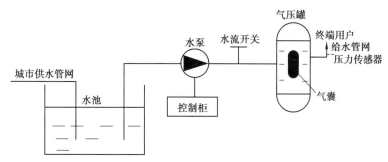

图3.26 气压装置供水系统示意图

(3)水泵直接给水方式

无论是高位水箱,还是气压水箱,均为设有水箱装置的系统。设有水箱的优点是预储一定水量,供水直接可靠,尤其对消防系统是必要的,但存在前述很多缺点。无水箱的水泵直接供水系统可以采用自动控制的多台水泵并联运行,根据水量的变化,启/停不同水泵来满足用水要求,以利节能,如采用计算机控制则更为理想。水泵直接供水,较节能的方法是采样调整水泵供水系统,即根据水泵的出水量与转速成正比的关系的特性,调整水泵的转速而满足用水量的变化。

2)排水系统

排水系统主要是解决高层建筑地下室的排水问题,设备主要有:排水泵、污水泵、集水坑和污水坑等。为便于污废水的综合利用,智能建筑中的排水系统一般为分流制,生活废水和污水各自收集排放。图 3.27 中分别有一个集水坑(收集生活废水)和一个污水坑(收集生活污水)。

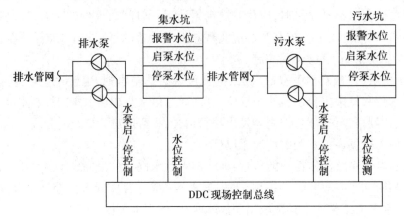

图 3.27　排水监控系统示意图

　　排水监控系统的功能包括:污水坑和集水坑水位检测及超限报警;根据污水坑与集水坑的水位,启动相应的水泵,直到水位降至低限时;在水泵运行时,对其运行状态进行检测,出现异常或发生故障时报警、停泵。

3) 热水系统

　　图 3.28 中的热水器可是自动燃油/燃气热水器,热水泵根据 DDC 对热水箱和热水器中水位的检测结果,开启热水泵从热水箱抽水,向热水器供水,使其加热后,又回到热水箱。热水系统的监控功能是:热水泵按时间程序启/停;热水循环泵状态检测及故障报警(当发生故障时,相应备用泵自动投入运行);热水器与热水循环联锁控制,当循环泵启动后,热水器(炉)才能加热,控制热水温度;热水供水温度和回水温度的检测;对于热水部分,当热水箱水位降至低限时,连锁开启热水器冷水进口阀,以补充系统水源;当热水水位到达高限时,连锁关闭冷水进水阀。

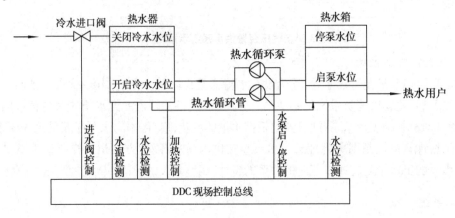

图 3.28　热水监控系统示意图

3.3 智能交通运输系统

智能建筑的交通运输系统主要包括电梯系统和停车场管理系统。电梯和停车场是智能建筑不可缺少的设施。它们作为智能化建筑的组成部分,不仅自身要有良好的性能和自动化程度,而且还要与整个 BAS 协调运行,接受中央计算机的监视、管理及控制。

3.3.1 电梯监控系统

电梯是高层楼宇的重要设备之一,一座大楼的电梯少则几部,多则几十部。采用计算机对电梯的运行状态进行集中监控管理,及时发现和排除故障,加强电梯的实时管理,保证电梯的安全运行非常重要。电梯系统监控自动化已成为缩短电梯保修与维修时间、提高电梯的运行效率、加强电梯科学管理的有力措施,也是电梯技术发展的必然趋势,更是近年来国内外电梯新技术研究的热点之一。

电梯可分为直升电梯和自动扶梯,而直升电梯按其用途分,可分为客梯、货梯、客货梯、消防梯等。电梯的控制方式可分为层间控制、简易自动、集选控制、有/无司机控制及群控等。对于智能大厦中的电梯,通常选用群控方式。群控管理的好处,不仅是提高电梯行驶速度和增加电梯台数能够比拟的,更重要的是在于电梯的使用更加合理经济节能。图 3.29 简单表示了采用群控方式运行电梯系统的监控原理。

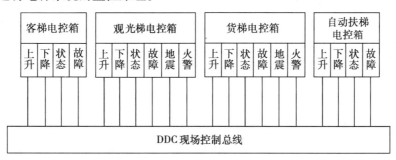

图 3.29 电梯系统监控示意图

1)电梯的监控内容

(1)正常/故障状态的监控

正常/故障状态的监控包括电梯按时间程序设定运行时间表启/停电梯、监视电梯运行状态、在故障及紧急状况下报警。

运行状态监视包括启动/停止状态、运行方向、所处楼层位置等,通过自动检测并将结果送入 DDC,动态地显示出各台电梯的实时状态。故障检测包括电动机、电磁制动器等各种装置出现故障后,自动报警并显示故障电梯的地点、发生故障时间、故障状态等。紧急状况检测通常包括火灾、地震状况检测、发生故障时是否关人等,一旦发现立即报警。

(2)多台电梯群控管理

智能建筑的电梯在上、下班时和午餐时间,人流量十分集中,但在其他时间段又比较空闲。

如何在不同客流时期自动进行调度控制,既减少候梯,又避免数台电梯同时响应同一召唤造成空载运行,这就要求电梯监控系统不断对各厅站的召唤信号和轿厢内选层信号进行循环扫描,根据轿厢所在位置、上下方向停站数、轿内人数等因素来实时判断客流变化,自动选择最佳输送方式。群控系统能对运行区域进行自动分配,自动调配电梯至运行区域的各个不同服务区段。服务区域可以随时变化,它的位置与范围均由各台电梯通报的实际工作情况确定,并随时监视,以便随时满足大楼各处的不同厅站的召唤。此外,业主可以通过刷卡或密码到达指定楼层,具有楼宇对讲联动功能的电梯,本系统与楼宇对讲联动时,电梯可以在得到业主的指令后把临时访客输送到指定楼层。

(3)配合消防系统协同工作

当发生火灾等异常情况时,消防监控系统中的消防联动控制器向电梯监控系统发出报警信息及控制信息,电梯监控系统主控制器再向相应的电梯 DDC 装置发出相应的控制信号,使它们进入预定的工作状态。普通电梯直驶首层、放客,自动切断电梯电源;消防电梯则由应急电源供电,停留在首层待命。

(4)配合安全防范系统协调工作

通过建筑内的闭路监控系统,由值班人员发出指令或受轿厢内紧急按钮的控制,电梯按照保安级别自动行驶至规定的停靠楼层,并对车厢门进行监控。

由于电梯的特殊性,每台电梯本身都有自己的控制箱,对电梯的运行进行控制,如上/下行驶方向、加/减速、制动、停止定位、停轿厢门开/闭、超重监测报警等。有多台电梯的建筑场合一般都有电梯群控系统,通过电梯群控系统实现多部电梯的协调运行与优化控制。楼宇自动化系统主要实现对电梯运行状态及相关情况的监视,只有在特殊情况下,如发生火灾等突发事件时才对电梯进行必要的控制。

2)电梯监控系统的组成和特点

就单台电梯而言,目前在智能大厦中的电梯一般使用交流调压调频拖动方式(VVVF),即利用微机控制技术和脉冲调制技术,通过改变曳引电动机电源的频率及电压使电梯的速度按需要变化,具有高效、节能、舒适感好、控制系统体积小、动态品质及抗干扰性能优越等一系列优点。这种电梯多为操纵自动化程度较高的集选控制电梯。"集选"的含义是将各楼层厅外的上、下召唤及轿厢指令,井道信息等外部信号综合在一起进行集中处理,从而使电梯自动地选择运行方向和目的层站,并自动地完成启动、运行、减速、平层、开关门及显示、保护等一系列功能。集选控制的 VVVF 电梯由于自动化程度要求高,一般都采用以计算机为核心的控制系统。该系统电气控制柜的弱电部分通常使用起操纵和控制作用的微机计算机系统或可编程控制器(PLC),强电部分则主要包括整流、逆变半导体及接触器等执行电器。柜内的计算机系统带有通信接口,可以与分布在电梯各处的智能化装置(如各层呼梯装置和轿厢操纵盘等)进行数据通信,组成分布式电梯控制系统,也可以与上层监控管理计算机联网,构成电梯监控系统。

整个系统由主控制器、电梯控制器、显示装置(CRT)、打印机、远程操作台及串行通信网络组成。主控制器以 32 位微机为核心,一般为 CPU 冗余结构,可靠性较高,它与设在各电梯机房的控制器进行串行通信,对各电梯进行监控。采用高清晰度的大屏幕彩色显示器,监视、操作都很方便。主控制器与上层计算机(或 BMS)及安全防范系统具有串行通信功能,以便与BAS 形成整体。系统具有较强的显示功能,除了正常情况下显示各电梯的运行状态之外,当发生灾害或故障时,用专用画面代替正常显示画面,并且当必须进行管制运行或发生异常时,还能把操作顺序和必要的措施显示在画面上,由管理人员用光笔或鼠标器直接在 CRT 上进行干预,随时启/停任意一台电梯。电梯的运行及故障情况则定时由打印机进行记录,并向上位管理计算机(或 BMS)送出。

3.3.2　智能停车场管理系统

智能停车场管理系统是现代化停车场车辆收费设备自动化管理的统称,将车场完全置于计算机管理下。目前,通常应用车牌识别手机支付收费管理系统,其构造如图 3.30 所示。

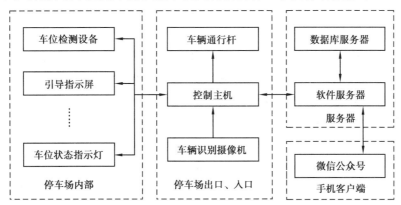

图 3.30　停车场管理系统的基本构成

根据社区地下智能停车信息管理系统构建目标,系统总体构建设计中主要包括硬件、软件两个方面,并通过社区微信公众号为车主提供服务。社区地下停车场配置了摄像监控设备,对车辆停车用位情况进行实时监测,通过车牌识别设备、自动抬杆设备对车辆驶入驶离停车场的整体过程进行管理,在系统服务器中部署软件管理系统。社区地下停车场的出入口、内部停车区域和系统服务器之间利用通信网络实现连接,车主可以利用社区微信公众号平台中的各项功能,实现车辆驶入、驶离,停车引导,停车查找等功能。采用无人值守的方式对整个地下停车场实现智能管理。

1)系统关键技术

(1)车牌识别技术

车牌识别技术一般情况下采用的是对车辆驶入停车场时所在的车牌区域进行图像采集、定位、滤波和降噪等处理方法,再将经过图像处理的车牌图像识别。通常采用光学字符识别(Optical Character Recognition,OCR)图像处理技术作为车牌识别技术辅助工具,或者建立识别库,对车牌图像中的文本信息进行标准化数据处理,最终经过图像处理算法完成车牌自动识别。

(2)车位检测技术

高位视频检测技术可以将整个停车场分为多个停车区域,并在不同停车区域配置高清摄像装备。每个高清摄像装备都可以对多个停车位进行实时监测,将监测结果通过通信线路传输到上机位,由上机位对监测结果进行智能识别,以判断该区域停车位是否属于空置状态,再给出状态信号,如果占用则显示红灯,如果未占用则显示绿灯。车位空余信息可以通过微信平台直接显示到用户终端界面上,引导车主进行停车。

2)硬件体系结构

(1)停车场进出口硬件设备

停车场入口、出口硬件设备部分配置车辆自动地感线圈、摄像设备、自动抬杆道闸、电子显示屏、实时报警器。当车辆驶入停车场经过地感线圈时,由地感线圈中的芯片向车辆车牌自动识别设备发送信号,由摄像设备拍摄车辆信息。此时,自动抬杆道闸开启,电子显示屏显示车辆入场时间、车牌号等信息,自动抬杆道闸在车辆离开地感线圈时关闭。

(2)停车场内部监控设备

社区地下停车场内部监控设备包括红外线自动传感摄像机、电子指示屏、实时报警器以及车位指示灯等。地下停车场分为多个停车区域,每个区域都配置了红外线自动传感摄像机;当车辆驶入停车区域时,电子指示屏自动显示车位引导信息,当车辆驶入停车位时,车位指示灯由绿色变为红色。

(3)系统硬件集成方式

系统硬件结构如图3.31所示。

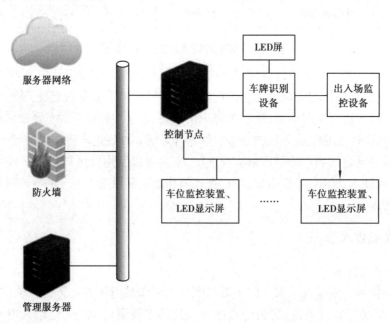

图3.31 系统总体硬件结构示意图

①车辆通行控制节点。在车辆驶入停车场入口岗亭部署控制节点,利用通信网络与系统服务器连接,以处理车辆进入停车场后停车信息查询、车辆位置信息上报等。

②车辆车牌识别设备。系统中的车辆车牌识别设备主要由电子显示屏、自动摄像机、电子

照明设备以及自动抬杆道闸组成,主要负责实现车辆驶入和驶离停车场的信息控制。

③通信场信路由器设备。为系统硬件体系提供网络通信功能,通信路由器的一端口与车辆车牌识别设备连接,另一端与互联网连接,并接入系统控制中心。

④车辆地感线圈设备。车辆地感线圈设备主要用于自动感应驶入和驶离停车场的车辆。

3)软件体系结构

智能停车信息管理系统利用 Visual Studio 工具,软件编程采用的是 C#语言,数据库采用 SQL Server 技术,微信平台设计采用 JS-SDK 工具包。智能停车信息管理系统的软件体系结构主要包括了系统服务器中部署的软件、社区微信公众号软件程序等。系统软件程序中最重要的车位、车主、计费等功能都分布在服务器中,主机控制系统、实时监控监测系统、停车场网络通信系统的数据也存储于服务器中。

社区地下智能停车信息管理系统采用的是多层级混合网络结构,网络拓扑结构包括终端计算机(由停车场管理人员控制)、系统服务器、控制中心主机、Web 节点等构成。系统软件程序负责控制实现 3 个功能,分别是停车场节点智能控制功能、管理人员维护管理功能、社区微信公众号服务功能。智能停车场管理系统结构示意图如图 3.32 所示。

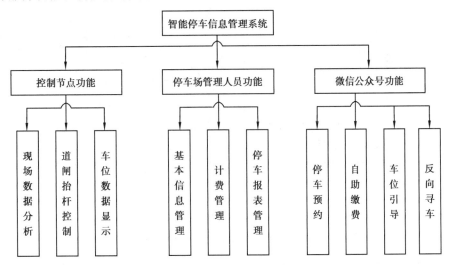

图 3.32 智能停车场管理系统结构示意图

在图 3.32 中,节点智能控制功能采用的是嵌入式开发技术。停车场管理人员维护管理功能模块采用的是 C/S 网络架构模式,对停车场车辆停车实时情况监测,在系统数据库中完成对车辆基本信息、缴费信息和各类报表的管理。社区微信公众号服务功能也部署在系统服务器中,并以 Web 网页的形式在微信公众号中展现,实现自助缴费、车辆查询、车位引导和预约停车等功能。

3.4 火灾自动报警联动控制系统

智能防火系统是以火灾为监控对象,根据防灾要求和特点而设计、构成和工作的,是一种及时发现和通报火情,并采取有效措施控制扑灭火灾而设置在建筑物中或其他对象与场所的自动消防设施。它是智能建筑不可缺少的一种安全自救系统。

3.4.1 火灾的形成与探测方法

1) 普通物质的起火过程及其特征

普通可燃物质的起火过程:首先产生燃烧气体和烟雾,在氧气供应充分的条件下逐渐完全燃烧,产生火焰并发出可见光与不可见光,同时释放出大量的热,使环境温度升高,最终酿成火灾,如图 3.33 所示。从开始燃烧到火灾形成的过程中,各阶段具有以下特征:

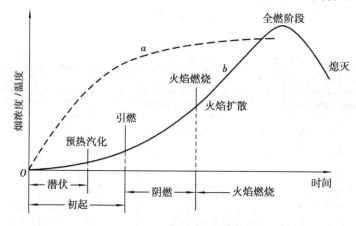

图 3.33 可燃物的起火过程

a—烟雾气熔胶浓度与时间的关系;b—热气流温度与时间的关系

(1)初起和阴燃阶段

此阶段时间较长,能产生烟雾气溶胶,在未能控制情况下,大量的烟雾气溶胶会逐步充满室内环境,但温度不高,火势尚未蔓延发展。若在此阶段能将火灾信息——烟浓度探测出来,就可以将火灾损失控制在最低限度。

(2)火焰燃烧阶段

经过阴燃阶段可燃物蓄积的热量使环境温度升高,在可燃物着火点出现明火,火焰扩散后火势开始蔓延,环境温度继续升高,燃烧不断扩大,形成火灾。若此阶段能将火灾引起的明显的温度变化探测出来,也能较及时地控制火灾。

(3)全燃阶段

物质燃烧会产生各种波长的光,热辐射中含有大量的红外线和紫外线,感光探测能够探测出火灾的发生。但如果经过了较长时间的阴燃,大量的烟雾就会影响感光探测的效果;油品、液化气等物质起火时,起火速度快并且迅速达到全燃阶段,形成很少有烟雾遮蔽的明火火灾,感光探测结果则及时有效。

当可燃物是可燃气体或易燃液体蒸汽时,起火燃烧过程不同于普通可燃物,会在可燃气体或蒸汽的爆炸浓度范围内引起轰燃或爆炸。这时,火灾探测以可燃气体或其蒸汽浓度为探测对象。

2）火灾的探测方法

火灾的探测,是以物质燃烧过程中的各种现象为依据,以实现早期发现火灾的目的。根据物质燃烧从阴燃到全燃过程各阶段所产生的不同火灾现象与特征,形成了不同的火灾探测方法:

（1）火焰（光）探测法

根据物质燃烧所产生的火焰光辐射,其中主要是红外辐射和紫外辐射的大小,通过光敏元件与电子线路来探测火灾现象。

（2）热（温度）探测法

根据物质燃烧释放的热量所引起的环境温度升高或其变化率大小,通过热敏元件与电子线路来探测火灾现象。

（3）空气离化探测法

利用放射性同位素（如 Am241）释放的 α 射线将空气电离,使腔室（电离室）内空气具有一定的导电性;当烟雾气溶胶进入室内,烟粒子将吸附其中的带电离子,产生离子电流变化。此电流变化与烟浓度有直接的关系,并可用电子线路加以检测,从而获得与烟浓度有直接关系的电信号,用于火灾确认和报警。

（4）光电感烟探测法

根据光的散射定律,在通气暗箱内用发光元件产生一定波长的探测光,当烟雾气溶胶进入暗箱时,其中粒径大于探测光波长的着色烟粒子产生散射光,通过与发光元件成一定夹角的光电接受元件接收到的散射光的强度,可以得到与烟浓度成正比的电流信号或电压信号,用于判定火灾。

（5）复合火灾探测法

复合火灾探测法是指利用可以同时响应两种以上火灾参数的火灾探测器进行探测。目前主要有感光感烟火灾探测器、感光感温火灾探测器、感温感烟火灾探测器等。

（6）其他火灾探测法

除了上述几种探测法外,还可以通过探测漏电流大小或者探测静电点位高低进行火灾探测,还可以利用超声波原理进行超声波火灾探测。

根据不同的火灾探测方法制成的火灾探测器,按其探测的火灾参数可分为感烟式火灾探测器、感温式火灾探测器、感光式火灾探测器和可燃气体探测器,以及烟温、温光、烟温光等复合式火灾探测器。从前述的火灾逐步蔓延、发展的各阶段特点来看,感烟、感温、感光三种探测器有各自的特点:

①感烟型通常能够最早感受火灾参数、报警及时、火灾造成的损失小,但易受非火灾型烟雾、气尘的干扰,误报率较高。

②感温探测器的温度阈值一般较高,不易受到干扰,可靠性高,但反应较迟钝,容易造成较大损失。

③感光探测器针对一些特殊材料的火灾,如具有易燃易爆性质的材料,其起烟微弱而火焰上升快,非常有效。

探测器把感受到的火灾参数转变成电信号,通过信号线传输到控制器。根据探测器送来的电信号的情况,控制器作出相应的反应。当控制器识别出火灾信息,发出规定声响警报和灯光警报,并指示出报警地址后,火灾的探测与报警功能完成,然后控制联动装置动作,自动喷水、启动消防泵等,尽可能地控制火灾的发生与发展,将火灾的损失降到最低限度。

由于智能建筑非常强调自救能力,选用火灾探测器就必须根据火灾区域内可能发生的火灾初期的形成和发展特点、房间高度、环境条件和可能引起误报的因素等综合确定。从当前智能建筑的工程实践来看,为了使探测既灵活又可靠,智能建筑最适合使用复合型探测器。

3.4.2　火灾的自动报警与联动控制

智能化建筑逐步具有规模化、高层化的特征,为之适配的电子设备也更为丰富,在设备运行期间产生大量的热源,加之现场温度等环境因子的影响,容易诱发火灾事故,严重影响智能建筑的正常使用。一个完整的消防系统应该包含水系统、防排烟系统、电系统等,其中包含了喷淋设备、消防栓设备、防排烟设备、火灾报警设备等。其中,火灾报警系统能够对火灾情况进行探测,以及喷淋设备、消火栓设备进行联动。

可见,适配自动化火灾报警系统至关重要,具体需拆分为若干个子系统,包含但不限于监测系统、报警系统、灭火系统,根据各子系统的运行需求配套自动化设备,彼此间联合应用,共同参与到智能建筑的安全防护工作中。在配套设备时要考虑其运行稳定性特征,即在火灾发生后依然可维持正常运行的状态。在构筑火灾安全防护屏障后可以增强建筑的安全性,若建筑使用过程中存在火灾危险因素,系统将及时感应并作出警示,视实际情况采取相应的处理措施,从源头上规避火灾事故,为建筑内部人员提供安全保障,并避免建筑内部各类设施因火灾而受损的情况。

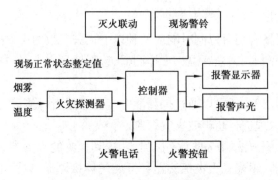

图3.34　火灾自动报警结构图

为了加强自救能力,智能建筑和智能小区一般会设置一个消防控制中心。在这个中心里,安装火灾自动报警系统,设立专职人员 24 h 值班,对火情进行集中监控。火灾自动报警系统由火灾探测器、信号线路、火灾报警控制器(台)三大部分组成,如图 3.35 所示。

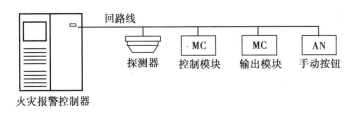

图 3.35　火灾自动报警系统的基本组成

1) 火警信号传输线路

探测器的信号传输线路是独立的,不得与 GCS 集成。应采用不低于 250 V 的铜芯绝缘导线。导线的允许载流量不应小于线路的负荷工作电流,其电压损失一般不应超过探测器额定工作电压的 5%;当线路穿管敷设时,导线截面不得小于 1.0 mm²;在线槽内敷设时,导线截面不小于 0.75 mm²。连接探测器的信号线多采用双绞线,一般正极线"+"为红色,负极线"-"为蓝色。

敷设室内传输线路应采用金属管、硬质塑料管、半硬质塑料套管或敷设在密封线槽内。对建筑内不同系统的各种类别强电及弱电线路,不应穿在同一套管或线槽内。火灾自动报警系统横向线路应采用穿管敷设,对不同防火分区的线路不要同一管内敷设。在同一工程中,同类型的绝缘导线颜色应相同,其接线端子应标号。

2) 火灾报警控制器

(1) 火灾报警控制器的类型

按其用途不同,可分为区域火灾报警控制器、集中火灾报警控制器和通用火灾报警控制器 3 种基本类型。

①区域火灾报警控制器。直接连接火灾探测器,处理各种报警信号。

②集中火灾报警控制器。一般不与火灾探测器相连,而与区域火灾报警控制器相连,处理区域级火灾报警控制器送来信号,常使用在较大型系统中。

③通用火灾报警控制器。兼有区域、集中二级火灾报警控制器的双重特点。通过设置或修改某些参数(可以是硬件或者是软件方面)既可作为区域级使用,连接探测器,又可作为集中级使用,连接区域火灾报警控制器。

近年来,随着火灾探测报警技术的发展和模拟量、总线制、智能化火灾探测报警系统的逐渐应用,在智能建筑领域,火灾报警控制器已不再分为区域、集中和通用 3 种类型,统称为火灾报警控制器。

(2) 火灾报警控制器的功能

火灾探测器通过信号传输线路把火灾产生地点的信号发送给火灾报警控制器,火灾报警控制器将接收到的火灾信号以声、光的形式发出报警,显示火灾信号的位置,向消防联动控制设备发出指令,对火灾进行扑救,阻止火势蔓延,为疏散人群创造条件。火灾报警控制器的组成主要包括电源和主机两部分。火灾控制器各部分的基本功能如下:

电源部分:火灾控制器的电源应由主电源和备用电源互补两部分组成。主电源为 220 V 交流市电,备用电源一般选用可充放电反复使用的各种蓄电池。电源部分的功能如下:

①主电、备电自动切换。

②备用电源自动充电功能。

③电源故障监测功能。

④电源工作状态指示功能。

⑤为探测器回路供电功能。

主机部分:主机部分常态监控探测器回路变化情况,遇到报警信号时,执行相应的动作,其功能如下:

①接收显示各种报警信息,并对现场环境信号进行数据及曲线分析,确定火灾信息。

②总线故障报警功能,随时监测总线工作状态,保证系统可靠工作。

③可对系统内探测器进行开启、关闭及报警趋势状态检查操作,根据现场情况对探测器灵敏度进行调节,并进行漂移补偿。

④交、直流两用供电。交流掉电时,直流供电系统能自动导入,保证控制器连续运行。

⑤报警控制器可自动记录报警类别、报警时间及报警地址号,便于查核。报警控制器配有时钟及打印机,记录拷贝方便。

⑥可通过专用接口,实现远程联网通信。

⑦可显示各类图形,使确定火灾地点更直观。

⑧可通过总线接口,与楼宇自动控制系统集成联网。

⑨联动控制功能。

火灾报警控制器多设有联动装置,也称为火灾自动报警与联控系统。联动装置与消火栓系统、自动灭火系统的控制装置、防烟排烟系统的控制装置、防火门控制装置、报警装置,以及应急广播、疏散照明指示系统等相连。在火灾发生时,通过自动或值班人员手动发出指令,启动这些装置进行相应动作。火灾自动报警与联动控制示意图和主要联动内容,分别见表 3.3 和图 3.36。

表 3.3　火灾自动报警与联动控制的主要内容

联动控制的对象	控制内容
室内消火栓系统	控制消防水泵的启、停、显示消防水泵的工作状态、故障状态;显示启动泵按钮的位置
自动喷水灭火系统	控制系统的启/停;显示消防水泵的工作状态、故障状态;显示水流指示器、报警阀、安全信号阀的工作状态
管网气体灭火系统	显示系统的手动、自动工作状态;在报警、喷射各阶段,控制室应有相应的声、光警报信号,并能手动切除声响信号;在延时阶段,应自动关闭防火门、窗,停止通风空调系统,关闭有关部位防火阀;显示气体灭火系统防护区的报警、喷放及防火门(帘)、通风空调等设备的状态
泡沫灭火系统	控制泡沫泵及消防水泵的启、停;显示系统的工作状态。对干粉灭火系统的控制包括控制系统的启、停;显示系统的工作状态

续表

联动控制的对象	控制内容
常开防火门	防火门任意一侧的火灾探测器报警后,防火门自动关闭;防火门关闭信号被送到消防控制室
防火卷帘	在疏散通道上的防火卷帘两侧,设置火灾探测器组及其警报装置,且两侧设置手动控制按钮;疏散通道上的防火卷帘,在感烟探测器动作后,卷帘下降至距地(楼)面1.8 m,在感温探测器动作后,卷帘下降到底,用作防火分隔的防火卷帘,火灾探测器动作后,卷帘应下降到底;感烟、感温式火灾探测器的报警信号及防火卷帘的关闭信号应送至消防控制室
防烟、排烟设施	停止有关部位的空调送风,关闭电动防火阀,并接收其反馈信号;启动有关部位的防烟和排烟风机、排烟阀等,并接收其反馈信号;控制挡烟垂壁等防烟设施

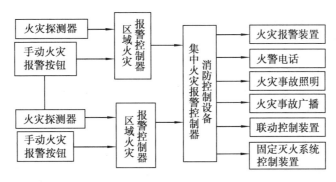

图 3.36　火灾自动报警与联动控制示意框图

3)火灾自动报警与联控系统的智能化

从前述内容可以看出,因其能够自动探测和进行系统联动,火灾自动报警与联控系统已经具有一定的"智能",系统在智能化建筑中可以独立运行,完成火灾信息的采集、处理、判断和确认并实施联动控制;还可通过网络实施远端报警及信息传递,通报火灾情况或向火警受理中心报警。这里所说的智能化主要是指对火灾探测系统(主要指火灾探测器)进行进一步的智能化改造,降低误报率,提高其报警的准确性。当前的主要手段就是将一个逻辑处理器(CPU)嵌入火灾报警器,成为"智能火灾探测器",使其能够自行对探测信号进行处理、判断,免去了主机处理大量现场信号的负担,成为分布式智能系统,使主机从容不迫地实现多种管理功能,从根本上提高系统的稳定性和可靠性。

从联网的角度看,火灾报警系统作为建筑自动化系统的一部分,在智能化建筑中,既可与安防系统、其他建筑的防火系统联网通信、向上级管理系统报警和传递信息,也可向远端城市消防中心、防灾管理中心实施远程报警和传递信息,成为城市信息网络的一部分,提升网络系统的整体智能性。

3.5 智能安防系统

3.5.1 智能安防的基本功能和组成

1) 智能防范系统的基本功能

能够实现有效可靠的安全防范,是智能化建筑的主要特点之一。当前,安全防范系统的主要功能体现在外部侵入保护、区域保护和重点目标保护3个方面。

(1) 外部侵入保护

外部侵入保护指无关人员从外部(如窗户、门、天窗和通风管道等)侵入建筑物时,报警系统立即启动发出警报信号,把罪犯排除在防卫区域之外。

(2) 区域保护

对建筑物内部某些重要区域进行保护,是安防系统提供的第二层保护,主要监视是否有人非法进入某些受限制的区域。在有人进入受限区域时,向控制中心发出报警信息,控制中心再根据情况作出相应处理。

(3) 重点目标保护

重点目标保护指对区域内的某些重点目标进行保护,这是安防系统提供的第三层保护,通常设置在特别重要的,需加强保卫的场所,如档案室、保险柜、重要文物保管室、控制室和计算中心机房等。

总之,智能安防系统最好在罪犯有侵入的意图和动作时便及时发出信号,以便尽快采取措施。当罪犯侵入防范区域时,保安人员应当通过安全防范系统了解他的活动;当罪犯犯罪时,安全防范系统的最后防线要马上起作用。如果所有的防范措施都失败,安全防范系统还应有事件发生前后的信息记录,以便帮助有关人员对犯罪经过进行分析。

2) 安全防范系统的基本组成

智能化建筑的安全防范系统通常有以下4个子系统:

(1) 出入口控制系统

出入口控制系统就是对建筑内外正常的出入通道进行管理。该系统可以控制人员的出入,还能控制人员在楼内及其相关区域的活动。

(2) 防盗报警系统

防盗报警系统是用探测装置对建筑内外重要地点和区域进行布防。它可以探测非法侵入,并且在探测到有非法侵入时,及时向有关人员示警。一旦有报警便记录入侵的时间、地点,同时向监视系统发出信号,录下现场情况。

(3) 闭路电视监控系统

在重要的场所安装摄像机,它为保安人员提供了利用眼睛直接监视建筑内外情况的手段,使保安人员在控制中心便可以监视整个建筑内外的情况。从而大大加强了保安的效果。监视系统除起到正常的监视作用外,在接到报警系统和出入口控制系统的示警信号后,还可以进行实时录像,录下报警时的现场情况,以供事后重放分析。

(4)保安人员巡更系统

保安人员巡更系统是保安人员在规定的巡逻路线上,在指定的时间和地点向中央监控站发回信号以表示正常。如果在指定的时间内,信号没有发到中央控制站,或不按规定的次序出现信号,系统将认为异常。有巡更以后,如果巡逻人员出现问题,如被困或被杀,会很快被发现,从而增加了建筑的安全性。

这4个子系统,既可独立工作,也可通过计算机网络系统相互通信和协调,形成一个系统整体。

3.5.2 闭路电视监控系统

闭路电视监控系统的主要功能是辅助安全防范系统对建筑物内的现场实况进行监视。它使管理人员在控制室中能观察到建筑物内所有重要地点的情况,是安全防范系统中的一个重要组成部分。随着近年来计算机、多媒体技术的发展,在智能建筑领域中,模型矩阵控制系统将逐渐被多数字视频监控系统取代。

对闭路电视监控系统的基本要求如下:

①应根据保护目标及监视的具体要求,对建筑物的重要场所、通道、电梯轿厢、车库以及人流集中的厅、堂安装摄像机。

②监视的图像显示应能自动和手动切换,画面上应有摄像机编号、监控日期和时间等显示。

③对所设定的一些重要目标的监控应能与防盗防入侵报警联动,并能根据需要对现场图像进行监视器显示及自动录像切换。

④能对重要或要害部门及其设施的状况进行长时间录像。

1)闭路电视监控系统的组成与特点

闭路电视监控系统根据其使用环境、使用部门和系统的功能而具有不同的组成方式,无论系统规模的大小和功能的多少,一般监控电视系统由摄像、传输、控制、图像处理和显示4个部分组成,如图3.37所示。

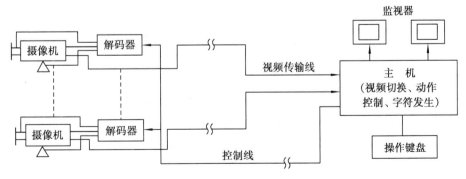

图3.37 闭路电视监控系统的组成

（1）摄像部分

摄像部分的作用是把系统所监视的目标，即把被摄物体的光、声信号变成电信号，然后送入系统的传输分配部分进行传送。摄像部分的核心是电视摄像机，是光电信号转换的主体设备，是整个系统的眼睛。摄像机的种类很多，不同的系统可根据不同的使用目的选择不同的摄像机以及镜头、滤色片等。

（2）传输部分

传输部分的作用是将摄像机输出的视频（有时包括音频）信号反馈到中心机房或其他监视点。控制中心控制信号同样通过传输部分送到现场，以控制现场的云台和摄像机工作。

传输方式有两种，即有线传输和无线传输。

近距离系统的传输一般采用以视频信号本身的所谓基带传输，有时也采用试制成载波传送。采用光缆为传输介质的系统为光通信方式传送。传输分配部分主要有：

①馈线。传输馈线有同轴电缆（以及多芯电缆）、平衡式电缆、光缆。

②视频电缆补偿器。在长距离传输中，对长距离传输造成的视频信号损耗进行补偿放大，以保证信号的长距离传输而不影响图像质量。

③视频放大器。主要用于系统的干线上，当传输距离较远时，对视频信号进行放大，以补偿传输过程中的信号衰减。具有双向传输功能的系统，必须采用双向放大器，这种双向放大器可同时对下行和上行信号给予补偿放大。

根据需要，视频（有时包括音频）信号和控制信号也可调制成微波，开路发送。

（3）控制部分

控制部分的作用是在中心机房通过有关设备对系统的现场设备（摄像机、云台、灯光、防护罩等）进行远距离遥控。控制部分的主要设备有：

①集中控制器。一般装在中心机房、调度室或某些监视点上。使用控制器再配合一些辅助设备，可以对摄像机工作状态，如电源的接通、关断、光圈大小、远距离、近距离（广角）变焦等进行遥控。对云台控制，输出交流电压至云台，以此驱动云台内电机转动，从而完成云台水平旋转、垂直俯仰旋转。

②微机控制器。它是一种较先进的多功能控制器，它采用微处理机技术，其稳定性和可靠性好。微机控制器与相应的解码器、云台控制器、视频切换器等设备配套使用，可以较方便地组成一级或二级控制，并留有功能扩展接口。

（4）图像处理与显示部分

图像处理是指对系统传输的图像信号进行切换、记录、重放、加工和复制等功能。显示部分则是使用监视器进行图像重放，有时还采用投影电视来显示其图像信号。图像处理和显示部分的主要设备有：

①视频切换器。它能对多路视频信号进行自动或手动切换，输出相应的视频信号，使一个监视器能监视多台摄像机信号。根据需要，在输出的视频信号上添加字符、时间等。

②监视器和录像机。监视器的作用是把送来的摄像机信号重现成图像。系统中一般需配备录像机，尤其在大型的安全防范系统中，录像系统还应具备以下功能：在进行监视的同时，可根据需要定时记录监视目标的图像或数据，以便存档；根据对视频信号的分析或在其他指令控制下，能自动启动录像机，如设有伴音系统时，应能同时启动。系统应设有时标装置，以便在录

像带上打上相应时标,将事故情况或预先选定的情况准确无误地录制下来,以备分析处理。

2)闭路监控系统的现场设备

在系统中,摄像机处于系统的最前端,它将被摄物体的光图像转变为电信号——视频信号,为系统提供信号源。因此,它是系统中最重要的设备之一。

(1)摄像机

摄像机的种类很多,从不同的角度可分为不同类型。按颜色划分为有彩色摄像机和黑白摄像机两种;按工作照度分为普通照度摄像机、低照度摄像机和红外摄像机,红外摄像机用于黑暗环境,但需要在被监控区域装设红外光源;按摄像器件的类型划分有电真空摄像器件(即摄像管)和固体摄像器件(如 CCD,MO)两大类。电视监控系统中的摄像机通常选用 CCD 摄像器件。

从摄像机的性能指标来看,电视监控系统所使用的摄像机水平清晰度宜在 1 200 线以上。摄像机的最低照度(或灵敏度)应达 0.01 lx。监控摄像机信噪比(图像信号与其噪声信号之比,越高越好)应高于 46 dB。

摄像机可采用多种镜头。使用定焦距(固定)镜头者,通常用于监视固定场所。使用变焦距镜头者,用于光照度经常变化的场所,还可对所监视场所的视场角及目的物进行变焦距摄取图像,使用方便、灵活,适合远距离观察和摄取目标,主要用于监视移动物体。还有一种针孔镜头,主要用于电梯轿厢等处的隐蔽监视。

(2)云台和防护罩

云台是安装、固定摄像机的支撑设备,分为手动和电动两种。手动云台又称为支架或半固定支架,一般由螺栓固定在支撑物上,摄像机方向的调节有一定的范围,调整方向时可松开方向调节螺栓进行,将调好后旋紧螺栓,摄像机的方向就固定下来。电动云台内多装两台电动机,一个负责水平方向的转动,另一个负责垂直方向的转动,承载摄像机进行水平和垂直两个方向的转动。电动云台可以调整的摄像机水平回转角度为 0° ~ 350°(有些特殊产品为 0° ~ 360°),垂直回转角度为-45° ~ 45°,水平旋转速度为 3°/s ~ 12°/s,垂直旋转速度为 4°/s 左右。

摄像机防护罩按其功能和使用环境可分为室内型防护罩、室外型防护罩、特殊型防护罩。室内型防护罩的要求比较简单,其主要功能是保护摄像机,能防尘,能通风,有防盗、防破坏功能。有时也考虑隐蔽作用,让人不易察觉。室外防护罩比室内防护罩要求高,其主要功能有防尘、防晒、防雨、防冻、防结露、防雪和通风。多配有温度继电器,在温度高时将自动打开风扇冷却,低时自动加热。下雨时可以控制雨刷器刷雨。

(3)解码器

解码器完成对上述摄像机镜头,全方位云台的总线控制。当摄像机与控制台距离比较近时(一般不超过 100 m),可用直接控制方式来操作摄像机,这时用 13 芯电缆将动作指令传到摄像机处。当摄像机与控制台之间的距离超过 100 m 时,则采用总线编码方式来操作摄像机,一个摄像机的电动云台和镜头配备一个解码器,主要是将控制器发出的串行数据控制代码转换成控制电压,从而能正确自如地操作摄像机的电动云台和镜头。目前,它适用于控制距离较远的、电动云台和变焦镜头较多的场合。控制电缆已由 13 芯改为 2 芯。

3) 控制中心控制设备与监视设备

（1）视频信号分配器

视频信号分配器是将一路视频信号（或附加音频）分成多路信号，即它可以将一台摄像机送出的视频信号供给多台监视器或其他终端设备使用。

（2）视频切换器

为了使一个监视器能监视多台摄像机信号，需要采用视频切换器。切换器除了具有扩大监视范围，节省监视器的作用外，有时还可用来产生特技效果，如图像混合、分割画面、特技图案、叠加字幕等处理。

（3）视频矩阵主机

视频矩阵主机是电视监控系统中的核心设备，对系统内各设备的控制均是从这里发出和控制的，视频矩阵主机功能主要有视频分配放大、视频切换、时间地址符号发生、专用电源等。有的视频矩阵主机，采用多媒体计算机作为主体控制设备。

在闭路监控系统中，视频矩阵切换主机的主要作用有监视器能够任意显示多个摄像机摄取的图像信号；单个摄像机摄取的图像可同时送到多台监视器上显示；可通过主机发出的串行控制数据代码，去控制云台、摄像机镜头等现场设备。有的视频矩阵主机还设有报警输入接口，可以接收报警探测器发出的报警信号，并能通过报警输出接口去控制相关设备，可同时处理多路控制指令，供多个使用者同时使用系统。

智能建筑一般使用大规模矩阵切换主机，又称为可变容量矩阵切换主机。这类矩阵切换主机的规模一般都较大，且充分考虑了其矩阵规模的可扩展性。在以后的使用中，用户根据不同时期的需要可随意扩展。常用的 128×32（128 路视频输入、32 路视频输出）、$1\,024 \times 64$（1 024路视频输入、64 路视频输出）均属于大规模矩阵切换主机，系统扩展方便。

（4）多画面处理器

多画面处理器有单工、双工和全双工类型之分，全双工多画面处理器是常用的画面处理器。全双工型可以连接两台监视器和录像机，其中一台用于录像作业，另一台用于录像带回放。这样就同时具有录像和回放功能，等效于一机两用，适用于金融机构这类要求录像不能停止的重要场合。画面处理器按输入的摄像机路由，并同时能在一台监视器上显示的特点，分为4 画面处理器、9 画面处理器、16 画面处理器等。

（5）硬盘录像机

以视频矩阵、画面处理器、长时间录像机为代表的模拟闭路监控系统，采用录像带作为存储介质、以手动和自动相结合的方式实现现场监控。这种传统方法常有回放图像质量不能令人满意、远距离传输质量下降较大、搜索（检索）不易、不便操作管理、影像不能进行处理等缺陷。

硬盘录像机用计算机取代了原来模拟式闭路电视监视系统的视频矩阵主机、画面处理器、长时间录像机等设备。它把模拟的图像转化成数字信号，因此也称数字录像机。它以 MPEG 图像压缩技术实时储存于计算机硬盘中，检索图像方便快速，可连续录像几十天。

硬盘录像机通过串行通信接口连接现场解码器，可以对云台、摄像机镜头及防护罩进行远距离控制，还可存储报警信号前后的画面。计算机系统可以方便地自动识别每帧图像的差别，利用这一点可以实现自动报警功能。例如,在被监视的画面之中设立自动报警区域(如建筑物的某一区域、窗户、门等),当自动报警区域的画面发生变化时(如有人进入自动报警区域),数字监控录像机自动报警,拨通预先设置的电话号码,报警的时间将自动记录下来。报警区域的图像被自动保存到硬盘中。

(6)监视器

监视器是闭路监控系统的终端显示设备,用来重现被摄图像,最直观反映了系统质量的优劣。闭路监控系统常用 A+级液晶屏,具有高亮度、高色域、高对比度,16.7 M 色彩,低于 7 ms 的显示响应时间。监视器的输入信号(峰-峰值)为 0.5~2.0 V 复合视频信号,输入阻抗为 75 Ω/高阻(可切换)。屏幕尺寸可根据需要在 34~51 cm 范围内选择。采用全金属机壳和 VESA 标准,使用寿命一般在 60 000 h 以上。

4)数字视频监控系统

数字视频监视系统是将拍摄到的图像信息转换成数字信息存储在计算机硬盘中的系统,由摄像头和一台高配置的计算机组成,录像时间最长达半年之久,并具有定时录像、网上监控、防盗报警和微机兼用等辅助功能,使它成为传统视频监控系统的换代产品。数字视频监视系统由视频控制系统、监控管理器、数字记录系统及局域网组成,如图 3.38 所示。从图中还可见到,它可以通过 MODEN 连入 Internet,实现闭路监控的远程控制。

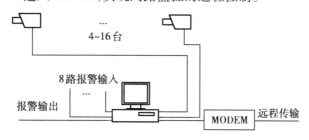

图 3.38 数字视频监控系统

一般系统可设置 1 台系统主控制器和多至 15 台系统分控制器、240 台摄像机和 64 台监视器。在系统主控制器不工作时,分控制器能按优先级别自动接替主控制器的系统通信管理工作,使系统继续正常工作,保证系统的可靠运行。现场编程功能可灵活设置系统工程的规模、各分控制器的控制操作范围、报警后联动动作等,使系统符合用户的要求。现场摄像机的云台控制具有自动线扫、面扫、定点寻位功能,为操作员快速寻找重点监视部位提供强有力的手段,并具有报警后自动开机和自动寻找预定监视部位的功能。

数字视频监控系统采用多媒体技术,还可以将 CCD 摄像机作为报警探头。摄像机将获取的视频信号传输到主机,主机里中高速图像处理器将对视频信号进行数字化处理,并对视频信号形成的图像与背景图像进行分析比较。若监视区域有移动目标时,图像信号就会发生变化,这种变化超过一定标准时,主机就会自动报警;同时,主机自动采集报警图像并存入计算机,事后可根据时间、地点随时查阅报警现场的图像,以了解报警原因。这样,闭路监控系统就与报警合二为一,实现了监视、报警与图像记录的同步进行,且这种系统把所有报警记录都储存在计算机硬盘中,屏幕上的软件对所有操作都有提示,使用十分方便。

3.5.3　防盗报警系统

防盗报警系统通常由探测器、信号传输通道和控制器组成。最基本的防盗报警系统则由设置在现场警戒范围的入侵探测器与报警控制器组成。典型系统的组成如图 3.39 所示。

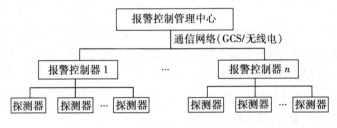

图 3.39　入侵防盗报警系统的基本组成

1)入侵探测器

入侵探测器是由传感器和信号处理器组成的,用来探测入侵者入侵行为的机电装置。入侵报警探测器需要防范入侵的地方,可以是某些特定部位,如门、窗、柜台、展览厅的展柜;或是条线,如边防线、警戒线、边界线;有时要求防范某个面,如仓库、重要建筑物的周界围网(铁丝网或围墙);有时又要求防范的是某个空间,如档案室、资料室、武器室、珍贵物品的展厅等,它不允许入侵者进入其空间的任何地方。因此,入侵探测器可分为点型入侵探测器、直线型入侵探测器、面型入侵探测器和空间型入侵探测器。

①点型入侵探测器警戒的仅是某一点,如门窗、柜台、保险柜。当这一监控点出现危险情况时,即发出报警信号,通常由微动开关方式或磁控开关方式报警控制。

②线型入侵探测器警戒的是一条线。当这条警戒线上出现危险情况时,发出报警信号。例如,光电报警器或激光报警器,先由光源或激光器发出一束光或激光,被接收器接收,当光和激光被遮断,报警器即发出报警信号。

③面型入侵探测器警戒范围为一个面。当警戒面上出现危害时,立即发出报警信号,如震动报警器装在一面墙上;当墙面上任何一点受到震动时,也会立即发出报警信号。

④空间型入侵探测器警戒的范围是一个空间的任一处出现入侵危害时,立即发出报警信号。例如,在微波多普勒报警器所警戒的空间内,入侵者从门窗、天花板或地板的任何一处进入都会产生报警信号。

入侵探测器应有防拆、防破坏等保护功能。当入侵者企图拆开外壳或信号传输线断路、短路或接其他负载时,探测器能自动报警。还应有较强的抗干扰能力。在探测范围内,任何小动物或长 150 mm,直径为 30 mm 具有与小动物类似的红外辐射特性的圆筒大小物体都不应使探测器产生报警;在建筑环境内常见的声、光、气流、电火花等干扰下,不会产生误报。

入侵探测器通常由传感器和前置信号处理电路两部分组成。根据不同的防范场所,选用不同的信号传感器,如气压、温度、振动、幅度传感器等,来探测和预报各种危险情况。安防市场上的入侵报警探测器有主动红外入侵探测器、被动红外入侵探测器、微波入侵探测器、微波和被动红外双鉴式入侵探测器、超声波入侵探测器、振动入侵探测器等。传感器产生的电信号,经前置信号处理电路处理后变成信道中传输的电信号(探测电信号),通过通信网络,传送到报警控制器。

目前,常用的入侵探测器有:

①门磁开关。安装在单元的大门、阳台门和窗户上。当有人破坏单元的大门或窗户时,门磁开关立即将这些动作信号传输给报警控制器进行报警。

②玻璃破碎探测器。主要用于周边防护,安装在单元窗户和玻璃门附近的墙上或天花板上。当窗户或阳台门的玻璃被打碎时,玻璃破碎探测器探测到玻璃破碎的声音后立即将探测到的信号传给报警控制器进行报警。

③红外探测器和红外/微波双鉴器。用于区域防护,通常安装在重要的房间和主要通道的墙上或天花板上。当有人非法侵入后,红外探测器通过探测到人体的温度来确定有人非法侵入,红外/微波双鉴器探测到人体的温度和移动来确定有人非法侵入,并将探测到的信号传输给报警控制器进行报警。管理人员也可通过程序来设定红外探测器和红外/微波双鉴器的等级和灵敏度。

④震动电磁传感器。用于目标防护,能探测出物体的震动,将其固定在地面或保险柜上,就能探测出入侵者走动或撬保险柜的动作,也可通过紧急呼救按钮和脚跳开关实现人工报警。这些开关或按钮,主要安装在人员流动比较多的位置,以便在遇到意外情况时可按下按钮/踩动开关向保安部门进行呼救报警。

2)信号传输信道

信号传输信道种类极多,通常分有线信道和无线信道。有线信道常用双绞线、电力线、电话线、电缆或光缆传输探测电信号,可以利用综合布线;而无线信道则是将控测电信号调制到规定的无线电频段上,用无线电波传输探测电信号(这种方式多在特殊情况下使用)。

3)报警控制器

控制器通常由信号处理器和报警装置组成。由有线或无线信道送来的探测电信号经信号处理器作深入处理,以判断“有”或“无”危险信号,若有危险,控制器就控制报警装置,发出声光报警信号,提示值班人员采取相应的措施,或直接向公安、保卫部门发出报警信号。其主要功能,如图3.40所示。

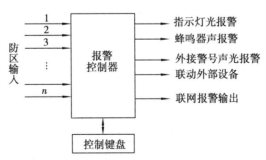

图 3.40　报警控制器的主要功能

报警控制器有两种,即集中报警控制器(即报警控制管理中心)和区域报警控制器。集中报警控制器通常设置在安保人员工作的地方,与计算机网络相连,可随时监控各子系统的工作状态;区域控制器则通常安装在各单元大门内附近的墙上,以便管理人员在出入单元时进行设防(包括全布防和半布防)和撤防的设置。

3.5.4 出入口控制系统

出入口控制系统也称为门禁管理系统。它对建筑物正常的出入通道进行管理,控制人员出入,控制人员在楼内或相关区域的行动,其基本结构如图3.41所示。

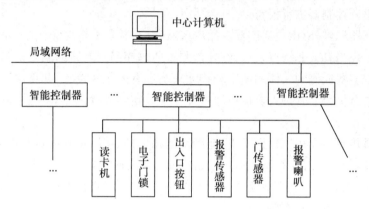

图3.41 出入口控制系统的基本结构

通常,实现出入口控制的方式"从宽到严"有以下递进方式:

(1)安装门磁开关

在办公室门、通道门、营业大厅门等通行门处安装门磁开关,了解门的通行状态。当通行门开/关时,安装在门上的门磁开关会向系统控制中心发出该门开/关的状态信号,同时,系统控制中心将该门开/关的时间、状态、门地址等信息记录在计算机硬盘中。另外,可通过时间诱发程序命令,设定某一时间区间内(如上班时间),被监视的门无须向系统管理中心报告其开关状态;而在其他的时间区间(如下班时间),被监视的门开/关时,向系统管理中心报警,同时记录。

(2)增设电动门锁监视和控制门

楼梯间通道门、防火门等需要监视和控制,除了安装门磁开关,还需增设电动门锁。系统管理中心可监视这些门的状态,还可直接控制这些门的开启和关闭。可以利用时间诱发程序命令,设某一通道门在一个时间区间(如上班时间)内处于开启状态,在其他时间(如下班时间以后)处于闭锁状态,或利用事件诱发程序命令,在出现火警等紧急情况时,联动门开启或关闭。

(3)增设读卡机和生物特征识别系统

在需要监视、控制和身份识别的门或有通道门的高保安区(如金库门、主要设备控制中心机房、计算机房、配电房等),除了安装门磁开关、电控锁之外,还需安装卡识别器、密码键盘、指纹识别机、虹膜识别器、人活体面部识别等出入口控制装置进行身份控制;由中心控制室监控,采用计算机多重任务处理,对各通道的位置、通行对象及通行时间等进行实时控制或设定程序控制,并将所有的活动记录下来,可随时查阅重点区域人员的进出情况和身份。

3.5.5 安保人员巡更系统

巡更系统是一种人防和技防相结合的防护系统。它既可以用计算机组成一个独立的系统,也可纳入整个监控系统。对于智能化建筑而言,巡更系统应与其他子系统通过网络合并,组成一个完整的智能安全防范系统。

巡更系统的主要功能:

①可按巡更点编制出巡更程序,输入计算机。巡更员应按巡更程序所规定的路线和时间到达指定的巡更点,不能迟到,更不能绕道。

②对巡更人员自身的安全要充分保护。通常在巡更的路线上安装巡更点匙控开关或巡更信号箱,巡更人员要在规定的时间内到达指定的巡更点,通过按下巡更信号箱上的按钮或将巡更IC卡插入巡更IC读卡机向系统监控中心发出"巡更到位"的信号,系统监控中心同时记录下巡更人员到位的时间、巡更点编号等信息。如果在规定的时间内,指定的巡更点未发出"到位"信号,该巡更点将发出报警信号;如果未按顺序按下巡更按钮或插入巡更IC卡,未巡视的巡更点也会发出未巡视状态信号,中断巡更程序并记录在系统监控中心,同时发出警报。此时,相关部门应立即派人前往处理。

巡更管理系统的结构分为现场控制器、监控中心、巡更点匙控开关。一般可分为有线巡更和离线巡更两种类型。这两种系统并无太大的区别,只是有线巡更系统可以给巡更人员一种实时的保护。图3.42是一种巡更系统的巡更记录示例。

1)离线电子巡更系统

离线电子巡更系统由信息钮、巡更棒、通信座和计算机及管理软件组成。

系统先将信息钮安装在小区重要部位(需要巡检的地方),然后保安人员根据要求的时间、沿指定路线巡逻,用巡更棒逐个阅读沿路的信息钮,记录信息钮数据及巡更员到达日期、时间、地点等相关信息。保安人员巡逻结束后,将巡更棒通过通信座与微机连接,将巡更棒中的数据输送到计算机中,利用计算机进行统计考核。巡更棒在数据输送完毕后自动清零,以备下次使用。整个统计过程在几分钟内完成,方便、准确。管理人员可随时查询各项报表,掌握第一手资料;也可以按月、季度、年度等方式查询,有效评估保安员的工作情况。

2)有线巡更系统

有线巡更系统是将读卡器或其他数据识读器安装在小区重要部位(需要巡检的地方),再用总线连接到控制中心的计算机主机上。保安人员根据要求的时间、沿指定路线巡逻,用数据卡或信息钮在读卡器或其他数据识读器识读,保安人员到达日期、时间、地点等相关信息实时传到控制中心计算机中,计算机可记录、存储所有数据。管理人员可随时查询巡更记录,掌握第一手资料。按月、季度、年度等查询方式可有效地评估保安员的工作。系统能实时读取保安人员的巡更记录,并对保安人员实施保护。

现在常把电子巡更系统和门禁管理系统结合在一起。利用现有门禁系统的读卡器实现巡更信号的实时输入,门禁系统的门禁读卡模块实时地将巡更信号传到门禁控制中心的计算机,通过巡更系统软件就可解读巡更数据。它既能实现巡更功能,又节省造价,此系统通常用在有读卡器的单元门主机的系统里。

有线巡更系统采用总线制连接方式,主控室能实时监控巡更人员的巡更路线,并记录巡更情况。系统软件可将巡更人员、巡更点、巡逻路线和报警事件等打印报表,以供管理人员查询。系统对巡更点进行实时检测,对于漏检点及提前或未按时到达指定巡更点的事件自动产生报警;同时,可设定和更改巡更路线,还可同时管理多条巡更路线上的巡更人员。

××数码　　巡更管理系统　　×××××发展有限公司

人员考核报表——含不合格记录

线路:办公楼巡逻　　　　类型:计划内

人员:张三　　　　日期:2020-12-26　　00:00　　到　　2020-12-26　　23:59

①	按线路统计(次数)	计划巡线	实际巡线	整线漏检	巡线不完整	超时/过短	合格	合格率
		6	6	0	0	2/0	4	66.7%

②	按地点统计(点数)	应检点数	实际巡点	漏检点	超时点	事件	合格点	合格率
		36	36	0	7	5	36	100%

	地点/线路	结果	巡检时间段	到达时间
	二楼	超时点	2020-12-26 09:00-09:20	2020-12-26 9:21:00
	天台	超时点	2020-12-26 09:00-09:20	2020-12-26 9:23:00
	大门	超时点	2020-12-26 09:00-09:20	2020-12-26 9:24:00
	停车场	超时点	2020-12-26 09:00-09:20	2020-12-26 9:25:00
	天台	超时点	2020-12-26 10:00-10:20	2020-12-26 10:24:00
	大门	超时点	2020-12-26 10:00-10:20	2020-12-26 10:24:00
③	停车场	超时点	2020-12-26 10:00-10:20	2020-12-26 10:27:00

线路:办公楼巡逻　　　　类型:计划内

人员:李四　　　　日期:2020-12-26　　00:00　　到　　2020-12-26　　23:59

④	按线路统计(次数)	计划巡线	实际巡线	整线漏检	巡线不完整	超时/过短	合格	合格率
		1	1	0	1	0/0	0	0%

⑤	按地点统计(点数)	应检点数	实际巡点	漏检点	超时点	事件	合格点	合格率
		6	5	1	0	0	5	83.3%

	地点/线路	结果	巡检时间段	到达时间
⑥	大门	漏检点	2020-12-26 09:30-09:50	

2020-12-26　　　　　　　　　　1/1

说明①②③④⑤⑥:

①张三在计划时间段内总共巡线6次,其中两次超过计划时间,4次合格,合格率66.7%。

②张三在计划时间段内总共巡点36个,其中超时点7个,事件点5个,合格点36个。

③张三在巡逻停车场这个地点时间超过计划时间。计划时间是10:00—10:20,实际巡点时间是10:27。

④李四在计划时间内总共巡线1次,其中不完整1次。

⑤李四在计划时间内应巡点6个,实际巡点5个,1个漏检。

⑥大门这个点是李四的漏检点。

图 3.42　某巡更系统巡更记录

3)云巡更系统

随着大数据技术的发展,云巡更系统应运而生。较上述传统的电子巡更系统而言,云巡更系统摆脱了对 PC 机的依赖,无须通信座传输数据,每个巡更点采集到的信息都被及时上传云存储中心,安保人员使用的巡更棒可随时传递信息。App 推送功能可以使用户随时随地接收、查阅报表,开启了利用手机、平板、PC 机等多媒体终端查询管理的"互联网+"时代。

云巡更系统结构示意如图 3.43 所示,由云巡更平台、巡更终端、巡更点、人员卡等组成。

①云巡棒(巡更终端):采用 LCD 显示屏,可显示巡逻地点名称、具有感应读卡、实时地名显示、巡检显示、GPRS 实时传输、巡逻导航等功能。

②云巡点:是在巡更路线上的重要位置,如楼梯口或楼梯前室、自动扶梯口、电梯厅、重要设备房附近、地下车库等处设置的巡更按钮,一个巡点代表一个地点,具体由物业管理部门确定。

③人员卡:巡更人员每人一个,用于识别巡更人员身份。

④云巡事件簿:指预先在系统中设置好的巡更事件,然后在巡更过程中确定的即时事件。

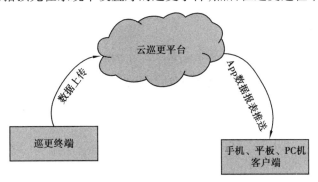

图 3.43　云巡更系统结构示意

⑤云巡更系统的工作流程:巡更人员巡逻前需要用巡更终端读取一下代表自己身份的人员卡,然后按照线路顺序读取巡更点。巡更完毕之后巡更人员通过巡更终端直接上传信息,用户可通过手机、平板或 PC 机等多媒体设备随时接收并查阅报表。

云巡更系统改变了传统以销售硬件巡更产品为目的的营销模式,专业提供巡更运营服务为目标,终端用户不用再为购置成本、建设、维护等工作而担心。不仅可以实现实时查询和沟通,还可以实现多副本策略、密钥策略、数据差异性保存,有效解除数据安全隐患。

3.5.6　对讲系统

对讲系统主要应用于智能化建筑的门岗管理,可分为普通对讲和可视对讲两种系统。在智能楼宇中,对讲系统是管理中心或来访者与用户直接通话的一种快捷的通信方式。

该对讲系统安装摄像机后,能实现可视对讲。可视对讲系统安装在入口,当有客人来访时,按下室外机按钮,室内机的电视屏幕上即会显示出来访者和室外情况,按下室内机,即可与来访者通话。在无人呼叫时,按下室内机的监视键,可主动监视外部。如果配备电子门锁,只要按下室内机的开门键。大门上的电子锁即会自动打开和关闭,可供值班人员夜间出入。如果将楼宇访客、出入口控制、防盗报警、周界防范等安全防范系统有机地结合在一起,就成为智能化综合对讲系统。

1)智能对讲系统的特点

智能对讲系统的特点包括系统联网、访客控制、呼叫管理、信息记录、连接探头、报警联动、户户通话、分级管理、系统扩展、视频导出、电梯控制等。其中,连接探头、报警联动、视频导出、电梯控制成为对讲系统智能化标志。

连接探头、报警联动是指系统能够连接各种烟雾、瓦斯、门磁、玻璃破碎、红外等报警探头,探头一旦触发,信号即刻传送至管理机进行处理,完全符合现代安全防范整体技术要求。在探头报警的同时,系统可启动灯光、声响及各种类型的电控机械等联动设备,对报警进行及时的处理。视频导出是将可视门口机的视频信号引入监控系统中进行实时监控,增加监控范围,极大地提高了摄像头的利用率。通过选用专用报警输入端,并对其合理编设,经与电梯控制部分连接后,可对大楼电梯的运行进行控制。在高效利用电梯的同时,还可对电梯停靠的楼层实时控制,既保障了住户的安全,又方便住户和访客的日常使用。

2)对讲系统的线路

目前,对讲系统的线路根据设备的不同有下列四种形式。

①多芯线和视频线。其中,视频线为单独设置的 75 Ω 同轴电缆,多芯线可采用截面积为 0.4 mm^2 以上的导线。

②基于有线电视网络。它采用有线电视网络的同轴电缆。

③基于以太网。它采用双绞线。

④基于无线网络。

目前,已出现一种可视对讲、室内安全防范、远程自动抄表和电子巡更综合系统。它利用有线电视调制的方式传送图像、语音和控制信号,即把图像、语音及数据信号调制到一个空闲的有线电视频道上,语音、数据信号只占用 5 kHz 左右带宽,特别适合高层建筑的可视对讲、室内安全防范及远程自动抄表工作。该系统还可使用电视机作为可视对讲终端,进一步降低系统造价。

3.5.7 其他安防系统

1)故障检测与诊断系统

数据驱动技术可以用于预测控制系统的行为,因此可以用该类技术检测诸如暖通空调系统的组件是否发生故障、发生何种故障以及偏离预期操作运行的时间。故障检测和诊断技术(fault detection and diagnostics,FDD)是为了满足监控系统而发展起来的。为了保障实际系统的牢靠性、可修理性和安全性建立的一个监控系统来监督整个掌握系统的运行状态,实时检测系统变化和故障信息,采取有效措施,防止发生灾难性事故。利用检测得到的建筑内设备运行数据,可构建基于定量模型(详细的物理模型)和基于定性模型(专家—设计的规则)。当详细模型不可用时,灰盒或黑盒方法可能更有效。数据驱动技术依靠各种统计和机器学习技术,使用包括主成分分析、人工神经网络、支持向量机等来检测相关变量之间的异常分歧,利用训练集中的故障分类、历史数据和模糊分析,判断系统组件故障。

2)气体泄漏检测系统

建筑及基础设施中常有压缩天然气、液化石油气提供给用户使用。通过传感器可快速发现气体泄漏并启动自动报警系统,也有建筑使用可见光摄像头、红外温度传感器、导航无人机等设备将其链接到中央服务器的数据库,实时共享数据给用户,一旦发生异常将立即报警。对于阴燃火灾,CO探测器较之于烟雾探测器更加灵敏;处理温度探测器的温度数据,判断是否有异常温升同样较之于烟雾探测器更加准确。

除了设备外,算法也可辅助识别气体泄漏并发出警报。决策树分析、基于规则的模糊分析、神经网络分析、主成分分析、概率神经网络分析等常用于此。

3)地震探测及结构预警系统

武汉某小区是一个以防震减灾系统为特色的智慧社区,该小区的防震减灾系统运行图如图3.44所示,该套系统能为小区居民提供地震预警。系统采用实时在线风险评估,可判断地震发生后对房屋的影响,是否需要后续加固房屋。

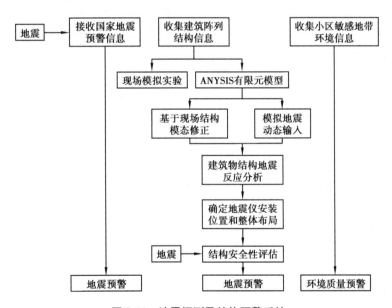

图3.44 地震探测及结构预警系统

4)建筑结构扭曲/破坏预警系统

我国大规模基础建设的浪潮已渐渐消退,各种结构物都开始进入长期的运营使用阶段。但是,在各种不确定外力加载(如风、地震、基础沉陷等)下,以及经济发展的需求,致使各种结构物超载疲劳运营现象较为普遍。建设前期的设计、施工并不能确定结构物是否正常运营,必将需要一种更实时、快捷的方式对运营状态进行全面的精细化监测,尤其是对已经服役多年的老旧结构物,建筑结构扭曲/破坏预警系统由此而出现。它通过在建筑结构构件内部埋设压力传感器、光纤传感器等感知设备,探测建筑结构构件所受到的压力及形变等,通过数据通信模组把有关监测参数传输到中央控制系统,实现实时探测和预警功能。

建筑结构扭曲/破坏预警系统的关键在于埋在结构构件内部的数据通信模组,它必须具备穿透性强和低功耗特点,是一个低频低功耗射频模块。国内现有结构通信模组已经达到通信距离 8 km、休眠电流 5 μA 的水平,模块尺寸仅 2~3 cm,质量不足 10 g,能够支持空中唤醒、FEC 前向纠错、透明传输、定点传输、广播传输、窄带传输技术、深度休眠、看门狗等功能。

3.6　广播系统

智能化建筑的广播系统基本上归纳为 3 种:一是公共广播系统(Public Address System,PAS),属于有线广播,包括背景音乐和紧急广播功能,平时播放背景音乐或其他节目,若在工厂、学校实现定时打铃,出现火灾等紧急事故时,转换为报警广播。这种系统中的广播用的话筒与向公众广播的扬声器一般不处于同一房间内,无声反馈的问题,多采用定压式传输方式;二是厅堂扩声系统,这种系统使用专业音响设备,要求有大功率的扬声器系统和功放,系统一般采用低阻直接传输方式,以避免传声器与扬声器同处一室引发的声反馈甚至啸叫;三是专用的会议系统,它是一种具有特殊功能的扩声系统,如同声传译系统等。

公共广播系统一般要求联网,以接受火灾报警器等的联动控制,其他两种一般独立使用。

3.6.1　广播系统的组成

广播音响系统分为 4 个部分:节目源设备、信号的放大和处理设备、传输线路和扬声器系统。回声消除和噪声抑制是设计广播系统时特别注意的功能。

(1)节目源设备

节目源通常为无线电广播、激光唱机和硬盘等设备提供,此外还有传声器、电子乐器等。

(2)信号放大和处理设备

信号放大和处理设备包括调音台、前置放大器、功率放大器和各种控制器及音响加工设备等。这部分设备的首要任务是信号放大,其次是信号的选择。调音台和前置放大器的作用与地位相似(调音台的功能和性能指标更高)。它们的基本功能是完成信号的选择和前置放大,并对音量和音响效果进行各种调整和控制。有时为了更好地进行频率均衡和音色美化,还另外单独投入均衡器。这部分是整个广播音响系统的"控制中心";功率放大器则将前置放大器或调音台送来的信号进行功率放大,再通过传输线去驱动扬声器放声。

(3)传输线路

传输线路虽然简单,但随着系统和传输方式的不同而有不同的要求。对礼堂、剧场等,由于功率放大器与扬声器的距离不远,一般采用低阻、大电流的直接馈送方式;传输线要求用专用喇叭线,而对公共广播系统,由于服务区域广、距离长,为了减少传输线路引起的损耗,经常采用高压传输方式,对传输线要求不高。

(4)扬声器系统

扬声器系统要求整个系统匹配,同时其位置的选择也需切合实际。礼堂、剧场和歌舞厅音色与音质的要求高,扬声器一般采用大功率音响;而公共广播系统采用 3~6 W 天花喇叭即可满足要求。

3.6.2　背景音乐广播的特点

背景音乐(Back Ground Music,BGM),是一种掩盖噪声、音量较小,制造轻松愉快环境气氛的音乐。听者若不用心,就难以辨别其声源位置。

因此,背景音乐的效果有:一是心理上掩盖环境噪声;二是制造与室内环境相适应的气氛,在宾馆、酒店、餐厅、商场、医院和办公楼等场合广泛应用。应使用抒情或轻松的乐曲,而不应使用强烈或有刺激性的乐曲。

背景音乐不是立体声,而是单声道音乐,这是因为立体声要求能分辨出声源方位,并且有纵深感,而背景音乐则是不专心听就意识不到声音从何处来,并不希望被人感觉出声源的位置,以致要求把声源隐蔽起来,而音量较轻,以不影响双方对面讲话为标准。

3.6.3　消防广播

消防广播系统也称应急广播系统,是火灾逃生疏散和灭火指挥的重要设备,在整个消防控制管理系统中起着极其重要的作用。在火灾发生时,应急广播信号通过音源设备发出,经过功率放大后,由广播切换模块切换到广播指定区域的音箱实现应急广播。一般的广播系统主要由主机端设备:音源设备、广播功率放大器、火灾报警控制器(联动型)等,以及现场设备:输出模块、音箱构成。

消防广播是在有事故发生时启用,所以它跟人身的安全有密切关系,具有以下特点:

(1)实用性

设计力求简洁明了,操作简单易学,管理方便易行,满足客户的实际需要,突出保证常用功能的可靠性,少用或几乎不用的复杂易错难学的方面尽量予以避免,也降低了单位投资,其系统功能齐全强大。

(2)经济性

充分利用原有设备,加入必要的配置,即可升级。使用具有高品质的组合系统可节省投资,具有较大的价格优势。

(3)可靠性

硬件上增加了抗干扰能力和容错能力。采用多通道技术,不会因为一个终端发生故障导致整个系统瘫痪。很多功能都有应急措施,使用中万无一失。

(4)扩充性、开放性

系统留有扩展接口,可保证系统扩展时直接接入相应设备就可完成系统扩展。在系统升级改造中,负责原有设备兼容,支持发展和系统更新。

目前,主要有两种消防广播系统,GB 9242 系列消防广播主机和 JBF-11S 系列广播系统。

①GB 9242 系列消防广播主机是火灾或紧急情况下,进行现场应急广播的主要设备,通过它向现场人员通报事故情况,并有效指挥或引导现场人员疏散;非紧急情况下也可通过外部输入音源信号(如 CD/MP3 播放机、调谐器等)进行背景音乐广播。按照《消防联动控制系统》(GB 16806—2006)标准执行。

GB 9242 系列消防广播主机内置一路消防应急广播音源(固化语音)和两路外部辅助输入(线路Ⅰ、线路Ⅱ),可通过面板随意切换。广播音源也可通过外部电平触发信号强制切换至应急广播状态,信号撤销后恢复至切换前状态。同时广播主机还包含两路单声道输出接口,可将当前广播音源输出至其他设备,如 GB 9221 消防广播功放机。

②JBF-11S 系列广播系统采用精密先进的传感和数据处理技术,是现代高科技电子技术与计算机技术、现代通信理论相结合的产物。它由现场探测器、报警控制器、联动控制、各类模块、各种显示设备、消防广播系统、消防电话系统等组成。采用分布式智能的消防电子产品,具有多方面的先进性、稳定性、可靠性和方便性。

JBF-11S 系列广播系统具有很强的网络功能。强大的组网能力,网络布线为两线制,各节点(火灾报警控制器、火灾模拟显示盘等)构成无主从网络,不必设置集中控制器(没有区域和集中概念),系统极易扩展,简化了设计、施工和维护,同时大大增加了可靠性。网络上最多可连接 31 台网络节点设备。通信距离可达 1 500 m(双绞线),如采用光纤,通信距离可以达50 km。联网的各台控制器间可实现相互控制各自系统所连接的现场设备,实现信息共享和远程操作,例如,在任意一台控制器上可控制和监视网络上所有控制器的火警、故障、联动等情况。

3.7　建筑设备自动化系统设计步骤及内容

1) 工程需求分析

①研究建筑物的使用功能,了解业主的具体需求以及期望目标。
②确定建筑物内实施自动化控制及管理的各功能子系统。
③根据各功能子系统所包含的设备,作出需纳入建筑设备自控系统实施监控管理的被控设备一览表。

2) 确定系统的控制方案

①对于需进行自动化控制的功能子系统,给出详细的控制功能说明,并说明每一系统的控制方案及达到的控制目的,以指导工程设备的安装、调度及工程验收。
②根据系统大致规模及今后的发展,确定监控中心位置和使用面积,并预留接口,与智能化系统设计形成一体。

3) 确定系统监控点

在确定被控设备的数量及相应的控制方案后,确定每一被控设备的监控点数及监控点的性质,核定对指定监控点实施监控的技术可行性,绘制监控点一览表。

4) 系统及设备选型

①根据系统自控要求,根据技术、经济各项指标,对市面上的相关产品进行分析比较并实

地考察,选取合适的产品。

②设备选型结合各设备工种平面图,进行监控点划分(监控点应留有 20% 的余量);根据该监控范围,确定系统网络结构和系统软件。

③根据各设备的控制要求,选用相应的传感器、阀门及执行机构,并配出满足要求的楼宇控制器。

5)绘制 BAS 总控制网络图

根据选定的系统结构和现场楼宇设备的具体布置,画出 BAS 总控制网络图。

6)画出各子系统被控设备的控制原理图

7)绘制整个建筑设备自动化系统工期平面图

8)监控中心平面布置及设备、线路设计

9)撰写设计说明、施工要求,列材料表,编制预算

3.8 建筑设备自动化系统的未来

在不远的将来,在 AI 技术的驱动下,BAS 的内容和功能将极大地实现拓展,从自动化变成智能化,然后又进化智慧,让建筑变成像人一样的具有感知、交互、自我适应和生长的生命体。这一阶段涉及下列相关技术。

1)GIS+BIM+IOT——构建智能建筑数字孪生体

地理信息系统(Geographic Information System,GIS)用于输入、存储、查询、分析和显示地理数据的计算机系统,完成空间信息的处理和分析。

建筑信息模型(Building Information Modeling,BIM)通过建立虚拟的建筑工程三维模型,形成完整的、与实际情况一致的建筑工程信息库,为建筑工程项目的相关利益方提供了工程信息交换和共享的平台。

物联网(Internet of things,IoT),即万物相连的互联网。物联网本质上是互联网,是在互联网基础上延伸和扩展的网络,将各种信息传感设备通过网络结合起来,实现任何时间、任何地点,人、机、物的互联互通。

GIS+BIM+IoT 的结合,将催生建筑物数字孪生体,促使智能建筑运行、管理和服务产生重大颠覆性创新。将真实世界的建筑物在虚拟空间进行四维投射,再综合利用建筑全信息、全要素,对动态数据、静态数据和专项数据进行融合、组织和管理,支撑和服务智能建筑的各种应用场景。多种技术融合的数字孪生技术将推动建筑达到更高智慧,形成建筑思维和情感。

2) 物联网技术——构建智能建筑神经传导系统

物联网技术是智能建筑的技术基础,可全面激活智能建筑的感知能力,智能建筑也是智慧城市中物联网发展的具体应用,技术与应用的完美结合,充分发挥了系统的精确预测、科学决策、统筹管理、资源共享等功能。通过物联网技术可以对建筑进行数字编码与在线监控,当这些建筑设备出现故障时第一时间将故障信息与数据传送给物业维修。这是智能建筑管理中的关键内容,也是智能建筑发展的关键内容,通过物联网技术,也能够大大加快智慧城市的发展速度。设施设备信息传导采用物联网技术,通过传感器、控制器设备,可以实时掌握建筑设备中各个子系统的运行情况,实现系统的自动优化运行。环境信息传导通过分布在建筑中的各类环境监测传感器,将建筑室内的环境参数信息进行实时传输、改善环境质量。能耗数据传导采集各类机电设备运行中能耗数据,采用先进能效控制策略实现能源最优化,达到安全、可靠、节能。图像视频传导物联网技术与安防产品相结合,对重点区域和设施进行入侵监控、行为分析、跟踪记录等,实现智能安防。

3) 云计算技术——智能建筑平台架构发生显著变化

智能建筑的各个应用系统均需要存储在"云"中的各种数据,用于实现各自功能。如此众多而繁复的系统需要多个强大的信息处理中心来进行各种信息、各种数据的处理,现有本地部署方式已不适应海量数据的应用。云计算作为新一代信息技术的基础设施对建筑运营平台架构会产生革命性的影响。

4) 大数据技术——使智能建筑大脑具有基本分析与决策能力

建筑离不开水、电、气等的能源支持,它们为建筑运转提供源源不断的资源。而今,还有一张巨大的无形之网——数据。大数据资源成为建筑最重要的资源,有效运用数据可实现智能建筑从规划到运营的全业务、全过程信息化管理,为智能建筑提供基础信息。智能建筑在某种程度上是大数据的集成,是一个大数据的应用中心。

大数据技术可分析和预测建筑结构刚度的下降,确保建筑安全使用。能耗数据的查看、潜在的节能建议,能耗优化控制,也可根据环境数据动态实时调整环境参数,提高舒适度。

还可以通过大数据分析实现多楼宇、楼宇与周边环境的信息互通,还可实现建筑安全、质量、环境、能耗的预测、预警、规划和引导。

5) 人工智能技术——使智能建筑大脑自我进化

人工智能技术,让智能建筑具有"判断能力"和"自学习能力",支撑智能建筑的深度发展。这又涉及人脸识别、声纹识别、动作识别等技术。在一栋建筑物或多个智能建筑组成的建筑群中,出入口的管理中,对于人员的进出管理、安防都采用人工智能技术,主要是生物识别技术,这些识别技术包括人脸识别、声纹识别、动作识别、虹膜识别、掌识别等,多种生物识别技术的组合运用将使用的识别速度、可靠性进一步提高,对人造成的不便也减少到最小。

这样,智能建筑中传统的 SIC,在 AI 的驱动下,就进化成为智慧的建筑大脑,其具备有相当的人工智能,不仅能收集、存储、计算、分析建筑产生的数据,对投入使用后的管理信息、智能化信息都可实时管理。此外,还可根据环境、人流等,控制和自动调节建筑内的各类设施设备,让建筑具有判断能力,驱动执行器进行有序的工作,并产生思维,继而会产生建筑情感。目前,建筑物情感的算法已经成为 AI 领域的前沿和热点课题,已经面世的情感认知引擎:ReadFace,由云利用数学模型和大数据来理解情感和端(SDK)共同组成,由任何带有摄像头的设备来感知并识别表情,然后计算人的情感成分和认知状态,已经开始应用于互动游戏。现在已经发展到分析的语音表达中的情绪韵律,提取韵律特征,进行交叉验证,进行深层情感识别,从而更好地实现对用户行为进行预测、反馈和调制,实现更自然的人与物的交互。通过 BAS 系统,智能建筑可以在健康程度、绿色程度、人机友好程度、运行状态方面实现情感识别和表达。目前,国外所开发的建筑物情绪计算软件已经能够初步实现运行,后期将在多模型认知和生理指标结合、建立动态的情感数据库方面开展更多的研究工作。

6)智能交互技术——实现人—建筑—信息的三元空间

伴随着建筑认知水平的提高,一类特殊的离线的特殊建筑设备——服务机器人将得到广泛使用,与目前各大宾馆已经普遍使用的清洁机器人、运送客房餐饮、客房物品的机器人相比,更聪明的建筑管理服务机器人、物业管理服务机器人、安保机器人、健康服务机器人、管家型服务机器人等都将得到推广,为人的生活和工作带来极大的便利。

除此之外,虚拟现实和增强现实成为人与建筑交互的主要方式,成为用户体验和智慧化感知的重要手段。

VR 在 BIM 的三维模型基础上,加强了可视性和具象性。通过构建虚拟展示,为使用者提供交互性设计和可视化印象。"BIM+VR"的组合将推动新的业务形态产生,极大提升 BIM 的应用效果,实现虚拟建造和虚拟管理。如利用 BIM+VR,在虚拟的环境中,建立周围场景、结构及机械设备等的三维模型,进行虚拟建造,根据虚拟建造的结果,在人机交互的可视化环境中对施工方案进行分析和修改。然后在营销阶段,展示虚拟出来的效果,让体验者能够和抽象的三维世界进行直接的沟通;在运行维护阶段,管理者和使用者能够同时了解到建筑物的运行状态。

思考题

1.建筑设备自动化系统主要由哪些子系统构成?
2.建筑设备自动化系统一般是通过什么方式对设备进行控制的?
3.建筑设备自动化系统中根据监控点性质可分为哪几种类型?各有什么特点?
4.供配电与照明监控系统的结构及监控的主要内容是什么?
5.暖通空调监控系统由哪些子系统组成?各子系统的监控内容是什么?
6.给排水监控系统的结构及监控内容是什么?
7.电梯监控系统的结构及监控内容是什么?
8.停车场管理系统的结构及主要管理功能是什么?
9.普通物质起火过程的主要特征有哪些?

10.火灾有哪些探测方法？主要采用哪些传感器？

11.火灾自动报警系统有哪3种基本形式？应具备哪些功能？

12.消防联动控制的主要内容是什么？

13.如何提高火灾自动报警与联动系统的智能化程度？

14.安全防范系统的保护内容及基本组成有哪些？

15.闭路监控系统主要由哪些部分组成？各部分的功能如何？

16.防盗报警系统由哪些设备组成？其主要功能是什么？

17.为阻隔新冠疫情之类的高传播性疾病，出入口控制的方式推荐采用哪种方式？

18.巡更系统的主要功能和作用是什么？其记录表有无改善余地？

19.广播系统有哪些类型？各有什么特点？

20.广播系统由哪些部分组成？各有什么功能？

21.建筑设备自动化系统的设计步骤和设计内容有哪些？

22.结合自身熟悉的生活或工作环境,谈谈 BA 系统当下应当满足什么样的功能需求？未来会发展成什么样？

4

建筑通信网络系统

本章导读：

　　建筑通信网络系统是智能建筑的主要组成部分，负责对来自建筑物内外的各种不同的信息数据进行收集、处理、存储、传输等工作，为建筑物的使用者提供快速有效的信息通信服务。本章从通信系统的原理入手，介绍智能化建筑相关的各类通信系统的工作原理和特点。学习此章，应掌握通信系统的基本原理，清楚认识智能建筑所涉及的各类通信网络系统的组成、工作原理和应用特点，熟悉物联网、以太网等的工作特点和应用场景。

4.1　通信系统基本原理

4.1.1　通信系统的组成

通信系统的一般模型如图 4.1 所示。

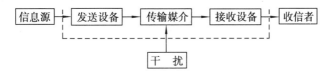

图 4.1　通信系统的一般模型

该系统由以下部分组成：

①信息源：原始电信号的来源，其作用是将消息转换成相应的电信号。

②收信者：原始信号的最终接收者。

③发送设备：对信源产生的原始电信号进行调制，使其能够在信道中传输。数字通信系统的发送设备又常分为信道编码与信源编码，如图 4.2 所示。

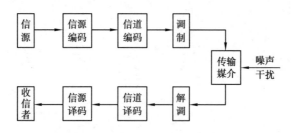

图 4.2　数字通信系统的组成

④传输媒介:从发送设备到接收设备之间信号传递所经过的媒介,在传输过程中会受到外界和自身干扰,掺入噪声。

⑤接收设备:接收发送设备发出的信号,对其进行解调还原。

上述是一个单向通信系统,但在大多数场合下,信源也是收信者,如电话。

4.1.2　调制原理及多路复用技术

由于信源产生的原始信号不能在大多数信道直接传输,需经过调制将它变换成适于在信道内传输的信号。调制是用欲传输的原始信号 $f(t)$ 去控制高频简谐波或周期性脉冲信号的某个参量,使之随 $f(t)$ 线性变化,经过调制后的信号称为已调信号。已调信号既携带原有信息,又能在信道中传输。解调是对调制信号作反变换,从已调制信号中恢复出原始信号。

调制方法可以分为两种:一种是模拟调制,如调频调幅广播;另一种是数字调制,最常用脉冲编码调制(PCM)方式。此外,还有差分编码调制(DPCM)和增量调制(ΔM)等。

(1)模拟调制

模拟调制过程就是一个把电信号装载在一个被称作载波的高频率波上的过程。信号源发出的语音电信号是一个连续变化的波动信号,称为模拟信号。将这种连续变化的模拟信号装到载波上,称为模拟调制。调制后的电信号还是连续的,这种调制方式主要用于明线、对称电缆、同轴电缆以及微波中继线路,如图 4.3 所示。

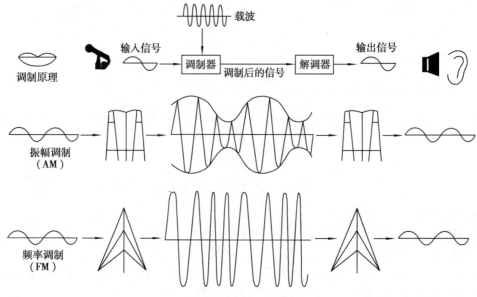

图 4.3　模拟调制方式示意图

（2）数字调制

数字调制是将语音、图像等模拟电信号转换成数字代码,然后传送到按脉冲"有""无"进行变换的数字载波上。脉冲编码调制（PCM）原理是这样的,首先,将一个连续变化的模拟电信号每隔一定的时间间隔提取一个信号的幅度值,如将语音信号（频率为 300~3 400 Hz）,每隔 1/8 000 s 进行抽样,形成离散样值信号串,由于间隔时间极短,离散信号听起来如同原始连续信号。抽样值取出后,用规定的标准电平衡量每一样值,从而得到量化值,再以二进制数字来表示,就成为用 0 和 1 表示的数字信号,即 PCM 信号,其原理图如图 4.4 所示。

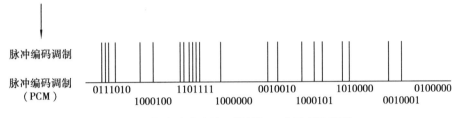

图 4.4　数字式脉冲编码调制（PCM）原理示意图

在数字通信中,多采用时分复用方式来提高信道的传输效率。时分复用（Time-Division Multiplexing,TDM）的主要特点是利用不同时隙来传送各路不同信号,如图 4.5 所示。将 A,B, C 三路语音电信号通过数字调制取样后,按时间顺序,有规律地将三路电信号排起来,在一条公共的线路上周期性地发送,在接收端再对各自的信号按时间顺序进行区分,使三路信号分开、复原,达到时间分割、多路复用的目的。通信系统常采用在一个抽样周期内包含 32 个时隙的 32 路 PCM 系统。

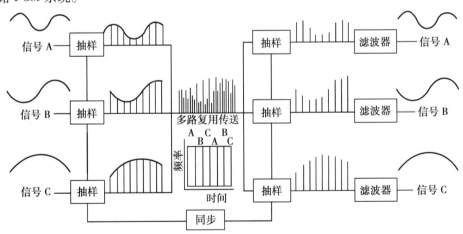

图 4.5　时分复用原理图

通信系统除了完成信息传递外,还必须进行信息交换,传输系统和交换系统共同组成一个完整的通信系统,现代交换系统使用数字程控自动交换机,它能自动持续电话呼叫和数据传输,是一个综合数字网的关键。因此,智能建筑领域广泛使用数字交换机。

4.2 数据通信系统

数据通信就是以传输数据为业务的一种通信,有单工、半双工和全双工3种工作方式,其通信特性如表4.1所示。计算机的输入输出都是数据信号,因此,数据通信是计算机和通信相结合的产物,是计算机与计算机、计算机与终端以及终端与终端之间的通信。数据通信必须按照某种协议,连接信息处理装置和数据传输装置,才能进行数据的传输及处理。

表 4.1　单工、半双工和全双工通信特性

通信方式	单工	半双工	全双工
传输方向	A→B	A←→B	A⇌B
传输说明	一根导线通信,只能在某一固定方向传输	一根导线,可双向通信,但得轮流传输	两根导线,能同时双向传输

4.2.1　数据传输方式

1) 并行传输和串行传输

并行传输是在传输中有多个数据位同时在设备之间进行的传输。一个编了码的字符通常是由若干位二进制数表示,如用 ASCII 码编码的符号是由 8 位二进制数表示的,则并行传输 ASCII 编码符号就需要 8 个传输信道,使表示一个符号的所有数据位能同时沿着各自的信道并排传输。并行传输的速度很快,不需要串/并转换,但是其成本高,信道利用率低。常在近距离情况下使用,如计算机内的总线结构。

串行传输是数据在传输中只有一个数据位在设备之间进行的传输。对任何一个由若干位二进制表示的字符,串行传输都是用一个传输信道,按位有序的对字符进行传输。串行传输的速度比并行传输的速度要慢得多,且慢速传输需要进行串/并转换,但其优点是费用低,利用率高。并行传输的优点是速度快,且不需要串/并转换,但其成本较高。并行传输适用短距离传输,而串行传输适用远距离传输。如用电话线进行通信,应使用串行传输方式。

以标准并行口(Standard Parallel Port)和串行口(COM 口)为例(图4.6),并行接口有 8 根数据线,数据传输率高;而串行接口只有 1 根数据线,数据传输速度低。在串行口传送 1 位的时间内,并行口可传送一个字节;当并行口完成 8 个字母的单词传送时,串行口中就仅传送了一个字母。

2) 同步传输和异步传输

串行传输又有两种传输方式,即同步传输和异步传输。

异步传输一般以字符为单位,不论所采用的字符代码长度为多少位,在发送每一字符代码时,前面均加上一个"起"信号,其长度规定为 1 个码元,极性为"0",即空号的极性;字符代码后面均加上一个"止"信号,其长度为 1 或 2 个码元,极性皆为"1",即与信号极性相同,加上

起、止信号的作用就是为了能区分串行传输的"字符",也就是实现串行传输收、发双方码组或字符的同步。这种传输方式的特点是同步实现简单,收发双方的时钟信号不需要严格同步。缺点是对每一字符都需加入"起、止"码元,使传输效率降低,故适用于 1 200 B/s 以下的低速数据传输,如键盘和一些打印机等。图 4.7 所示为数据的异步传输示意图。

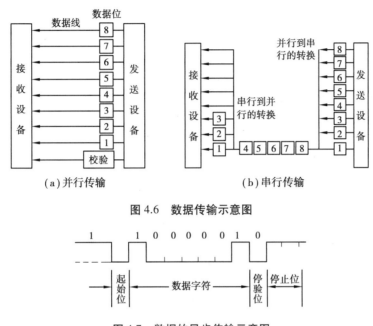

图 4.6 数据传输示意图

图 4.7 数据的异步传输示意图

同步传输是以同步的时钟节拍来发送数据信号的,因此在一个串行的数据流中,各信号码元之间的相对位置都是固定的(即同步的)。接收端为了从收到的数据流中正确区分出一个个信号码元,首先必须建立准确的时钟信号。数据的发送一般以组(或称帧)为单位,一组数据包含多个字符收发之间的码组或帧同步,是通过传输特定的传输控制字符或同步序列来完成的,传输效率较高。

在面向字符方式中,数据被当作字符(8 位)序列,所有控制信息取字符形式。每帧以一个或多个同步字符开始。同步字符常记作 SYN,其 8 位编码为 00010110,SYN 告知接收装置是一个数据块的开始。在有些方案中,具有特定的字符作后定界符。接收装置一接收到 SYN 字符,就得知已发送了数据块,而开始接收数据,直到接收到后同步字符,一帧数据就告结束。之后,接收装置又开始寻找新的 SYN 控制字符。其传输示意图如图 4.8 所示。

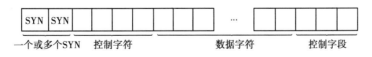

图 4.8 面向字符方式的同步传输示意图

3) 基带传输、频带传输和宽带传输

(1)基带传输

直接使用数字信号传输数据时,数字信号几乎要占用整个频带,终端设备把数字信号转换

为脉冲信号时,这个未经调制的信号所占用的频率范围称为基本频带(这个频带从直流起可高到数百千赫,甚至若干兆赫),简称基带(baseband)。这种数字信号就称基带信号。传送数据时,以原封不动的形式,把基带信号送入线路,称为基带传输。基带传输是一种最简单的传输方式,近距离通信的局域网都采用基带传输。

组成基带信号的单个码元并非一定是矩形的,也可以是其他形状,如三角形、升余弦、半余弦脉冲等。实际中遇到的基带信号都是一个随机的脉冲序列。

(2)频带传输

用基带脉冲对载波波形的某些参量进行控制,使这些参量随基带脉冲变化,也就是调制。经过调制的信号称为已调信号。已调信号通过线路传输到接收端,然后经过解调恢复为原始基带脉冲。传送数据时,把已调信号送入线路,称为频带传输。计算机网络的远距离通信通常采用频带传输,我们现在使用的电话、模拟电视信号等也都属于频带传输。

(3)宽带传输

当采用模拟信号传输数据时,往往只占用有限的频带,对应基带传输称为频带传输。通过借助频带传输,可以将链路容量分解成两个或更多的信道,每个信道可以携带不同的信号,此即宽带传输。宽带传输一定是采用频带传输技术的,但频带传输不一定就是宽带传输。所谓宽带,就是指比音频(4 kHz,包括了大部分电磁波频谱)带宽还要宽的频带。使用这种宽频带进行传输的系统就称为宽带传输系统,可以进行高速率的数据传输。

对于局域网而言,宽带这个术语专门用于传输模拟信号的同轴电缆,可见宽带传输系统是模拟信号传输系统,它允许在同一信道上进行数字信息和模拟信息服务。基带和宽带的区别在于数据传输速率不同。基带数据的传输速率为 0 ~ 10 MB/s,更典型的传输速率是 1 ~ 2.5 MB/s,通常用于传输数字信息。宽带是传输模拟信号,数据传输速率范围为 0 ~ 400 MB/s,而通常使用的传输速率是 5 ~ 10 MB/s,而且一个宽带信道可以被划分为多个逻辑基带信道。这样就能把声音、图像和数据信息的传输综合在一个物理信道中进行。

4.2.2 数据通信系统的质量指标

数据通信的指标是围绕传输的有效性和可靠性来制定的。这些主要质量指标有:

1)工作速率

(1)符号速率

符号速率又称为信号速率,记为 N,表示单位时间内(每秒)信道上实际传输的符号个数或脉冲个数(可以是多进制)。符号速率的单位是波特,即每秒的符号个数。

(2)信息传输速率

信息传输速率简称传信率,通常记为 R。它表示单位时间内系统传输(或信源发出)的信息量,即二进制码元数。在二进制通信系统中,信息传输速率(比特/秒)等于信号速率。对于多进制两者不相等。例如,四进制中符号速率为 2 400 B/s,其信息速率为 4 800 B/s;而八进制的信息速率为 7 200 B/s 等。

2)频带利用率

在比较不同通信系统的效率时,单看它们的信息传输速率是不够的,或者说,即使两个系统的信息速率相同,它们的效率也可能不同,所以还要看传输这样的信息所占的频带。通信系统占用的频带越宽,传输信息的能力应该越大。在通常情况下,可以认为二者成比例,用单位频带内的符号速率描述系统的传输效率,即每赫的波特数 η＝符号速率。

3)可靠性

可靠性可用差错率来表示。常用的差错率指标有平均误码率、平均误字率、平均误码组率等。误码(码组、字符)。它是接收出现差错的比特(字符、码组)数。差错率是一个统计平均值,因此,在测试或统计时,总的发送比特(字符、码组)数应达到一定的数量,否则得出的结果将失去意义。

4.2.3 信道

信道(Channel)是指由有线或无线电线路提供的信号通道。信道的作用是传输信号,它提供一段频带让信号通过。

1)狭义信道

通常将仅指信号传输媒介的信道称为狭义信道。目前采用的接在发端设备和收端设备中间的传输媒介,即狭义通道有架空明线、电缆、光导纤维(光缆)、中长波地表波传播、超短波及微波视距传播(含卫星中继)、短波电离层反射、超短波流星余迹散射、对流层散射、电离层散射、超短波超视距绕射、波导传播、光波视距传播等。

狭义信道通常按具体媒介的不同类型可分为有线信道和无线信道。

(1)有线信道

有线信道是指传输媒介为明线、对称电缆、同轴电缆、光缆及波导等一类能够看得见的媒介。有线信道是现代通信网中最常用的信道之一,如对称电缆(又称电话电缆)广泛应用于(市内)近程传输。

(2)无线信道

无线信道的传输媒质比较多,它包括短波电离层反射、对流层散射等。可以这样认为,凡不属有线信道的媒质均为无线信道的媒质。无线信道的传输特性没有有线信道的传输特性稳定和可靠,但无线信道具有方便、灵活、通信者可移动等优点。

2)广义信道

广义信道则除包括传输媒介外,还可包括有关的转换器,如馈线、天线、调制器、解调器等。在讨论通信的一般原理时,常指广义信道。

广义信道分为调制信道和编码信道,其示意图如图4.9所示。

(1)调制信道

调制信道是从研究调制与解调的基本问题出发而构成的,它的范围是从调制器输出端到解调器输入端,从调制和解调的角度来看,一般只关心调制器输出的信号形式和解调器输入信号与噪声的最终特性,并不关心信号的中间变化过程。因此,定义调制信道便于研究信号的调制与解调问题。

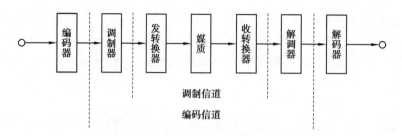

图 4.9　调制信道和编码信道示意图

（2）编码信道

在数字通信系统中，如果仅着眼于编码和译码问题，则可得到另一种广义信道——编码信道。这是因为，从编码和译码的角度看，编码器的输出仍是某一数字序列，而译码器输入同样也是一数字序列，它们在一般情况下是相同的数字序列。因此，从编码器输出端到译码器输入端的所有转换器及传输媒质可用一个完成数字序列变换的方框加以概括，此方框称为编码信道。

4.2.4　数据交换

数据交换（Data Switching）指在多个数据终端设备（DTE）之间，为任意两个终端设备建立数据通信临时互连通路的过程。

数据交换主要可分为线路交换、报文交换和分组交换 3 种方式。

（1）线路交换

线路交换又称为电路交换。其原理与电话交换原理基本相同，即通过网络中的节点在两个站之间建立一条专用的通信线路，如图 4.10 所示。这种线路交换系统，在两个站之间有一个实际的物理连接，这种连接是节点之间的连接序列。在传输任何数据之间都必须建立点到点的线路。如站点 1 发送一个请求到节点 2，请求与站点 2 建立一个连接，则站点 1 到节点 1 是一条专用线路。在交换机上分配一个专用的通道连接到节点 2 再到站点 2 的通信，就建立了一条从站点 1 经过节点 2 再到站点 2 的通信物理通道。这样就可以将话音从站点 1 传送到站点 2 了。这种连接通常是全双工的，可以在两个方向传输话音（数据）。在数据传送完成后，要对建立的通道进行拆除，以便释放专用资源。

图 4.10　线路交换原理图

线路交换的优点：一是传输时延较小，其传输时延在一次接续的情况下固定不变；二是数据传输过程"透明"，交换机不对数据进行存储、分析和处理；三是信息编码方法和信息格式由通信双方协调，不受网络的限制。

其缺点：一是电路接续时间较长，特别是传输较短信息的时候，建立连接的时间可能大于通信时间，网络利用率低；二是由于电路资源被双方独占，其电路的利用率较低；三是这种交换要求双方在编码格式、通信协议等方面要完全兼容，因此对于用户有着限制；四是存在呼损，即有可能因为终端繁忙或负载重而呼叫不通。

（2）报文交换

报文交换的原理是当发送方的信息到达报文交换用的计算机时,先存放在外存储器中,待中央处理机分析报头,确定转发路由,并选到与此路由相应的输出电路上进行排队,等待输出,一旦电路空闲,立即将报文从外存储器取出后发出(图4.11),这就提高了该条电路的利用率。

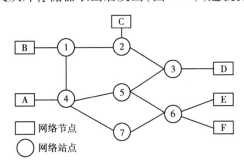

图 4.11　报文交换示意图

这种交换方式不需要在两个站点之间建立一条专用通路,如果一个站想要向站点 2 发送一个报文(信息的一个逻辑单位),它把站点 2 的地址(编码方式,称为地址码)附加在要发送的报文上。然后把报文通过网络从节点到节点进行发送,在每个节点中如要通过多个节点才能发送到站点 2 完整地接收整个报文且暂存这个报文,然后再发送到下一个节点。在交换网中,每个节点是一个电子或机电结合的交换设备(通常是一台通用的小型计算机),它具有足够的存储容量来缓存进入的报文。一个报文在每个节点的延迟时间等于接收报文的所有位所需要的时间,加上等待时间和重传到下一节点所需要的排队延时时间。

报文交换的主要优点:一是其可以实现不同类型终端之间的通信,这是因为报文交换是先在交换机中存储再被转发的;二是其线路利用率较高,这是因为它的交换过程没有电路接续,同一条线路可以多路复用;三是无呼损,用户不需要呼叫对方用户即可发送,节省终端操作人员的时间。

其缺点:一是时延大,不利于实时通信,这些时延是信息通过交换机时产生的;二是对交换机的处理能力和存储容量有较高要求,这是由于信息是先由交换机存储再发送的。

因此报文交换经常适用于公众电报和电子信箱业务,不适用于即使交互式数据通信。

（3）分组交换

分组交换也是一种存储转发交换方式,与报文交换的区别是:分组交换网中要限制传输的数据单位长度,一般在报文交换系统中可传送的报文数据位数可做得很长。分组交换是把报文划分为一定长度的“分组”,以分组为单位进行存储转发。分组就是将要发送的报文分成长度固定的格式进行存储转发的数据单元,长度固定有利于通信节点的处理。

分组交换的主要优点:一是向用户提供了不同速率、不同代码、不同同步方式、不同通信控制协议的数据终端之间能够相互通信的灵活的通信环境;二是在轻负载情况下,信息的传输时延较小,而且变化范围不大;三是能实现线路动态统计复用,通信线路的利用率很高;四是经济性好,信息是以“分组”为单位在交换机中存储和处理,不对交换机的存储容量做要求,降低了设备费用,另外,电路的动态统计复用降低了通信费用。

分组交换的主要缺点:一是由网络附加的传输信息较多,对长报文通信的传输效率比较低;二是技术实现复杂,对交换机的信息处理能力有着较高的要求。分组交换机要对各种类型的"分组"进行分析处理,为"分组"在网中的传输提供路由,并且在必要时自动进行路由调整,为用户提供速率、代码和规程的变换,为网络的维护管理提供必要的报告信息等。

4.3 楼宇卫星通信系统

卫星通信系统是智能楼宇通信网的一个组成部分,卫星通信实际上是微波中继技术与空间技术的结合,它把微波中继站设在卫星上(称为转发器),终端站设在地球上(称为地球站),形成中继距离(地球站至卫星)长达几千千米乃至几万千米的传输线路。楼宇数字卫星通信系统一般指的就是VSAT。

4.3.1 VSAT 卫星通信系统

甚小口径卫星终端站(Very Small Aperture Terminal,VSAT),也称为卫星小数据站(小站)或个人地球站(PES),这类系统均为全数字系统(图4.12)。"Very Small"指的是 VSAT 卫星通信系统中小站设备的天线口径小,通常为 1.2~2.4 m。利用 VSAT 用户数据终端可直接和计算机联网,完成数据传递、文件交换、图像传输等通信任务,克服了远距离通信地面中断的问题。使用 VSAT 作为专用远距离通信系统是一种很好的选择,如深圳的证券交易系统。中国人民解放军在各种应急救援行动中也常使用 VSAT,如在 2008 年发生的汶川地震的救援中就使用

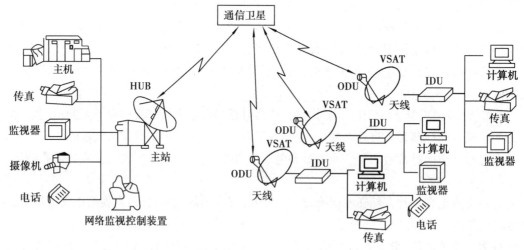

IDU:室内单元   ODU:室外单元

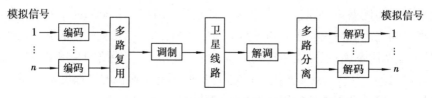

图 4.12   VSAT 卫星通信系统的组成与工作原理框图

了 VSAT。如图 4.13 所示,其构成主要环节有编码、多路复用、调制、解调、多路分离、解码等。完整的 VSAT 系统(即 VSAT 卫星通信网)由通信卫星、中枢站以及大量 VSAT 站构成。

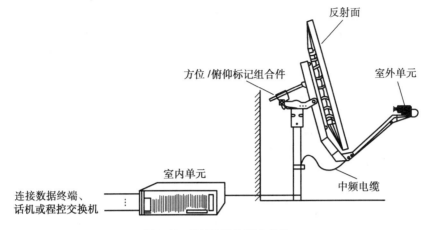

图 4.13　VAST 站的基本结构

通信卫星其实就是信号的中转站,可以对地球传输过来的信号进行处理,并将其传回到地球上。

中枢站与一般地球站规模大致相同,为实现对整个 VSAT 网的监管,中枢站比一般地球站多一个网络管理中心。中枢站通常与金融、商业、新闻等信息中心、指挥调度中心以及大型数据库连接在一起,中枢站的设备配置和技术指标是高标准,以有利于 VSAT 站设备的简化,造价的降低,使大量 VSAT 站成本占主要份额的系统总成本下降,性能价格比提高。VSAT 站在 VSAT 系统中的数量由几百个到几千个不等。

单个 VSAT 站由 3 部分组成,即小型天线、室外单元(ODU)和室内单元(IDU),如图 4.13 所示。VSAT 站具有语音功能,可以进行通话。通过 VSAT 站,电话网上的用户就可以通过小站和主控站进行通话。

利用数字卫星通信系统传送语言、图像等模拟信号必须先进行 A/D 转换,变成数字信号,该信号与其他需要传送的数字信号,如数据信号一起通过时分多路复用,处理成数字基带信号,调制后经由卫星线路传输,在接收端经解调后恢复成数字基带信号,经多路分离出单路数字信号,需转换成模拟信号的数字信号再经过 D/A 转换恢复成模拟信号。

在 VSAT 系统中,语音信号的编码主要有连续可变斜率增量调制和自适应差分脉宽调制两种方式,以及相应的时分多路复用。连续可变斜率增量调制方式(CVSL)是在每个音节时间范围内提取信号的平均斜率,使量阶自动地随平均斜率的大小而连续变化(是指声音大小的变化不会出现突变)。

VSAT 系统传输数据时,一般是非实时性的,而是利用空隙时间间断性地进行。数据传输主要是指人与计算机,或计算机之间进行的通信。数据传输是靠机器识别接收到的数据,在传输过程中由于干扰等原因所造成的差错不能靠人工进行识别和校正,因此,对其传输的准确性和可靠性要求更高。

4.3.2　卫星通信的多址方式

卫星通信不同于其他无线电通信形式的主要特点在于其覆盖面积大,非常适用于多个站之间的同时通信,即多址通信。卫星天线波束覆盖区任何地球站可以通过共同的卫星进行双边或多边通信连接。多址连接有频分多址、时分多址、码分多址和空分多址4种方式,分别是指依照频率、时间、编码和空间的不同,实现信道的占用。在多址方式中,涉及的信道分配方法则有预分配和按需分配两种。预分配是一种固定分配方式,而按需分配则是根据各地球站的申请临时安排的按需分配的信道。实现多址连接的技术基础是信号分割,即在发送端对信号进行处理,使各发送端所发射的信号各有差异,而各接收端则具备相应的信号识别能力,可以从混合在一起的信号中选取出各自所需的信号。

4.3.3 VSAT 系统工作原理

VSAT 系统分为 3 类:以数据传输为主的星状网;以语音传输为主的网状网;点到点的固定信道。星状网最为广泛,由 VSAT 站与中枢站通过卫星连成。其中枢站的发射功率高,接收信道品质因数大;VSAT 站的发射功率低,接收信道品质因数小。因此,VSAT 站可通过卫星与中枢站通信,而 VSAT 站之间则不能通过卫星进行通信,只能通过"双跳"方式,即"VSAT 站→卫星→中枢站→卫星→VSAT 站"实现互通。VSAT 站通过卫星传送信号到中枢站称为入中枢站传输,中枢站通过卫星传送信号到 VSAT 站,称为出中枢站传输。入中枢站传输采用随机连接/时分多址方式(RA/TDMA)(时分多址指不同时间的通信占用不同的信道),出中枢站传输采用时分复用方式(TDM)。各 VSAT 站的数据分组以随机方式发送,经卫星延时后由中枢站接收,中枢站将收到的数据分组进行处理:如果无错,则通过 TDM 信道发出应答信号;如果出错,则中枢站不发出应答信号。VSAT 站收不到应答信号就需进行数据的重发。

VSAT 发展的方向是在网内建立多个虚拟子网,或将多个小型的网络合并成为一个大型的综合 VSAT 通信网。各个虚拟子网可以属于不同的业务或行政部门。数据音频视频广播、计算机的卫星宽带交互接入,电视会议等业务不断推动着 VSAT 的宽带化。宽带数据广播、宽带多址接入、卫星通信规程、宽带虚拟子网、网络综合管理,是发展 VSAT 宽带化的关键技术。

4.3.4 卫星互联网

随着"一箭多星"、微小卫星研制成本降低和互联网应用技术的进步,面向卫星互联网接入服务的卫星星座建设成为热点。中、低轨通信卫星成本更低,且有低损耗,低时延和高带宽优势,未来还可与地面网络融合,应用前景十分广阔。

1) 国外卫星互联网概况

全球范围内的卫星制造商、通信运营商,甚至互联网业务提供商都对卫星互联网领域展现出极大热情。2020 年国际电信联盟(International Telecommunication Union,ITU)公布的卫星网络资料显示,已有来自 12 个国家的 34 个企业提出了 47 个中低轨卫星星座计划,总计规划了约 12 万颗卫星,涵盖了 Ku、Ka、V、E、Q 频段。中、美、英、法等传统航天大国针对有限空间资源开始了激烈的竞争。

国外传统卫星网络,一般在宽带卫星通信系统的基础上,利用卫星通信的优势来拓展接入互联网。典型的高轨道卫星系统有国际海事卫星组织 Inmarsat 系统、美国休斯公司 Spaceway-3 系统、中轨道卫星星座 O3b 系统和低轨道卫星 Iridium 系统,这些卫星系统都具备实现卫星广播通信和一定的宽带网络接入能力。2015 年以来,在新兴互联网公司的积极投入和运作下,非静止轨道卫星系统的研究和发展如火如荼。国外主要低轨卫星互联网星座计划情况见表 4.2。

表 4.2　国外主要低轨卫星互联网星座计划

国家	公司名称	星座名称	数量	轨道参数	主用频段
加拿大	Telesat	Telesat LEO Vantage	1 617	1 320 km(50.88°)	Ka、星间激光通信
				351 km(98.98°)	
				1 248 km(37.4°)	V、星间激光通信
		TelesatV-LEO	117	1 000 km(99.5°)	
英国、印度	OneWeb	OneWebLEO	716	1 200 km(87.9°)	Ku、Ka
		OneWebV-LEO	720	1 200 km(87.9°)	V
		OneWebMEO	1 280	8 500 km(45°)	Ka、Ku、V、E
				1 584 km(53°)	
				1 584 km(53.2°)	
美国	SpaceX	StarLinkLEO	4 408	720 km(70°)	Ku、Ka、星间激光通信
		StarLinkV-LEO	7 518	348 km(97.6°)	V、星间激光通信
				172 km(97.6°)	
				345.6 km(53°)	
				340.8 km(48°)	
				335.9 km(42°)	

(1)StarLink 卫星星座

StarLink,是美国太空探索技术公司的一个项目,太空探索技术公司计划在 2019 年至 2024 年间在太空搭建由约 1.2 万颗卫星组成的"星链"网络以提供互联网服务。星链通过一个由太空中能够互相链接的卫星组成的星座为全球提供 5G 级别的高速互联网服务,拟由 4 409 颗分布在 550~1 300 km 的 LEO(低地球轨道)星座和 7 518 颗分布在 340 km 左右的 VLEO(极低地球轨道)星座构成,组网卫星总数达到 11 927 颗。StarLink 的搭建分 3 步走:第一步是用 1 584 颗卫星完成初步覆盖,其中,前 800 颗卫星满足美国、加拿大和波多黎各等国的天基高速互联网的需求;第二步是用 2 825 颗卫星完成全球组网;第三步是用 7 518 颗卫星组成更为激进的低轨星座。前两步的卫星总数量为 4 409 颗,位于 LEO 轨道,这些卫星工作在较为传统的 Ka 波段和 Ku 波段,力争以量取胜。第三步的 7 518 颗卫星位于 VLEO 轨道,将工作在 V 波段。目前,星链已基本实现卫星互联网全球覆盖。

(2)OneWeb 卫星星座

英国通信公司 OneWeb 的初始星座将由 648 颗卫星组成,2021 年开始通过 Ku 波段卫星频率提供全球互联网服务接入服务。其中 600 颗为全球覆盖的必要条件,48 颗为备用卫星,OneWeb 还计划将卫星总数增加到 900 多颗,以满足日益增长的服务需求。OneWeb 还将通过发射近 2 000 颗 V 波段频率的卫星,其中第二阶段发射 720 卫星至第一代近地轨道,高度为

1 200 km。其余的 1 280 颗组成一个独立的星座,在更高的中地球轨道运行。在 2022 年底前,完成第一阶段所有 648 颗近地轨道卫星的发射部署。

(3)Telesat 卫星星座

加拿大 Telesat 卫星服务运营公司首批 LEO 卫星于 2023 年初发射。其低轨卫星已经作为测试平台实现了 Telefonica(西班牙电信)、MOTOROLA(摩托罗拉)和美国海军等多个机构关于天线、宽带接入的技术验证。

在 2021 年 ITU 申请中,多家公司都大幅增加了卫星部署的计划规模。例如亚马逊申请增加部署 4 538 颗卫星,使得 Kuiper 计划规模达到 7 774 颗;美国火箭初创企业阿斯特拉(Astra)也提出 13 620 颗的卫星计划;波音提出计划部署 5 789 颗;还有多家初创公司也提交了部署数百至上千颗卫星的申请。

由上述可知,卫星互联网星座的特点是规模庞大、构型复杂、频率丰富、轨道多样。用户需求量猛增和高轨卫星发射的高昂成本,促使成本较低的中低轨卫星形成网络,基于 TCP/IP 协议承载 IP 业务来提供服务。随着此类星座计划的提出和建设,卫星非静止轨道资源正被迅速抢占,轨道使用情况日渐拥挤,卫星频段由常规的 C、Ku 转向 Ka 乃至 Q/V 频段。各大星座所需的星间链路将会使得空间电磁频谱环境更为复杂多变。

2)国内卫星互联网概况

在全球卫星互联网建设竞争中,我国虽然拥有数量较多的在轨卫星,但在中、低轨道上所掌握的受保护频率和轨道资源存量稀少。为实现建成全球覆盖、自主可控的卫星互联网的目标,我国正在有序推进卫星互联网。国内典型卫星互联网星座参数情况见表 4.3。

表 4.3 国内典型卫星互联网星座参数情况

公司名称	星座名称	数量	轨道参数	主用频段	发射数量
中国航天科技集团	鸿雁星座	864	1 100 km(86.4°) 1 175 km(86.5°)	L、S、Ka、V、星间激光通信	1 颗在轨
中国航天科工集团	虹云工程	1 728	1 048 km(80°) 1 040 km(80°)	L、S、C、Ka、V、E、星间激光通信	1 颗在轨验证
中国电子科技集团	天地一体化	240	880 km(86°)	L、S、Ka、V、星间激光通信	2 颗在轨验证
银河航天	银河航天	2 520	1 165 km(87.6°)	Ka、Q、V	1 颗在轨验证
九天微星	九天微星	720	700 km(97.63°)	Ka	7 颗在轨

国内卫星互联网研制和建设的主力为航空航天行业传统企业、卫星制造公司和通信运营商。中国卫通集团提出 SPACEWAY 系统并开展卫星研制相关工作;中国电信集团研究建设 GW 星座系列、信威集团提出 TXIN-WB 系统并向 ITU 组织完成频率轨道的申报;清华大学也提出了"丝路星座"中轨道卫星网络建设计划。

"鸿雁星座"是由中国航天科技集团计划建设的全球低轨卫星移动通信与空间互联网系统,系统计划由 300 颗低轨小卫星及全球数据业务处理中心组成。根据官方消息称,"鸿雁星座"具备全球复杂条件下实时双向通信能力,除了可以为用户提供实时数据通信,还具备数据采集、海洋监测、渔政管理、多媒体数据广播、防灾减灾、北斗导航系统增强等综合服务能力。"虹云工程"是由中国航天科工集团牵头研制的低轨宽带通信卫星系统,计划发射156颗卫星,致力于构建一个星载宽带全球移动互联网络。按计划,到"十四五"末,"虹云工程"将实现全部156颗卫星组网运行,完成业务星座构建。

此外,中国还于2018年起部署了首个低轨卫星物联网星座"天启星座",由38颗低轨卫星组成,2021年已发射15颗低轨卫星在轨组网运营,计划2022年全部部署完成,全面解决70%以上陆地、全部的海洋及空中物联网数据通信覆盖盲区问题。中国航天科工牵头的低轨窄带通信卫星星座"行云工程"也即将进入批量化组网建设阶段,计划在2022年完成第二阶段共12颗卫星的发射任务,并在2023年前后建成由80颗低轨通信卫星组成的覆盖全球的天基物联网星座。

2020年4月,我国首次明确"新基建"范围,并将卫星互联网纳入通信网络基础设施范畴。2021年3月,我国"十四五规划和2035远景目标"再次明确提出了要建设高速泛在、天地一体、集成互联、安全高效的信息基础设施。

2021年4月底,中国卫星网络集团有限公司(简称"星网")成立,开启我国卫星互联网发展的新征程。星网将聚焦低轨通信卫星星座,调动航天、电信两大产业资源,推进一个中国版的星链计划,充分整合各方资源与优势来攻克设计、材料、工艺、制造等产业基础难题,促进卫星互联网产业驶入高效建造的轨道。以星网为支柱,有望形成中国卫星互联网产业发展的新型举国体制,提升中国卫星互联网产业发展的国际核心竞争力。

3)卫星互联网未来应用场景

国务院印发的《"十三五"国家科技创新规划》要求推进天基信息网、未来互联网、移动通信网的全面融合。此处从系统架构、通信能力的角度简要介绍未来卫星互联网可能的发展方向和应用场景。

(1)系统架构

基于卫星转发器实现天地之间信息交互的系统,从系统架构角度可以概括为"天星—地网""天网—地面",典型的有国际海事卫星组织的Inmarsat系统和Iridium二代系统。星链类卫星互联网星座大都利用星间激光通信搭建支持IP路由的星间链路,以达到"天网—地面"的初期目标。

为实现真正全球覆盖和数据传输,卫星互联网的设计构想越来越注重不同类型的网络,不仅从物理上还要从逻辑上完成深度融合。天基网络与地面网络融合,涵盖了空中子网(高、中、低轨卫星和无人机等临空设备)以及地面子网(地面站、移动通信网、地面互联网)组成的异构网络及其节点的联接和交互。

卫星互联网与地面网络融合的新型系统架构如图4.14所示,主要由天基骨干网、天基接入网、地基节点网和地面网络组成。天基骨干网由对地静止轨道(geostationary orbit,GEO)的卫星节点联网组成,承担着网络中数据转发、路由、传输等重要功能,是实现全球全时空覆盖的基础。天基接入网由高轨或低轨的卫星节点联网而成,为陆海空天多维度用户提供互联网接入服务。地基节点网由地面站、一体化网络互联节点等地基节点联网组成,主要实现对天基网络的控制管理、信息处理,以及天基网络与地面互联网、移动通信网等地面网络的互连等。

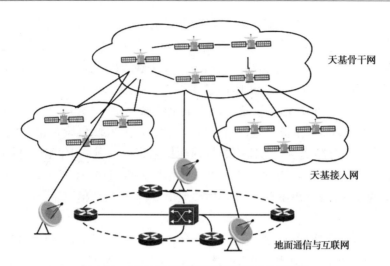

天基骨干网

天基接入网

地面通信与互联网

图 4.14　卫星互联网与地面网络融合系统架构

卫星网络与地面网络融合作为新网络发展方向,其中包含的需求定义、体系设计、协议架构、QoS 与安全性等关键技术的研究尚未形成统一规定,基于各国国情的全新异构网络的构建和运行策略也有待探索研究。

(2)通信能力

卫星网络跨域覆盖的特点有效解决了移动通信网对于海域、空域、山地等区域用户的接入难题。第三代合作伙伴计划(3rd Generation Partnership Project,3GPP)明确将开展基于 5G 的卫星网络部署方案的研究;欧洲航天局成立 Sat5G 组织,探索卫星采用 5G 的可行性方案。6G能够提供无缝覆盖的泛在无线连接和情景感知的智能服务与应用,实现地面、卫星、机载网络和海洋通信网络的无缝覆盖。结合移动通信所需的全球无缝覆盖、随遇接入、支持各类空中接口等方面,融合天基、地基节点的新型网络是面向对象的 5G/6G 网络实现万物智联的方案。针对天地一体化网络面向 5G、6G 实现更大范围覆盖、满足更多应用场景需求的组网结构如图4.15 所示。

随着星上信号再生处理、路由交换等技术的提高,载荷容量和算力的增强,卫星节点通过星间链路实现信息共享和网络状态感知。不同处理能力的卫星分为不同层级,采用协同方式进行端到端的网络和业务管理。地面站则通过网关等形式联合技术成熟的地面蜂窝网络,实现卫星网络与地面网络之间业务的互联互通。

地面设计算力巨大的一级控制器,将全面监视卫星与地面网络的数据传输、路由动态、资源占用等方面。地面控制器节点根据卫星以及地面网络状态进行计算、存储、分配资源,并发送给高轨卫星控制节点调整卫星网络的负载和路由情况。高轨卫星控制节点主要监控卫星网络中拓扑和星体的变化并转发给地面,同时将来自地面控制器的指令分发给低轨卫星节点。低轨卫星节点承担主要的数据传输、路由寻址、上传卫星动态等任务。

内陆地区用地面基站满足海量接入需求,卫星为偏远地区用户、飞机、无人机、舰船、汽车等提供随时随地的宽带接入,卫星网链路传输速率高达数百兆字节每秒,激光链路数十吉字节每秒,地面网络接入带宽约上百吉字节每秒,支持 1 000 km/h 以上终端移动速度,支持不同空中接口从微秒级到数百毫秒级的传输时延,提供精度为 10 cm 的高精度定位,有力提升移动通信能力,为更复杂应用场景提供支撑。作为天地网络融合提供服务的前提,卫星通信与地面移动通信体制逐渐兼容、频率资源实现复用、网络调度与服务质量统一管理几个方面成为当前研究热点。

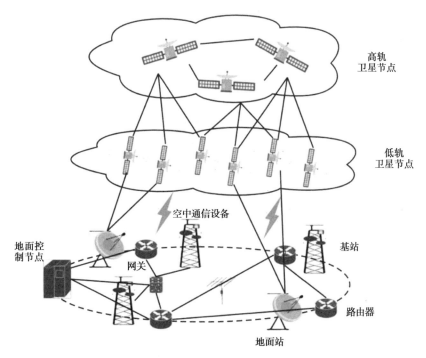

图 4.15　面向 5G/6G 异构网络结构示意

卫星互联网的未来应用前景在架构上将实现高低轨卫星协同和异构网络融合、业务上兼容移动通信与互联网服务、网络上支持拓扑动态变化,能满足更多业务需求,有效运用于应急救灾、深空探测、公共安全等实际应用领域。面向对象的 5G/6G 将实现按需提供服务、智能编排网络资源、满足网络架构弹性可重构的需求等目标,深度融合网络上 AI 的应用。

由于各国争相开展卫星星座建设,太空空间资源的共享和竞争特性对卫星互联网部署和运行形成一定阻碍和威胁,深入分析卫星互联网在未来应用场景下隐含的安全风险,如电磁频谱间干扰、轨道碎片伤害、链路接入隐患、节点暴露易受攻击等问题,将成为未来国家保障信息安全的重要课题。

4.4　物联网

4.4.1　物联网的组成

物联网顾名思义,就是指物物相连网。它不局限于互联网或物体个体之间的联系,而是通过利用传感器、控制器等感知设备与互联网用新的方式联系在一起,进行数据交换,实现信息化,远程管理控制和智能化的网络,其主要解决物品与物品、人与物品、人与人之间的关系问题。随着 5G、6G 通信技术的推进,对物联网设备处理海量数据的能力提出了更高的需求。5G 的应用有效提升了网络信息传输的速率。但高速的通信网络与大量的物联网设备势必会产生海量的数据需要进行处理;另外,物联网设备在使用公共网络进行信息传输,随着接入用户量的增多,也使得原本安全防护能力薄弱的物联网面临着更高的安全性风险,以上两点是物联网在当今和未来面临的挑战。物联网的组成如图 4.16 所示。

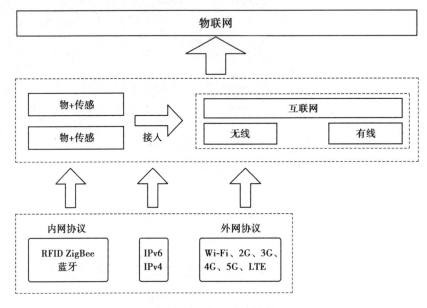

图 4.16 物联网的组成

4.4.2 物联网的结构

物联网的体系结构能够兼容各种开放协议,可分为感知层、网络层、应用层 3 层结构。如图 4.17 所示。

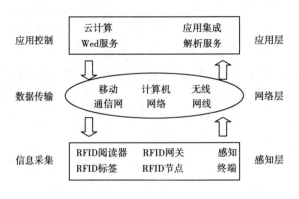

图 4.17 物联网的 3 个层次

1) 感知层

感知层主要是对外界信息的智能感知,包括物体识别及信息采集,通过 RFID、各类传感器、各类摄像头以及 GPS 定位系统采集末端信息,包括数据接入到网关之前的传感器网络。

感知层是物联网发展和应用的基础,RFID 技术、传感和控制技术、短距离无线通信技术是感知层涉及的主要技术,其中又包括芯片研发、通信协议研究、RFID 材料、智能节电供电等细分技术。

2) 网络层

物联网的网络层将建立在现有的移动通信网和互联网基础上,实现数据的转发和传送。网络层中的感知数据管理与处理技术是实现以数据为中心的物联网的核心技术,其包括传感网数据的存储、查询、分析、挖掘、理解及基于感知数据决策和行为的理论和技术。云计算平台作为海量感知数据的存储、分析平台,是物联网网络层的重要组成部分。

3) **应用层**

直接面向应用,针对物联网涉及的行业具体要求,利用经过分析处理的感知数据为用户提供丰富的特定服务,可分为监控型(物流监控、污染监控)、查询型(智能检索、远程抄表)、控制型(智能交通、智能家居、路灯控制)、扫描型(手机钱包、高速公路不停车收费)等。应用层是物联网发展的目的,软件开发、智能控制技术将会为用户提供极为丰富的物联网应用。

物联网的具体应用场景可从提升效率和保障安全两方面来分类举例:

(1)提升效率

提升制造效率:嵌入在制造设备中并遍布整个工厂的传感器可以帮助识别制造过程中的瓶颈,并减少时间和浪费。使用高级感测和分析功能来准确预测何时需要维护机器。预测性维护意味着仅在需要时才需要维护机器。

提升能源效率:传感器监视照明,温度,能源使用情况等信息。通过处理传感器数据,智能算法可以比以往更有效地实时微管理能源使用情况。在智能家居中,可以在没人在家时自动关闭供暖/制冷/照明,以节省能源。

提升农业效率:在室外,感测土壤湿度并考虑天气,实现高效率的智能灌溉。在室内,监视和管理微气候条件(湿度,温度,光照等),以促进产量提升。

提升库存效率:通过将 RFID 或 NFC 标签放置在单个产品上,可以共享大型仓库中单个物品的确切位置,从而节省了搜索时间,简化了基础设施并降低了人工成本。

零售商可以通过预测客户何时需要某些商品来避免浪费库存,并消除了手动盘存。

(2)保障安全与健康

物联网可以增强监视,监视和检测的能力,这些都可以改善健康并提高安全性。

灾难警告:传感器可以收集有关环境的重要信息,以便及早发现地震,海啸等环境灾害,从而挽救生命。

保障执法:更好的监视和跟踪工具将使当局能够发现犯罪何时发生并作出更快的反应,从而使公民更加安全。此外,执法部门甚至可以预测犯罪,从而从一开始就阻止犯罪发生。

老人护理:病人监护可以挽救生命;自动检测某人何时跌倒或何时开始心脏病发作,以便可以立即发送紧急护理。

环境质量:传感器可以检测辐射,病原体和空气质量,从而可以及早发现危险浓度,使人可以回避或撤离。

4.4.3 物联网通信技术

物联网通信技术有很多种,从传输距离上区分可以分为两类,即短距离通信技术和广域网通信技术。

1)短距离通信技术

代表技术有 ZigBee、Wi-Fi、蓝牙、Z-wave 等,典型的应用场景如智能家居。

2)广域网通信技术

目前将广域网通信技术定义为 LPWAN(低功耗广域网),典型的应用场景如智能抄表。

LPWAN 技术又可分为两类:一类是工作在非授权频段的技术,如 Lora、Sigfox 等,这类技术大多是非标、自定义实现;另一类是工作在授权频段的技术,如 GSM、CDMA、WCDMA 等较成熟的 2G/3G 蜂窝通信技术,以及目前逐渐部署应用、支持不同 category 终端类型的 LTE 及其演进技术,这类技术基本都在 3GPP(主要制定 GSM、WCDMA、LTE 及其演进技术的相关标准)或 3GPP2(主要制定 CDMA 相关标准)等国际标准组织进行了标准定义。

NB-IoT 是 3GPP 标准组织 2015 年提出的一种新的窄带蜂窝通信 LPWAN 技术。NB-IoT 技术可满足对低功耗/长待机、深覆盖、大容量有所要求的低速率业务;同时由于对于移动性支持较差,更适合静态业务场景或非连续移动、实时传输数据的业务场景,并且业务对时延低敏感。非常适合安装在壁橱等隐蔽环境,且无法外接电源的水表一类的家用或其他小型计量仪表、传感器的通信,能够有效解决其覆盖及功耗问题。

4.4.4 物联网协议

物联网协议分为两大类,一类是传输协议,另一类是通信协议。传输协议一般负责子网内设备间的组网及通信。通信协议则主要是运行在传统互联网 TCP/IP 协议之上的设备通信协议,负责设备通过互联网进行数据交换及通信。TCP/IP 协议统一了互联网,因而物联网的通信架构也构建在传统互联网基础架构之上。很多厂商在构建物联网系统时也基于 HTTP 协议进行开发。包括 physic web 项目,都是在传统 web 技术基础上构建物联网协议标准。

物联网的通信环境有 Ethernet、Wi-Fi、RFID、NFC(近距离无线通信)、ZigBee、6LoWPAN(IPv6 低速无线版本)、蓝牙、GSM、GPRS、GPS、3G、4G、5G 等网络,而每一种通信应用协议都有一定适用范围。AMQP、JMS、REST/HTTP 都是工作在以太网,COAP 协议是专门为资源受限设备开发的协议,而 DDS 和 MQTT 的兼容性则强很多。

1)物联网中常见的无线传输协议

(1)RFID

射频识别(Radio Frequency Identification,RFID),也称电子标签,是一种非接触式的自动识别技术,通过射频信号自动识别目标对象并获取相关数据(图 4.18)。RFID 由标签(Tag)、解读器(Reader)和天线(Antenna)3 个基本要素组成。RFID 技术的基本工作原理并不复杂,标签进入磁场后,接收解读器发出的射频信号,凭借感应电流所获得的能量发送出存储在芯片中的产品信息(Passive Tag,无源标签或被动标签),或者主动发送某一频率的信号(Active Tag,有源标签或主动标签),解读器读取信息并解码后,送至中央信息系统进行有关数据处理。

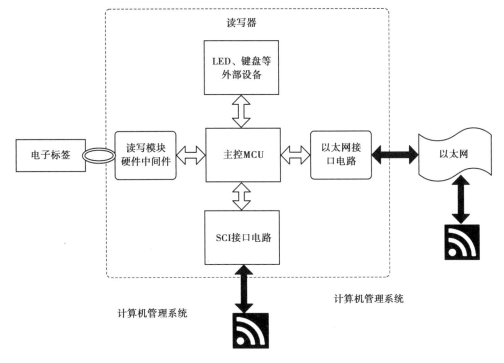

图 4.18　RFID 系统示意

(2)ZigBee

ZigBee 技术是一种近距离、低复杂度、低功耗、低速率、低成本的双向无线通信技术,ZigBee 可以工作在 2.4 GHz(全球)、868 MHz(欧洲)、915 MHz(美国)3 个频段上,最高 250 kb/s,最低 20 kb/s,传输距离为 10~75 m,ZigBee 的安全性好,采用 AES-128 加密方式,网络的自组织网和自愈能力也很强,适合传输网络控制信令,特别适合于工业场合的组网。成本较高,但抗干扰性能、组网稳定性、延迟性均较好,能够实现群体智能,如图 4.19 所示。

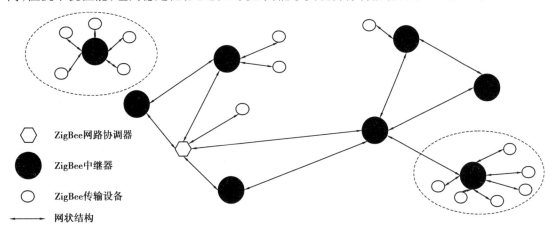

图 4.19　Zigbee 网络群体智能

ZigBee 技术在国内主要采用 ISM 频段的 2.4 GHz,衍射能力弱,穿混凝土结构能力弱,其穿层稳定性在 2 层左右,超过 2 层会大幅衰减,而且容易受到同频段的 Wi-Fi 和蓝牙的干扰,在家居和个人智能化设备上应用渐少。

(3)Wi-Fi

Wi-Fi 是当今使用最广的一种无线网络传输技术。信号源于有线网网络,只需在小区宽带上连接一个无线路由器,就可以把有线信号转换成 Wi-Fi 信号供支持其技术的相关电脑,手机,平板等接收。Wi-Fi 分为 station 和 AP,手机是 station,Wi-Fi 路由器是 AP 无线接入点,通信之前 station 需要连接上 AP,然后才能通过 AP 和互联网通信。

Wi-Fi 技术传输的无线通信质量不够好,数据安全性能和传输质量有待改进,但传输速度非常快,不需布线,非常适合移动办公用户的需要,满足个人和社会信息化的需求。

随着 IEEE 802.11 be 的出现,Wi-Fi 进化到第七代,其历程见表4.4。

表 4.4 Wi-Fi 发展历程

Wi-Fi 版本	Wi-Fi 标准	发布时间	最高速率	工作频段
Wi-Fi 7	IEEE 802.11be	2022 年	30 Gb/s	2.4 GHz,5 GHz,6 GHz
Wi-Fi 6	IEEE 802.11ax	2019 年	11 Gb/s	2.4 GHz 或 5 GHz
Wi-Fi 5	IEEE 802.11ac	2014 年	1 Gb/s	5 GHz
Wi-Fi 4	IEEE 802.11n	2009 年	600 Mb/s	2.4GHz 或 5 GHz
Wi-Fi 3	IEEE 802.11g	2003 年	54 Mb/s	2.4 GHz
Wi-Fi 2	IEEE 802.11b	1999 年	11 Mb/s	2.4 GHz
Wi-Fi 1	IEEE 802.11a	1999 年	54 Mb/s	5 GHz
Wi-Fi 0	IEEE 802.11	1997 年	2 Mb/s	2.4 GHz
2.4 GHz(802.11b/g/n/ax),5 GHz(802.11a/n/ac/ax)				

(4)蓝牙

蓝牙是一种短距离的无线通信方式,可以理解成和 Wi-Fi 是相同原理的。蓝牙分为主设备和从设备,如手机是主设备,蓝牙耳机是从设备,通信之前主设备要连接上从设备。

现阶段,蓝牙技术的主要工作范围在 10 m 左右,经过增加射频功率后的传输距离可以到达 300 m,速度可达 48 Mb/s。通信质量、安全性、功耗优于 Wi-Fi,也不需要运营商支持和支付费用,速率高。从蓝牙 5.0 起,还集成了 Mesh 标准,让蓝牙设备不用借助集线器即可实现组网通信,让蓝牙从连接无线耳机开始,进化到能够连接各种物联网设备,应用前景越来越广泛。

(5)NB-IoT

窄带物联网(Narrow Band Internet of Things,NB-IoT)构建于蜂窝网络,消耗大约 180 KHz 的频段,部署于 GSM 网络、UMTS 网络或 LTE 网络,能降低部署的成本、实现平滑升级。一个典型的 NB-IoT 网络,由数据采集层、通信层、应用服务层、用户层组成。总体架构为:终端设备、NB-IoT 网络基站、核心网服务器、业务平台。作为万物互联网中的一个重要分支技术,相较于以前常用的 Wi-Fi、蓝牙、ZigBee 等面向短距离互联应用的无线技术而言,NB-IoT 是一种长距离、广域的通信技术,它深度覆盖、支持海量连接、低功耗、低成本的特点,使其非常适合于传感、监控和计量等物联网应用场景,在智慧小区建设中更能发挥优势,已经普遍应用于小区安防系统、出入口管理系统、入侵报警系统、远程抄表系统等。在重庆"华侨城云麓台""秀山华信江岸建设工程(凤凰外滩)智能化工程"等项目中,基于 NB-IoT 技术的应用效果令用户满意。

NB-IoT 主要应用于移动通信很难支持的六大主要场景:位置跟踪、环境监测、智能停车、远程抄表、农业和畜牧业,具有低功耗(待机时间目前可达 10 年)、极好的覆盖能力(如井盖下的水表也能顺利收发信号)、连接数量大(每小区可以支持 5 万个终端)、成本低廉,近年来,在中国获得了迅猛发展。

2)物联网中常见的应用层协议

主流的物联网应用层协议有:DDS、MQTT、AMQP、XMPP、JMS、REST/HTTP、CoAP。其基本情况见表4.5。

表 4.5 物联网主要应用层协议

	DDS	MQTT	AMQP	XMPP	JMS	REST/HTTP	CoAP
抽象	Pub/Sub	Pub/Sub	Pub/Sub	NA	Pub/Sub	Request/Reply	Request/Reply
架构风格	全局数据空间	代理	P2P 或代理	NA	代理	P2P	P2P
QoS	22 种	3 种	3 种	NA	3 种	通过 TCP 保证	确认或非确认消息
互操作性	是	部分	是	NA	否	是	是
性能	100 000 msg/s/sub	1 000 msg/sub	1 000/msg/s/sub	NA	1 000/msg/s/sub	100 req/s	100 req/s
硬实时	是	否	否	否	否	否	否
传输层	缺省为UDP,TCP 也支持	TCP	TCP	TCP	不指定,一般为 TCP	TCP	UDP
订阅控制	消息过滤的主题订阅	层级匹配的主题订阅	队列和消息过滤	NA	消息过滤的主题和队列订阅	N/A	支持多播地址
编码	二进制	二进制	二进制	—	二进制	—	二进制
动态发现	是	否	否	NA	否	否	是
安全性	提供方支持,一般基于 SSL 和 TLS	简单用户名,/密码认证,SSL 数据加密	SASL 认证,TLS 数据加密	TLS 数据加密	提供方支持,一般基于 SSL 和 TLS,JAASAPI 支持	一般基于 SSL 和 TLS	—

（1）DDS

DDS（Data Distribution Service，数据分发服务），是分布式实时通信中间件协议，采用发布/订阅体系架构，强调以数据为中心，提供丰富的 QoS 服务质量策略，以保障数据进行实时、高效、灵活的分发，可满足各种分布式实时通信应用需求。目前在国内主要用于自动驾驶和工业机器人领域。

（2）MQTT

MQTT（Message Queuing Telemetry Transport，消息队列遥测传输协议），是一种基于发布/订阅（publish/subscribe）模式的"轻量级"通信协议，该协议构建于 TCP/IP 协议上，由 IBM 在 1999 年发布。MQTT 最大优点在于，可以以极少的代码和有限的带宽，为连接远程设备提供实时可靠的消息服务。作为一种低开销、低带宽占用的即时通信协议，使其在物联网、小型设备、移动应用等方面有较广泛的应用。

（3）AMQP

AMQP（Advanced Message Queuing Protocol，高级消息队列协议），能够实现客户端应用和消息中间件服务器的全功能互操作，适合于客户端。可传递消息，不受不同客户所使用的开发语言等条件的限制。

（4）XMPP

XMPP 协议（Extensible Messaging and Presence Protocol，可扩展消息处理现场协议）是一种基于 XML 的协议，是为了解决及时通信标准而提出来的，最早是在 Jabber 上实现的，所以也称为 Jabber，是一种开放的互联网实时通信协议。

很多流行的聊天软件都是 XMPP 的封装应用，比如 Google Hangout、Facebook Message、AOLChat、米聊、人人桌面和陌陌等。很多网络游戏的内部聊天用的也是 XMPP 协议。与常见的集中式架构的通信软件（如 QQ、微信）不同，采取邦联式架构的 XMPP 客户端与服务器、服务器之间的通信使用的是公开而标准化的协议——这保证了任何人都可以参考这些标准开发出可以和系统中其他组件互操作的组件，甚至可以自己搭建服务器，为自己提供服务。通过 XMPP 所支持的不留记录即时通信协议（Off-the-Record Messaging，OTR），可以实现端到端通信的加密，从而保障"私聊"的真正"私"性质和通信的安全性。

（5）JMS

JMS 即 Java Message Service（Java 消息服务）应用程序接口，是一个 Java 平台中关于面向消息中间件（MOM）的 API，用于在两个应用程序之间，或分布式系统中发送消息，进行异步通信。

JMS 用于在分布式应用程序之间以松散耦合、异步、可伸缩和安全的方式传递消息。应用程序使用所谓的目的地，通过面向消息的中间件发送和接收消息。异步意味着消息的发送方和接收方不需要同时与消息队列交互。因此，接收方可以在消息发送后的某个时间提取消息。松散耦合，因为发送方对接收方一无所知，接收方对发送方一无所知。可伸缩性意味着系统的不同部分可以以不同的速率增长，并响应应用程序负载。如果站点上突然爆发的活动导致通过消息传递中间件发送的消息急剧增加，那么消息可以在接收方响应或自动缩放时排队，能有效防止系统崩溃。

（6）REST/HTTP

REST（Representational State Transfer，表述性状态传递）是 Roy Fielding 博士在其 2000 年的博士论文中提出来的一种软件架构风格。它是一种针对网络应用的设计和开发方式，可以降低开发的复杂性，提高系统的可伸缩性。

表述性状态转移是一组架构约束条件和原则。满足这些约束条件和原则的应用程序或设计就是 RESTful。REST/HTTP 是基于使用 HTTP 协议实现的架构，其 Web 服务与复杂的 SOAP 和 XML-RPC 对比来讲明显更加简洁，如 Amazon.com 和雅虎提供的 Web 服务。

（7）CoAP

CoAP 是受限制的应用协议（Constrained Application Protocol）的代名词。由于目前物联网中的很多设备都是资源受限型的，所以只有少量的内存空间和有限的计算能力，传统的 HTTP 协议在物联网应用中就会显得过于庞大而不适用。因此，IETF 的 CoRE 工作组提出了一种基于 REST 架构、传输层为 UDP、网络层为 6LowPAN（面向低功耗无线局域网的 IPv6）的 CoAP 协议。

4.4.5 以太网

以太网是现有局域网采用的最通用的通信协议标准，组建于 20 世纪 70 年代早期。最初的 Ethernet（以太网）是一种传输速率为 10 Mb/s 的常用局域网（LAN）标准。在以太网中，所有计算机被连接在一条电缆上，采用具有冲突检测的载波监听多路访问方法，采用竞争机制和总线拓扑结构。以太网一般由共享传输媒体（如双绞线电缆）和多端口集线器、网桥或交换机构成。在星形或总线型配置结构中，集线器/交换机/网桥通过电缆使得计算机、打印机和工作站彼此之间相互连接。大数据时代，数据中心和云计算的迅猛发展，对现有以太网提出了新的要求，各项标准也在不断完善和制定当中。伴随着相关新标准的制定和相关新需求的提出，出现了 FCoE、大二层网络技术、Overlay 技术和 SDN 与 Overlay 融合技术等新技术。

1）以太网具有的一般特征

（1）共享媒体

所有网络设备依次使用同一通信媒体。

（2）广播域

需要传输的帧被发送到所有节点，但只有寻址到的节点才会接收到帧。

（3）CSMA/CD

以太网中主要利用载波监听多路访问/冲突检测方法（Carrier Sense Multiple Access/Collision Detection）以防止多个节点同时发送。在 40 G/100 G 以太网标准中，为保证传输速度，采用了全双工替代 CSMA/CD。

（4）MAC 地址

媒体访问控制层的所有 Ethernet 网络接口卡（NIC）都采用 48 bit 网络地址。这种地址全球唯一。

2) Ethernet 网络基本组成

（1）共享媒体和电缆

共享媒体和电缆主要使用多模光纤，单模光纤和双绞线。

（2）转发器或集线器

集线器或转发器是用来接收网络设备上的大量以太网连接的一类设备。通过某个连接的接收双方获得的数据被重新使用并发送到传输双方中所有连接设备上，以获得传输型设备。

（3）网桥

网桥属于第2层设备，负责将网络划分为独立的冲突域或分段，达到能在同一个域/分段中维持广播及共享的目标。网桥中包括一份涵盖所有分段和转发帧的表格，以确保分段内及其周围的通信行为正常进行。

（4）交换机

交换机，与网桥相同，也属于第2层设备，且是一种多端口设备。交换机所支持的功能类似于网桥，但它比网桥更具有优势，可以临时将任意两个端口连接在一起。交换机包括一个交换矩阵，通过它可以迅速地连接端口或解除端口连接。与集线器不同，交换机只转发从一个端口到其他连接目标节点且不包含广播的端口的帧。

（5）以太网协议

①标准以太网：以太网最初只有 10 Mb/s 的吞吐量，使用 CSMA/CD（带有碰撞检测的载波侦听多路访问）的访问控制方法，这种早期的 10 Mb/s 以太网称为标准以太网。以太网主要有两种传输介质，双绞线和光纤。

所有的以太网都遵循 IEEE802.3 标准，其分类见表 4.6。

表 4.6　以太网的分类

以太网的分类			
狭义以太网	D1X 以太网	10 Mb/s 以太网	使用 CSMA/CD
	IEEE B02.3		
广义以太网	IEEE B02.3u	100 Mb/s 以太网	可以选择使用 CSMA/CD
	IEEE B02.3z	1 Gb/s 以太网	
	IEEE B02.3ae	10 Gb/s 以太网	不使用 CSMA/CD
	IEEE B02.3ba	40/100 Gb/s 以太网	

②百兆以太网（Fast Ethernet）：也称快速以太网，仍是基于 CSMA/CD 技术，当网络负载较重时，会造成效率的降低，需使用交换技术来弥补。100 Mb/s 快速以太网标准基于 IEEE 802.3u 分为 100Base-TX、100Base-FX、100Base-T4 三个子类。标准中前面的数字表示传输速度，单位是"Mb/s"，最后的一个数字表示单段网线长度（基准单位是 100 m），Base 表示"基带"的意思，Broad 代表"带宽"。

100 Base-TX：一种使用5类数据级无屏蔽双绞线或屏蔽双绞线的快速以太网技术。它使用两对双绞线，一对用于发送数据，一对用于接收数据。最大网段长度为 100 m。支持全双工的数据传输。

100 Base-FX：使用单模或多模光纤（62.5 或 125 μm）。多模光纤连接的最大距离为 550 m。单模光纤连接的最大距离为 3 000 m。使用 MIC/FDDI 连接器、ST 连接器或 SC 连接器。它的最大网段长度为 150 m,412 m,2 000 m 或更长至 10 km,与所使用的光纤类型和工作模式有关,支持全双工的数据传输。特别适合有电气干扰的环境,或是在连接距离较大、保密程度较高的环境下适用。

100Base-T4：是一种可使用 3,4,5 类无屏蔽双绞线或屏蔽双绞线的快速以太网技术。100Base-T4 使用四对双绞线,其中的三对用于在 33 MHz 的频率上传输数据,每一对均工作于半双工模式。第四对用于 CSMA/CD 冲突检测。它使用与 10 Base-T 相同的 RJ-45 连接器,最大网段长度为 100 m。

③千兆以太网：千兆技术仍然是以太技术,它采用了与 10 M 以太网相同的帧格式、帧结构、网络协议、全/半双工工作方式、流控模式以及布线系统。由于该技术不改变传统以太网的桌面应用、操作系统,因此可与 10 M 或 100 M 的以太网很好地配合工作。升级到千兆以太网不必改变网络应用程序、网管部件和网络操作系统,能够最大限度地保护投资。

1000BASE-T：1 Gb/s 介质超五类双绞线或 6 类双绞线。

1000BASE-SX：1 Gb/s 多模光纤（取决于频率以及光纤半径,使用多模光纤时最长距离在 220 m 至 550 m 之间）。

1000BASE-LX：1 Gb/s 多模光纤（小于 550 m）、单模光纤（小于 5 000 m）。

1000BASE-LX10：1 Gb/s 单模光纤（小于 10 km）。长距离方案

1000BASE-LHX：1 Gb/s 单模光纤（10 km 至 40 km）。长距离方案

1000BASE-ZX：1 Gb/s 单模光纤（40 km 至 70 km）。长距离方案

④万兆以太网：万兆以太网规范包含在 IEEE 802.3 标准的补充标准 IEEE 802.3ae 中,它扩展了 IEEE 802.3 协议和 MAC 规范使其支持 10 Gb/s 的传输速率。除此之外,通过 WAN 界面子层（WIS：WAN interface sublayer）,10 千兆位以太网也能被调整为较低的传输速率,如 9.584 640 Gb/s（OC-192）,这就允许 10 千兆位以太网设备与同步光纤网络（SONET）STS-192c 传输格式相兼容。

10GBASE-CX4：短距离铜缆方案用于 InfiniBand4x 连接器和 CX4 电缆,最大长度为 15 m。

10GBASE-SR：用于短距离多模光纤,根据电缆类型能达到 26~82 m,若使用新型的 2 GHz 多模光纤可以达到 300 m。

10GBASE-LX4：使用波分复用支持多模光纤 240~300 m,单模光纤超过 10 km。

10GBASE-LR 和 10GBASE-ER：透过单模光纤分别支持 10 km 和 40 km。

10GBASE-SW、10GBASE-LW、10GBASE-EW。用于广域网 PHY、OC-192/STM-64 同步光纤网/SDH 设备。物理层分别对应 10GBASE-SR、10GBASE-LR 和 10GBASE-ER,因此使用相同光纤支持距离也一致。（无广域网 PHY 标准）

10GBASE-T：使用屏蔽或非屏蔽双绞线,使用 CAT-6A 类线至少支持 100 m 传输。CAT-6 类线也在较短的距离上支持 10 GBASE-T。

⑤100 Gb/s 以太网：40G/100 G 以太网标准,包含若干种不同的节制类型。使用附加标准 IEEE 802.3ba。

40GBASE-KR4:背板方案,最小距离 1 m。

40GBASE-CR4/100GBASE-CR10:短距离铜缆方案,最大长度大约 7 m。

40GBASE-SR4/100GBASE-SR10:用于短距离多模光纤,长度在 100 m 以上。

40GBASE-LR4/100GBASE-LR10:使用单模光纤,距离超过 10 km。

100GBASE-ER4:使用单模光纤,距离超过 40 km。

3)CSMA/CD 基本工作过程

发送和接收介质访问管理模块的主要功能是实现带冲突检测载波监听多路访问和介质访问协议。CSMA/CD 是一种随机争用介质方式,用以解决哪一个节点能把信息正确地发送到介质上的问题。由于介质是所有节点共享的,而每一节点的发送又都是随机的,有可能两个节点(或两个以上节点)同时往介质上发送信息,就会发生冲突,以致接收节点无法接收到正确的信息。

发送时,按下列五个步骤进行:

①传输前侦听。各工作站不断地监视电缆段上的载波。"载波"是指电缆上的信号,通常表明电缆正在使用的电压来识别。如果工作站没有侦听到载波,则它认为电缆空闲并开始传输。如果在工作站传输时电缆忙(载波升起),则其将与已在电缆上的信息发生冲突。

②如果电缆忙则等待。为了避免冲突,如果工作站侦听到电缆忙则等待。

③传输并检测冲突。当介质被清(载波消失)后 9.6 μs,工作站可以传输。数据向电缆系统的两个方向传输。如果同一段上的其他工作站同时传输数据,数据包在电缆上将产生冲突。冲突由电缆上的信息来识别,当电缆上的信号大于或等于由两个及其以上的收发器同时传输所产生的信号时,则认为冲突产生。在电缆上发生冲突的数据包就成为废数据片。同时,发生冲突的工作站"广播",向公共电缆传输一条"干扰"信号,使在电缆上的工作站能够感知到冲突。

④如果冲突发生,重传前等待。如果工作站在冲突后立即重传,则它第二次传输也将产生冲突。因此,工作站在重传前必须随机地等待一段时间,这种方式称为"退避算法"。

⑤重传或夭折。若工作站是在繁忙的电缆段上,即使不产生冲突,也可能不能进行传输。工作站在它必须夭折传输前最多可以有 16 次的传输。若工作站重传并且没有表明数据包再次产生冲突,则认为传输成功。

接收时,在电缆段上活动的工作站依据下列步骤:

①浏览收到的数据报并且校验是否成为碎片。在 Ethernet 局域网上,电缆段上的所有工作站将浏览电缆上传输的每一个包,并不考虑其地址是否是本地工作站。接收站检查数据包来保证它有合适的长度,而不是由冲突引起的碎片,包长度最小为 64 bit。

②检验目标地址。接收站在判明已不是碎片之后,下一步是校验包的目标地址,看它是否要在本地处理。如果它的地址是本地工作站地址,或是"广播地址",或是被认可的多站地址,工作站将校验包的完整性。

③如果目标是本地工作站,则校验数据包的完整性和正确性,主要是校验数据帧的长度、内容,如果完全正确,则接收数据包。

以太网典型结构,如图 4.20 所示。

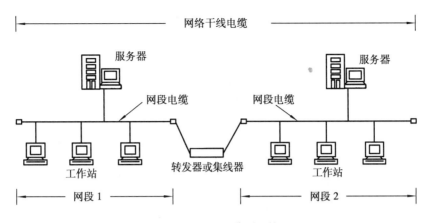

图 4.20 以太网典型结构

基于 CSMA/CD,还可以改进混合 RFID 防碰撞算法。射频识别技术在日常生活中应用非常的广泛,如小区的门禁管理,停车场管理等,另外在工厂中生产线自动化和物料管理之中也有相当多的应用。基于 CSMA/CD 改进混合 RFID 防碰撞算法,首先由时隙 ALOHA 算法完成首次识别,剩余未成功识别的标签通过借鉴有线以太网中的协议思想,应用于无线收发领域。即由载波监听/冲突检测机制和截断二进制指数退避算法完成二次重传,但需要增加硬件装置来发射干扰信号,加强标签碰撞。一旦被成功识别,就立即从后端服务器中检索对应的标签信息。

以太网的发展很快,从单根长电缆的典型以太网结构开始演变。单根电缆容易出现断裂点或者松动位置等连接相关的问题,驱使出现另一种类型的布线。在这种模式中,每个站都有一条专用电线连接到一个中央集线器。集线器只是在电气上简单地连接所有连接线,就像把它们焊接在一起。集线器不能增加容量,因为它们逻辑上等同于单根电缆的经典以太网。随着越来越多的站加入,每个站获得的固定容量共享份额下降,导致 LAN 将饱和。

不断增长的负载可以靠交换式以太网来解决。交换式以太网结构如图 4.21 所示,它的核心是一个交换机,它包含一块连接所有端口的高速背板。交换机外观类似集线器,通常拥有

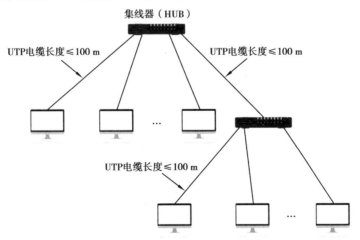

图 4.21 交换式以太网体系结构

4~48 个端口,每个端口都有一个标准的 RJ-45 连接器用来连接双绞电缆。交换机只把帧输出到该帧想去的端口。通过简单地插入或者拔出电缆就能完成添加或者删除一台机器;由于片状电缆或者端口通常只影响到一台机器,因此容易被发现错误。若一个共享组件出现故障,即说明交换机本身出现故障;如果所有站都失去了网络连接,则更换整个交换机即可。

4.4.6 控制令牌

控制令牌是另一种传输媒体访问控制方法,如图 4.22 所示。它是按照所有站点共同理解和遵守的规则,从一个站点到另一个站点传递控制令牌。对于某一个站点而言,只有当它占有令牌时,才能发送数据帧,当它发完数据帧后,才能把令牌传递到下一个站点。其操作次序如下:

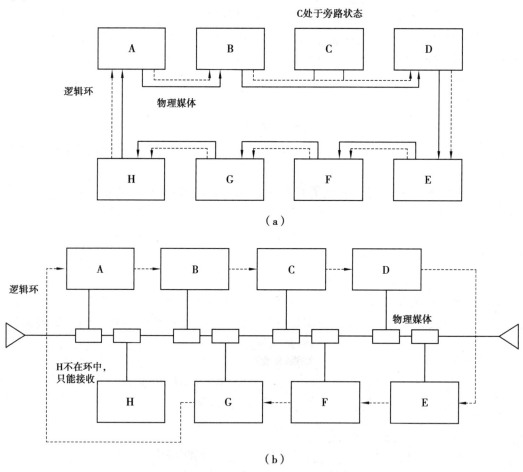

图 4.22 令牌媒体访问控制示意图

①首先建立一个逻辑环,将所有站点与物理媒体相连,然后产生一个控制令牌。

②控制令牌由一个站点沿着逻辑环顺序向下一个站点传递。

③等待发送帧的站点接收到控制令牌后,把要发送的帧利用物理媒体发送出去,然后再将控制令牌沿逻辑环传递给下一个站点。

控制令牌法除了用于环形网拓扑结构外,也可用于总线网络拓扑结构,它们建立的逻辑环分别如图 4.22 所示。

对于一个物理环,令牌传递的逻辑结构和物理环的结构相同,令牌传递的次序和站点连接的物理次序保持一致;但对总线网而言,逻辑环次序则不必和电缆上的站点连接次序相对应,所有站点没有必要必须按逻辑环连接。如在图 4.22(b)中,H 站并不在逻辑环上,因此它只能以接收方式工作。

控制令牌与以太网不同的另一个特点是,在负荷很重时,仍具有确定的响应时间。

4.4.7 同步光纤网络 SONET

随着光传输线路的出现,数字时分复用(TDM)方案的进一步演化即出现了标准的信号格式,这就是美国在 1988 年首先推出的一个数字传输标准 SONET,它是连接光纤传输系统的标准,是一个全球的物理网络,非常像局域网中的以太网双绞线电缆。该格式在北美称为同步光网络 SONET(Synchronous Optical Network)同步光纤网络,该术语在其他国家和地区称为同步数字系列 SDH(Synchronous Digital Hierarchy)。

SONET 可使用 1 Gb/s 以上的速度发送数据,而且能够发送数据、语音和图像。其是一种高可用性的传输技术,具有自愈的拓扑结构;且一个多供应商,不需要做转换便可实现不同供应商的系统之间的连接;作为一种同步操作网络,具有很强的多路复用能力,是一个可为网络用户和管理员提供大量的 OAM&P(网络运营、管理、维护和供应)服务的系统。

未来 SONET 的发展将向着多业务承载、智能化和大传输容量的方向发展,这是通信技术业务综合化、宽带化和数字化发展的要求。与多业务承载能力相关的是多业务传送平台(MSTP)。MSTP 是基于 SONET 的平台的较为成熟的技术,可以满足大数据业务的需求。可以同时接入、处理和传送 TDM、ATM、以太网等业务并提供统一的网管多业务节点。它基于 SONET 的思想,将 SONET 对实时业务的有效承载与高层网络相结合来增强传送节点对多类型业务的综合承载能力。基于 SONET 的智能化光传输技术(ASON)可以满足更高的智能传送,也是网络发展的必然趋势。更高的传输容量是通信领域亘古不变的主题。SDH 虽然凭借稳定的网络保护能力和快速恢复能力占据着优势,但它已经逐渐不能满足窄带接入网的速率要求。这时融合了 SONET 与 WDM 特点的新技术 OTN 也必将是未来的发展方向。

1) 帧结构与速率

SONET 的基本帧结构是一个由 9 行、90 列字节构成的二维结构,其中的一个字节等于 8 比特,如图 4.23 所示。基本 SONET 帧的周期为 125 μs,因此基本 SONET 信号的传输比特速率为:

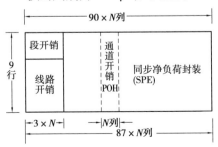

图 4.23 SONET 的帧结构

STS-1 =（90 字节/行）（90 行/帧）（8 比特/字节）（125 μs/帧）= 51.84 Mbps

该信号称为 STS-1 信号，STS 表示同步传输信号，所有 SONET 信号都是这个速率的整数倍，STS-N 信号的比特速率为 51.84 Mb/s 的 N 倍。

当采用 STS-N 信号调制光源时，先对逻辑 STS-N 信号进行扰码以减少长连 0 和长连 1，这样在接收机中便于时钟的恢复。经过电光变化后的物理层光信号称为 OC-N，OC 表示光载波。实际中更普遍的是采用 OC-N 链路表示 SONET 链路。

在 SDH 中基本速率等于 STS-3，即 155.52 Mb/s，称为同步传输模式-等级 1（STM-1），更高的速率表示成 STS-M，它相当于 SONET OC-N 信号，$N = 3M$（如 $N = 3, 12, 48$ 和 192，那么 $M = 1$，4，12 和 64）。这表明，为了保持 SONE 与 SDH 相兼容，实际采用的 N 值都是 3 的倍数。

表 4.7 常用的 SONET 和 SDH 传输速率

SONET 等级	电等级	线路速率/(Mb·s⁻¹)	相应的 SDH
OC-1	STS-1	51.84	—
OC-3	STS-3	155.52	STM-1
OC-12	STS-12	622.08	STM-4
OC-24	STS-24	1 244.16	STM-8
OC-48	STS-48	2 488.32	STM-16
OC-96	STS-96	4 976.64	STM-32
OC-192	STS-192	9 953.28	STM-64

光学载波（OC）是在一个有许多确定水平的 SONET 光纤网络中的一组信号带宽。它通常表示为 OC-n，其中，n 是一个倍数因子，表示是基本速率 51.84 Mb/s 的多少倍。目前定义的最大标准为 OC-3072（≈160 Gb/s）。

2）光接口

为了保证不同制造商的设备能够互通，SONET 和 SDH 规范提供光源特性、接收灵敏度以及不同类型光纤的传输距离特性，表 4.8 给定了标准定义的 6 种传输距离，它们在 SONET 和 SDH 中所用的术语各不相同。

表 4.8 SONET 和 SDH 中所用的术语对照

传输距离/km	SONET 术语	SDH 术语
小于等于 2	短距离	局间
15	中距离	短途
40（1 310 nm）	长距离	长途
80（1 550 nm）	—	—
120（1 550 nm）	—	甚长途
160（1 550 nm）	—	超长途

　　针对表4.8中不同等级的耗损和色散特性,可采用的光源包括发光二极管(LED)、多模纵向(MLM)激光器和单模纵向(SLM)激光器。另外,使用高功率激光器可以实现较长距离的传输。

3)SONET/SDH 网络与设备

　　分插复用器(ADM)是一个重要的 SONET/SDH 网络设备。这种设备是一个完全同步的、面向字节的复用器,可分接和插入 OC-N 信号中的子信道。它实际上是一个把 DS1 信号添加到 SONET/SDH 环或者从 SONET/SDH 环上卸下的同步复用器,在出现故障时,ADM 也能做环的愈合。通过对 ADM 进行重新配置,可将其用于连续的操作。

　　终端复用器用来把输入的 T1,E1 以及其他信号包封成供网络使用的 STS 有效负载,它由控制器、转发器、时隙交换器(TSI)等几个部分组成。

　　图 4.24 为最简单的环状拓扑结构——USHR(单向自愈环)的基本设备示意图,它具有双环结构,外环为保护环,内环为工作环,各个分插复用器相当于很多节点,一旦两个 ADM 之间的工作光纤被切断,外环将继续维护网络的正常信息交换,从而达到自愈的目的。

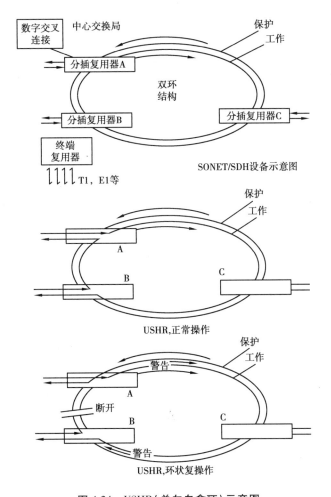

图 4.24　USHR(单向自愈环)示意图

市面上的 SONET/SDH 设备允许构成其他各种不同的网络结构,如配置成点对点链路、线形链路、单向通道切换环(UPSR)、双向线路切换环(BLSR)、环际互联等。

4.4.8　5G 技术

5G 指的是第五代移动通信技术。与前四代不同,5G 并不是一个单一的无线技术,而是现有的无线通信技术的一个融合。5G 下载的峰值速率能达到 10 Gb/s,比 4G 提高 100 倍。

1)应用场景

5G 核心应用场景有以下 3 个:

EMBB(Enhanced Mobile Broadband,增强移动宽带),是利用 5G 更好的网络覆盖及更高的传输速率来为用户提供更好的上网接入服务,使得无线上网具有更高的上网速率和更稳定的传输,给客户带来的最直观的感受就是网速的大幅提升,观看 4K 高清视频非常流畅。

URLLC(Ultra Reliable & LowLatency Communication,低时延高可靠),可以广泛应用于如 AR/VR、工业控制系统、交通和运输(如无人驾驶)、智能电网和智能家居的管理、交互式的远程医疗诊断等。

MMTC(Massive Machine Type Communication,海量物联网通信或大规模物联网业务),5G 低功耗、大连接和低时延高可靠的特性很好地适应了面向物联网的业务,可以重点解决传统移动通信无法很好支持地物联网及垂直行业应用的问题。低功耗大连接场景主要面向智慧城市、环境监测、智能农业、森林防火等以传感和数据采集为目标的应用场景,具有小数据包、低功耗、海量连接等特点。这类终端分布范围广、数量众多,不仅要求网络具备超千亿连接的支持能力,满足 1 000 000 个/km^2 连接数密度指标要求,而且还要保证终端的超低功耗和超低成本。

2)5G 网络特点

5G 融合毫米波、大规模天线阵列、超密集组网等关键技术,低时延、高可靠性、高速率、频谱和能源高效利用是 5G 技术的最大特点。5G 网络的峰值理论传输速度可达 10 Gb/s,比 4G 网络的传输速度快数百倍;每平方千米的连接能力为 100 万终端,是 4G 的 10 倍,延时从 10 ms 降低至 1 ms。与 4G 侧重于人与人之间的通信不同,5G 侧重于物联网通信,把人与人、人与物、物与物连成一体,构成全新的信息化基础设施。

3)5G 关键技术

网络切片技术是提升 5G 网络架构灵活性以支持多样场景需求的关键技术之一。针对不同类型的业务需求,可以将定制的网络功能灵活地组合成不同的端到端相互隔离的独立网络。网络切片将一个物理网络切割成多个虚拟的端到端的网络,每个虚拟网络之间,包括网络内部的设备、接入、传输及核心网,逻辑独立,任何一个虚拟网络发生故障都不会影响到其他虚拟网络。

5G 其他关键技术还包括:同时同频全双工、设备间直接通信技术、自组织网络。自组织网络(SON)的设计思路是在网络中引入自组织能力,包括自配置、自由化、自愈合等,实现网络的规划、部署、维护、优化和排障等各个环节的自动进行,尽量减少人工干预,使用户体验更加舒适。

　　5G 是一个多制式的异构网络,将会有多层、多种无线接入技术共存。将会支持更智能、同一的 SON 功能,统一实现多种无线接入技术、覆盖层次的联合自配置、自由化、自愈合。

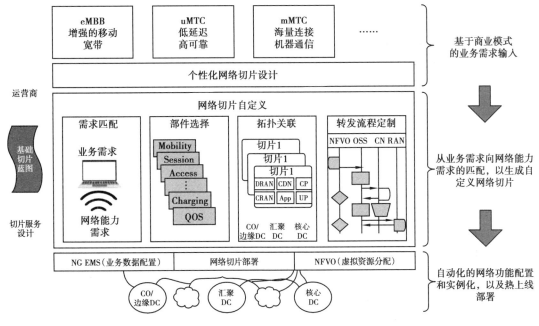

图 4.25　基于网络切片的 5G 智能建筑集成系统

4)基于 5G 的智能建筑集成系统

　　如图 4.26 所示,基于网络切片技术可以实现建筑场景的自动化编程,也可实现依据特殊需求的场景个性化定制,进而构建一种场景可编程、功能可定制的 5G 智能建筑集成系统,敏捷且灵活,能满足个性化和绿色生态化的节能需求。

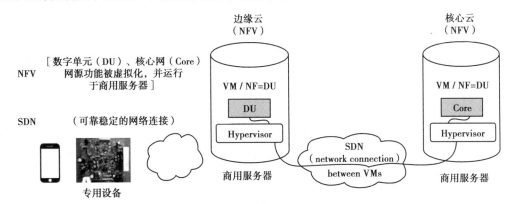

图 4.26　智能建筑的 5G 网络架构

　　网络功能虚拟化(Network Function Virtualization,NFV)是实现网络切片的先决条件。NFV 就是将网络中专用设备的软硬件功能(如核心网中的 MME,S/P-GW 和 PCRF,无线接入网中的数字单元 DU 等)转移到虚拟主机(VMs,Virtual Machines)上。网络经过功能虚拟化后,无线接入网部分称为边缘云(Edge Cloud),核心网部分称为核心云(Core Cloud)。边缘云中的

VMs 和核心云中的 VMs,通过 SDN(软件定义网络)互联互通。这样,通过 5G 就搭建出包含核心云和边缘云的智能建筑集成化网络。

4.4.9　6G 技术

2019 年 11 月 3 日国家 6G 技术研发推进工作组和总体专家组宣告成立,标志着中国 6G技术研发工作正式启动。6G 技术在 2021 年已经进行了区域验证,预计在 2030 年投入使用。单从速率来看,6G 比 5G 快 100~200 倍,理论网速能达到 1 Tb/s,网络延迟从毫秒级降到微秒级。6G 的架构如图 4.27 所示。

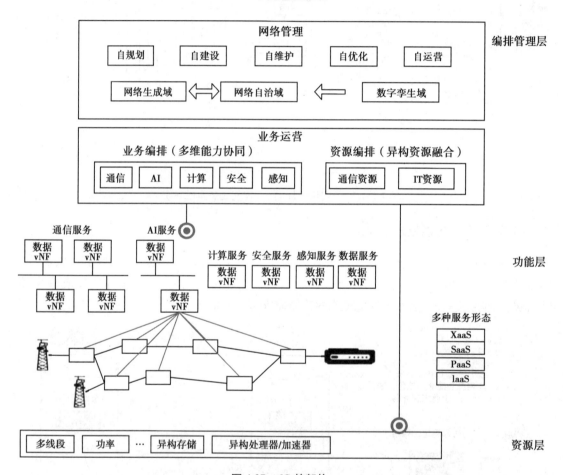

图 4.27　6G 的架构

5G 满足了万物互联的时代需求,导致 ICDT 的融合,云计算、AI、大数据开始和网络融合,社会新业务、新场景和新需求不断涌现,要求通信与计算、大数据、AI、安全实现一体化,克服5G 出现的高能耗、高成本的不足,降低 5G、4G、2G 共存带来的网络运维难度。在 2022 年 3 月召开的全球 6G 技术大会上,中国移动首席专家刘光毅提出了 6G 的 6 个基本技术特征,如图4.28 所示。其中,数字孪生首当其冲。

数字孪生帮助整个社会走向数字孪生的虚拟与现实结合的世界。数字孪生让现实世界的每一个物体和人,都会在虚拟世界有一个映射或代理,人可以在虚拟世界中模拟现实社会的运行,从而对现实世界的未来做出预判和必要干预。而虚拟世界中发生的事情,可以直接作用于物理世界,甚至对物理世界内的行为产生影响和触动,这就是当前提出元宇宙概念的背景。

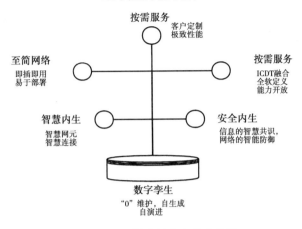

图 4.28　6G 技术的六大基本特征

在 6G 时代还会出现越来越多的东西拥有内生智能。5G 主要连接实体,连接没有自有智能的节点。而在 6G 时代,超能交通、身体域网络、机器间的协同、多感官混合现实、虚拟助理、情感和触觉交流、触觉互联网、全息、智能交互、空间通信都将实现。触觉互联意味着未来传递的信息将超越图片、文字、声音、视频,会包括传递味觉、触觉,甚至情感,将大大提高网络沟通和学习的效率,甚至可以通过脑机接口,对人体的大脑皮层进行直接刺激,形成物理记忆,彻底变革现有的学习方式。而身体域网络将导致人类使用更多的可替代、植入式身体器官,甚至在身体里安装纳米机器人来动态监控身体各器官的运行,在网络中进行人体运行状态的实时跟踪和模拟,对病变进行预测和提前干预,大大提升人的生命质量。

具体来说,6G 时代将会突破下述关键技术。

1) 泛在智能与集体 AI

人类期望无论何时、无论何地,都能随心所欲地传递信息,这就是整个通信行业的大愿景之一"泛在通信"。但是这个通信愿景并未链接到现实体验。从个人需求来看,所有人其实都期望自己的居住环境更智能,这也是目前智慧城市、智慧家庭、智慧社区概念兴盛的由来。人周围的一切将会非常智能,甚至于可能能够智能操纵编解码、信号处理和感知通信结构。因而 AI 将会成为 6G 不可缺少的一部分,从而形成"泛在智能"。

而另一方面,随着智能设备的广泛部署和终端计算能力越来越强大,AI 模型的训练和推理将很有可能下放到微基站或者网络边缘节点(比如雾联网 fog-RAN),分布式 AI 训练和推理将会成为未来主流,从而实现"集体 AI",利用低延迟、高带宽的通信技术把原本的单设备智能组合形成智能设备群,利用群体决策来实现更加可靠高效的"泛在智慧"。如图 4.29 所示。

基于泛在智能的出现,6G 不仅包含 5G 涉及的人类社会、信息空间、物理世界(人、机、物)这 3 个核心元素,还会包含虚拟空间的第四维元素——灵(Genie)。Genie 存在于虚拟世界体系,不需要人工参与即可实现通信和决策制定。Genie 基于实时采集的大量数据和高效机器学习技术,完成用户意图的获取以及决策的制定。

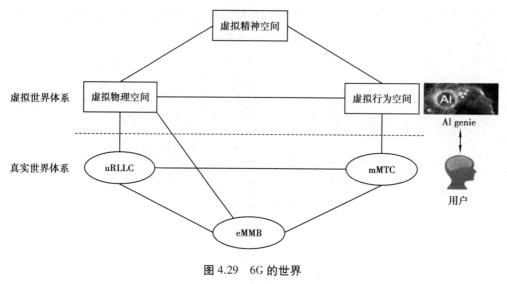

图 4.29　6G 的世界

2)网络内生安全

当前含 5G 在内的通信系统,其安全性主要来自网络不同层级的安全协议,如常见的加密协议,应用层主要采用 HTTPS 协议,传输层可能采用 SSH 协议,这是一种源于补丁思维的外挂表现,导致目前的移动通信系统在身份认证、接入控制方面暂时存在较多的挑战,使得物理 SIM 卡并不能被 eSIM 卡完全替代。而 6G 网络在网络协议设计之初,就可以从用户、基站、边缘侧来构建整体安全体系,从而解决网络的内生安全问题。

当解决了无线传输的内生安全,则未来的无线网络将有望取代有线网络,成为网络传输层主流,解决布线给建筑设计带来的困扰,让智能建筑呈现更为丰富、更易普及的发展变化。

3)基于雷达上下文的通信感知一体化

雷达和通信正在呈现一体化趋势。如 Google 开发的 Project Soli,这种毫米波微型雷达可以嵌入手机,追踪亚毫米精准度的高速运动,实现精准的隔空操作。当后期把 6G 中的通信和雷达射频集成在同一个用户终端时,由于毫米波频段电磁波的强方向性、低绕射能力,整个通信的信号处理就趋同于雷达信号,奠定通信感知一体化的基础。即发射一个波形就能同时实现通信和感知功能,既能满足设备对本体环境感知的要求,也能满足设备通信的基本需求,同时还能够降低成本。

此时,雷达还可以为通信提供基本的信息,如用户可以通过对雷达设备的观测来识别和定位潜在通信对象,更方便地完成波束赋形等通信算法,也可以调用更多物理层安全策略来保护通信不受干扰。

4)基于智能超材料的可编程无线电环境

超材料是指一类自然界中不存在的,具有特殊性质的人造材料。它们拥有一些特别的性质,比如让光、电磁波改变它们的通常性质,而这样的效果是传统材料无法实现的。超材料的英文是 Metamaterial。这里的拉丁词根是 Meta,表示超出、另类之意。因而元宇宙也被表示为 Metaverse。

智能反射表面是 6G 关键技术之一。智能超表面,也称为"可重配智能表面",或者"智能反射表面",英文为 RIS(Reconfigurable Intelligence Surface),或者 IRS(Intelligent Reflection Surface)。其外表只是一张平平无奇的薄板。但是,它可以灵活部署在无线通信传播环境中,并实现对反射或者折射电磁波的频率、相位、极化等特征的操控,以达到重塑无线信道的目的。若在屋顶铺设 RIS,就可以通过编程配置无线电黑盒,或者加强屋顶信号向某一个方向的反射增益,从而起到中继的作用。实际上,RIS 改变的不仅仅是传播特性,它还将改变目前通信产业的无线收发器架构,不需要传统射频链路中的混频或者本振,就可以有效完成无线电信号调制,从而显著降低成本。

其他超材料还有柔性和液体天线。可弯曲柔性天线已经商业化,而液体天线不仅仅可以弯曲,也可以在不被施加压力的情况下变化成各种形状,甚至能在被裁断之后自我修复,这会对密闭空间中的天线设计带来很大增益。

5)无线充电技术

6G 将与 AI 深度融合,用户设备往往比以往更加耗电。传统的收发器组件主要基于半导体材料,比如硅和砷化镓(GaAs),这些材料会产生很多热量,且很难超过 300 GHz,不能支持 6G 的大带宽和计算密集应用。快充和无线充电将取代现有的大容量电池。以手机为代表的便携式智能设备,将实现在任何地方能够快速充电,大容量电池将真正被淘汰。

目前的无线充电市场最为常见的是基于无线充电联盟(WPC)推出的 Qi 标准的磁感应无线技术。但该技术要求接收端与发射端之间的间隔距离非常小,同时对于摆放的位置也有较高要求,充电功率也很小。因此在空间上自由度更高、传输距离更远的"隔空充电"技术开始受到了市场的更多关注。目前出现的"隔空充电"主要有磁共振式、无线射频和光能量式 3 种,射频无线充电已经实现商用,可以实现 5 m 距离的隔空充电,有效充电面积大,可以同时给多个设备充电。

4.5 量子通信

1993 年,自从人类社会首次提出了量子通信(Quantum Teleportation)的概念以来,量子通信的发展速度非常之快。从城域到城际,从陆地到卫星,量子通信的实验和落地在不断取得进展。以潘建伟为代表的中国科学家,引领着中国的量子通信研究,让我国在此领域处于世界领先的地位。

4.5.1 量子的概念

量子(Quantum)属于一个微观的物理概念。如果一个物理量存在最小的不可分割的基本单位,那么称这个物理量是可量子化的,并把物理量的基本单位称为量子。现代物理中,将微观世界中所有的不可分割的微观粒子(光子、电子等)或其状态等物理量统称为量子。

1900年10月19日,普朗克在德国物理学会上报告了关于黑体辐射的研究结果,成为量子理论的诞生日。在同年的12月14日(历史上也把这天当作量子物理的诞生日),他发表了《关于正常光谱的能量分布定律》论文,得到一个重要结论:能量是由确定数目的、彼此相等的、有限的能量包构成。他假设黑体辐射中的辐射能量是不连续的,只能取能量基本单位的整数倍,这很好地解释了黑体辐射的实验现象。即假设对于一定频率的电磁辐射,物体只以"量子"的方式吸收和发射。量子假设的提出有力地冲击了牛顿力学为代表的经典物理学,促进物理学进入微观层面,奠定了现代物理学基础,进入了全新的领域。

"量子化"意味着其物理量的数值是离散的,而不能连续地任意取值,如图4.30所示。

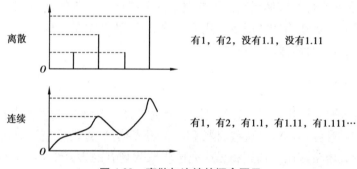

图4.30　离散与连续的概念图示

例如,光是由光子组成的,光子就是光量子,就是一种量子。而光子,不存在半个光子、三分之一个、0.18个光子这样的说法。量子一词来自拉丁语quantum,意为"有多少"。

量子具有以下特性:

①量子不是具体的实体粒子。

②量子是能表现出某物理量特性的最小单元。

③量子是能量动量等物理量的最小单位。

④量子不可分割。

除此之外,量子还具有很多值得让人研究的特性。

4.5.2　量子信息的内涵

量子信息综合了量子力学和信息科学的知识,属于两者的交叉学科。而量子信息又分为量子计算和量子通信。量子计算和量子通信有很大的区别。

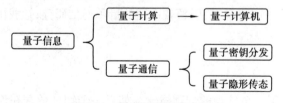

图4.31　量子信息学的内涵

量子通信,分为"量子密钥分发"和"量子隐形传态"。它们的性质和原理是完全不同的。"量子密钥分发"利用量子的不可克隆性,对信息进行加密,属于解决密钥问题。而"量子隐形传态"是利用量子的纠缠态,来传输量子比特。

1)量子密钥分发

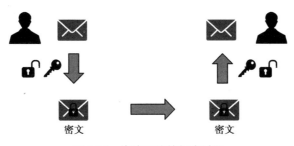

图 4.32　传统通信的加密过程

(1)传统通信的加密过程

步骤1:A 先写好明文。

步骤2:A 通过加密算法和密钥,对明文进行一定的数学运算,编制成密文。

步骤3:密文被传递给 B。

步骤4:B 通过解密算法(加密算法的逆运算)和密钥,进行相应的"逆运算",把密文翻译还原成明文。

步骤5:B 阅读明文。

传统加密通信的关键要素,就是密钥。

对于第三方来说,获得密文非常容易——如果用无线电传输密文,无线电是开放的,对方很容易截获。如果使用有线介质,通信距离几千公里,也很难保证每一处的安全。即使采用光纤通信,通过弯曲光纤,通过外泄部分光信号,也能通过光信号窃取信息。

所以,传递的信息,必须经过加密才能保证安全。而加密使用的密钥,非常关键。关于密钥,最初人们使用的是密码本,后来是密码机,再后来就是 RSA 等加密算法。加密算法出现时,因为人和机器的算力有限,所以破解一个算法很慢,难度很大,时间很长。现在,有了超级计算机,计算能力越来越强大,破解算法的速度也越来越快,在这种情况下,没有任何密钥是绝对安全的。再复杂的算法,破解起来只是时间和资源的问题。

那么,究竟怎么样才能实现真正的绝对安全?

信息论创始人,通信科学的鼻祖,克劳德·艾尔伍德·香农(Claude Elwood Shannon,1916—2001),总结提出了"无条件安全"的条件:密钥真随机且"只使用一次",与明文等长且按位进行二进制异或操作。

这种方法需要大量的密钥,而密钥的更新和分配也存在被窃的可能性,所以,不解决密钥分发的问题,就不可能实现无条件安全。而量子密钥分发,就能圆满解决这个问题。

(2)量子密钥分发的工作原理

1984 年,IBM 公司的研究人员 Bennett 和蒙特利尔大学的学者 Brassard 在印度召开的一个国际学术会议上提交了一篇论文《量子密码学:公钥分发和抛币》(*Quantum cryptography*:*Public key distribution and coin tossing*)。他们提出了 BB84 协议。该协议把密码以密钥的形式分配给信息的收发双方,因此也称作"量子密钥分发"。具体的原理如下:因为光子有两个偏振方向,而且相互垂直。所以,单光子源每次生成的单个光子,如图4.33所示。

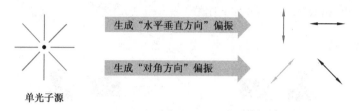

生成"水平垂直方向"偏振

生成"对角方向"偏振

单光子源

图4.33 单光子源生成的单个光子状态

可以简单选取"水平垂直"或"对角"的测量方式(称为测量基),对单光子源产生的单光子进行测量。

当测量基和光子偏振方向一致,就可以得出结果(要么是1,要么是0);当测量基和光子偏振方向偏45°,就不能得出准确的结果。

光子就会变化,偏振方向改变45°,那么就是1或0的概率各50%。所以,两种测量基,对不同偏振方向光子的测量结果归纳如图4.34所示。

因此,形成一组二进制密钥的过程如下:

发送方(称为A),首先随机生成一组二进制比特(0或1,称为经典比特)。例如对01100101,A对每1个比特,随机选择测量基(图4.35)。

所以,发送的偏振光子分别是(图4.36中虚框所示):

接收方(称为B),收到这些光子之后,随机选择测量基进行测量,如图4.37所示的测量基。

那么,接受方测量结果如图4.38中的虚线框所示。

A和B通过传统方式(例如电话或QQ,不在乎被窃听),对比双方的测量基。测量基相同的,该数据保留。测量基不同的,该数据抛弃。保留下来的数据,就是最终的密钥。(图4.39中,保留下来的1001即密钥)

如果有一个窃取者(称为C)。如果C只窃听A和B对比测量基,那C会得到这样的信息:不同不同相同相同不同不同相同相同,这种结果对C没有任何意义。C只能去测量A到B的光子。但量子具有不可克隆性,C没有办法复制光子。C只能去抢在B之前进行测量(劫听)。如果C测量,他也要随机选择自己的测量基。如果C去测量刚才那一组光子,他有一半的概率和A选择一样的测量基(光子偏振方向无影响),还有一半的概率,会导致光子改变偏振方向(偏45°)。如果光子的偏振方向改变,那么B的测量准确率肯定受影响:没有C的情况下,A和B之间采用相同测量基的概率是50%。所以,A和B之间拿出一小部分测量结果出来对比,有50%相同。有C的情况下,A和C之间采用相同测量基的概率是50%。B和C之间采用相同测量基的概率是50%。所以,A和B之间拿出一小部分测量结果出来对比,有25%相同。由此,可以判定一定有第三者在窃听。发现窃听,通信即停止,作废当前信息。对于单个比特来说,C有25%的概率不被发现,但是实际通信情况下,传输不止1个比特,肯定是N个数量级的比特,所以,C不被发现的概率就是25%的N次方。仅25%的10次方就是9.536 743 164 062 5e-7,根据概率原理,C不被发现的概率极低。一旦发现存在C,根据计算,就很容易找到窃听点。

所以,量子密钥分发(本质是量子密钥协商),使通信双方可以生成一串绝对保密的量子密钥,用该密钥给任何二进制信息加密,都会使加密后的二进制信息无法被解密,因此从根本上保证了传输信息过程的安全性。

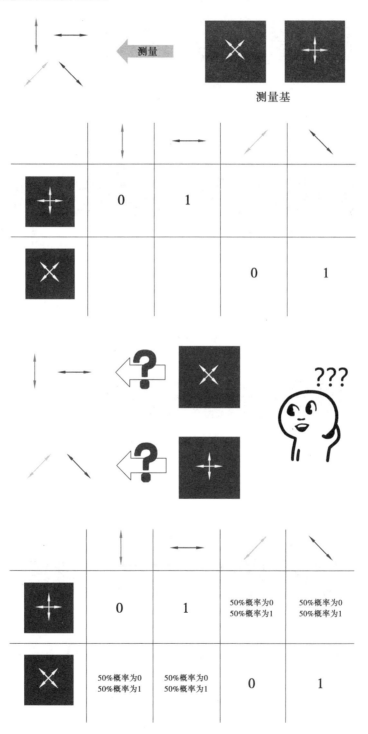

图 4.34 单个光子的测量过程

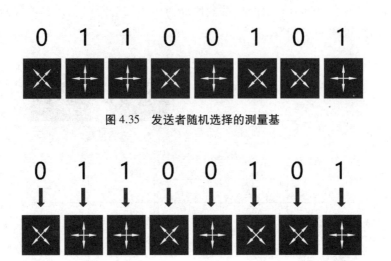

图 4.35　发送者随机选择的测量基

图 4.36　发送者随机选择测量基后发送的偏振光子

图 4.37　接受者随机选择的测量基

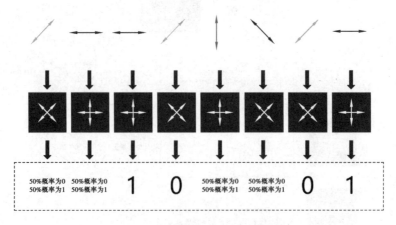

图 4.38　接受者随机选择的测量基

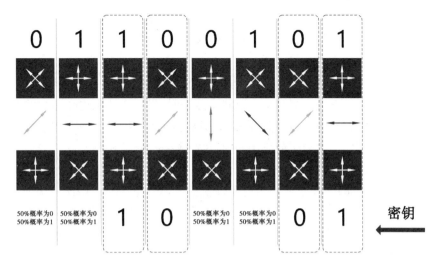

图 4.39　量子密钥的生成过程

2）量子隐形传态

量子密钥分发相当于给通信过程加了把量子锁,并不是真正的通信。量子隐形传态,才是"真正"的量子通信。中科院院士潘建伟有关实现量子隐形传态的研究成果入选美国《科学》杂志"年度十大科技进展",并同伦琴发现 X 射线、爱因斯坦建立相对论等影响世界的重大研究成果一起被《自然》杂志选为"百年物理学 21 篇经典论文"。

认识量子隐形传态,必须先理解两个重要概念——"量子比特"和"量子纠缠"。

（1）量子比特

当前进行的信息存储和通信,使用的是经典比特。一个经典比特在特定时刻只有特定的状态,要么 0,要么 1,但量子比特和经典比特不同。

量子信息扎根于量子物理学,一个量子比特（qubit）就是 0 和 1 的叠加态。相比于一个经典比特只有 0 和 1 两个值,一个量子比特的值有无限个。直观来看就是把 0 和 1 当成两个向量,一个量子比特可以是 0 和 1 这两个向量的所有可能的组合。

Bloch 球（布洛赫球是一个将量子比特状态直观化的工具图,图 4.40）的球面,代表了一个量子比特所有可能的取值。但是需要指出的是:一个量子比特只含有零个经典比特的信息。因为一个经典比特是 0 或 1,即两个向量。而一个量子比特只是一个向量（0 和 1 的向量合成）。就好比一个经典比特只能取 0,或者只能取 1,它的信息量是零个经典比特。

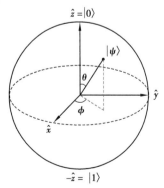

图 4.40　表示量子比特的 Bloch 球

普通计算机中的 2 位寄存器在某一时间仅能存储 4 个二进制数（00、01、10、11）中的一个,而量子计算机中的 2 位量子位（qubit）寄存器可同时存储这四种状态的叠加状态。随着量子数目的增加,对于 n 个量子比特而言,它可以承载 2 的 n 次方个状态的叠加状态。量子计算机的操作过程被称为幺正演化,幺正演化将保证每种可能的状态都以并行的方式演化。

这意味着量子计算机若有 500 个量子比特,则量子计算的每一步都会对 2^{500} 种可能性同时做出操作,实现真正的并行处理,这就是量子计算机强大的原因。

(2)量子纠缠

量子力学中最有趣的就是叠加态,而"量子纠缠"正是多粒子的一种叠加态。一对具有量子纠缠态的粒子,即使相隔极远,当其中一个状态改变时,另一个状态也会即刻发生相应改变。例如,纠缠态中有一种,无论两个粒子相隔多远,只要没有外界干扰,当 A 粒子处于 0 态时,B 粒子一定处于 1 态;反之,当 A 粒子处于 1 态时,B 粒子一定处于 0 态。

这种跨越空间的、瞬间影响双方的"量子纠缠",曾经被爱因斯坦称为"鬼魅的超距作用"(spooky actionat a distance)。爱因斯坦由此质疑量子力学的完备性,因为这个超距作用违反了他提出的"定域性"原理,即任何空间上相互影响的速度都不能超过光速。这就是著名的"EPR 佯谬"。而 2022 年诺贝尔物理学奖评选结果,明确否定了爱因斯坦的定域性原理。

(3)量子隐形传态

理解了量子纠缠,就可以理解"量子隐形传态"。

量子纠缠是非局域的,即两个纠缠的粒子无论相距多远,测量其中一个的状态必然能同时获得另一个粒子的状态,这个"信息"的获取是不受光速限制的。于是,科学家自然想到了是否能把这种跨越空间的纠缠态用来进行信息传输。因此,基于量子纠缠态的量子通信便应运而生,这种利用量子纠缠态的量子通信就是"量子隐形传态"(quantum teleportation)。

量子隐形传态的过程(即传输协议)一般分如下几步,如图 4.41 所示。

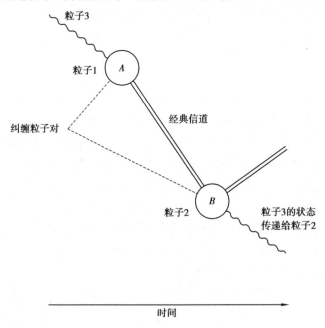

图 4.41　量子隐形传态的过程

①制备一个纠缠粒子对。将粒子 1 发射到 A 点,粒子 2 发送至 B 点。

②在 A 点,另一个粒子 3 携带一个想要传输的量子比特 Q。于是 A 点的粒子 1 和 B 点的粒子 2 对于粒子 3 一起会形成一个总的态。在 A 点同时测量粒子 1 和粒子 3,得到一个测量结果。这个测量会使粒子 1 和粒子 2 的纠缠态坍缩掉,但同时粒子 1 和粒子 3 却纠缠到了一起。

③A 点的一方利用经典信道(就是经典通信方式,如电话或短信等)把自己的测量结果告诉 B 点一方。

④B 点的一方收到 A 点的测量结果后,就知道了 B 点的粒子 2 处于哪个态。只要对粒子 2 稍做一个简单的操作,它就会变成粒子 3 在测量前的状态。也就是粒子 3 携带的量子比特无损地从 A 点传输到了 B 点,而粒子 3 本身只留在 A 点,并没有到 B 点。

以上就是通过量子纠缠实现量子隐形传态的方法,即通过量子纠缠把一个量子比特无损地从一个地点传到另一个地点,这也是量子通信目前最主要的方式。

需要注意的是,由于步骤 3 是经典信息传输而且不可忽略,因此它限制了整个量子隐形传态的速度,使得量子隐形传态的信息传输速度无法超过光速。

因为量子计算需要直接处理量子比特,于是"量子隐形传态"这种直接传的量子比特传输将成为未来量子计算之间的量子通信方式,未来量子隐形传态和量子计算机终端可以构成纯粹的量子信息传输和处理系统,即量子互联网,这将是未来信息时代最显著的标志。

思考题

1.通信系统由哪些部分组成?

2.什么是模拟调制? 什么是数字调制? 时分复用方式是怎么一回事?

3.楼宇数据通信系统有哪些子系统?

4.请介绍 VSAT 系统的组成和工作原理。VSAT 系统和卫星互联网是不是一回事?

5.星链计划等与智能建筑有多大的关系?

6.常见的以太网有哪几种类型? 它们分别适用于什么样的场合?

7.请介绍计算机之间进行数据通信的基本过程。

8.什么是 SONET? 它的工作原理是怎样的?

9.总结 4G、5G 及 6G 网络的特点,思考它们能否替代有线网络。

10.什么是虚拟精神? 它会给我们的工作和生活带来什么样的变化?

11.量子通信速度能超过光速么? 若不能超过光速,那它与目前的光纤通信等相比,有何优势?

5

办公自动化系统

本章导读：

　　本章主要介绍了办公自动化系统的基本模式和组成，对信息管理系统的开发过程、方法和相关的数据库技术进行了简要介绍。学习此章，应结合相关课程理解上述内容，并掌握办公自动化系统的基本模式、组成、原理和应用特点，熟悉其技术发展趋势。

　　办公自动化（Office Automation，OA）是在设备、通信逐步实现自动化的基础上，通过管理信息系统（Management Information System，MIS）的发展而兴起的一门综合性技术。它是将计算机网络与现代化办公相结合的一种新型办公方式，它不仅可以实现办公事务的自动化处理，而且可以极大地提高个人或者群体办公事务的工作效率，为企业或部门机关的管理与决策提供科学的依据。目前已发展成为包括计算机、通信、声像识别、数值计算及管理等多种技术的一个综合系统。

　　计算机技术、通信技术、系统科学和行为科学被视为办公自动化的 4 项支撑，工作站（WorkStation，WS）和局域网络（Local Area Network，LAN）成了办公自动化的两大支柱。

　　计算技术、网络通信技术、数据库技术三大技术的快速发展，使得办公自动化形成了 3 个特点。

　　①智能的特点，包括对公文内容的理解、汉字的识别、意外的处理、决策的辅助以及其他的内容的深层处理，让企业在日常的工作活动中更加方便和快捷。

　　②集成的特点，该特点让计算机的软件、硬件、网络和企业的员工构建成了一个有机的整体，同时把社会信息系统和企业内部的办公系统有机地结合在一起，从而构建一个紧密联系的开放式系统。

　　③多媒体特点，该特点能够对声音、文字、图像、表格等其他方面的内容进行快速的处理，从而提高企业员工的办事效率。

　　目前，我国办公自动化的主要设备就是传真机、复印机、企业内部局域网等通信设施。办公室自动化系统的核心是项目管理、会议管理、通讯录、公文管理等构件、主体部分由表单中心、公文流转、车辆管理、物品管理、人事管理、常用工具等组成。办公室自动化的目的就是将人从沉重重复的基础劳动中解脱出来,让工作人员负责对系统处理结果进行判断、决策,让计算机辅助人更有效率地工作。

办公自动化要具备易用性,设备和技术都要简单适用,如果某种办公设备难以使用,它的普及度就会很低,影响自动化办公,办公软件要量身制作,符合人的使用习惯。办公自动化要具备健壮性,特别是使用次数很多的自动化系统,要避免因为重复使用而带来的不稳定甚至崩溃,系统自身不能太多依赖于硬件,而要利用网络技术达到最佳系统配置。办公自动化要具备开放性,例如,微软的办公软件套装都可以关联使用,系统软件要具备关联性,能够配合其他子系统或者软件共同完成办公目的,要采用整合性和兼容性强的架构作为基础技术框架开发相关系统。办公自动化系统也要具备严密性和实用性,尽可能满足用户的各种需求和加强保护措施。让客户放心地使用系统,完成日常办公。

在"互联网+"背景下,大数据思维将被引入 OA 体系进行智能分析。协同 OA 将迎来崭新的发展,互联网将对 OA 的发展产生巨大的积极推动。为了进行合理有效的办公自动化的建设,企业必将建立起更加有效的管理模式,这将大大提高运营生产效率,增强企业生存实力。

5.1 办公自动化系统的基本模式

按照《智能建筑设计标准》(GB 50314—2015),在智能建筑中,根据各类建筑物的使用功能需求,可建立两类办公自动化系统:通用办公自动化系统和行政办公自动化系统,其中,通用办公建筑又分为普通和商务两种办公建筑,行政办公建筑又可按照行政级别分为省部级及以上职能、地级市职能及其他职能 3 种。根据办公自动化系统的功能层次,可分为事务处理型、信息管理型和决策支持型办公自动化系统。

5.1.1 通用型系统

通用办公自动化系统是处理建筑物的物业管理营运信息、电子账务、电子邮件、信息发布、信息检索、导引、电子会议以及文字处理、文档管理等建筑公用事务的一个管理系统。例如,建筑设备管理系统(BMS)、物业管理系统、建筑物 Intranet(内联网)、一卡通系统、综合信息服务系统等。它的主要功能包括:

①对建筑物内各类设备的运行状况、统计信息及维护进行管理。

②具有文字处理、文档管理、各类公共服务的计费管理、电子账务管理、人员管理等功能。

③具有共用信息库,向建筑物内公众提供信息采集、装库、检索、查询、发布、导引等功能。

④智能卡管理子系统应能识别身份、门钥、信息系统密钥等,并进行各类计算,随着人像识别技术的推进,智能卡有一些场所将逐步被活体人像识别所取代。

《智能建筑设计标准》(GB 50314—2015)规定,智能建筑办公自动化系统的设计应主要针对智能建筑的通用办公自动化系统,并设置"建筑设备综合管理系统(BMS)"。其同时规定,建筑设备管理系统应满足通用办公建筑使用及管理要求。因为智能建筑要汇集建筑内外的各种信息,实现各智能化子系统的集成,需要设置位于各智能化子系统最上层的智能建筑综合管理系统(IBMS)。IBMS 能够将收集到的有关楼内外资料,分析整理成具有高附加值的信息,运用先进的技术和方法使建筑物的管理系统的作业流程更有效,运行成本更低,竞争力更强,并能使建筑物内各实时子系统高度集成,做到安保、防火、设备监控三位一体,集成在一个图形操作界面上,以实现整个建筑的全面监视、控制和管理,从而提高建筑物全局事件和物业管理的效率、综合服务的功能。

随着被管理者的复杂程度进一步加深,智能建筑得到了进一步地发展,主要体现为随着被管理对象的数量以及种类增多,智能建筑内异构性增强,对智能化服务的综合程度要求逐渐提高。

建筑智能化综合管理的层次,主要包括网络管理层、系统管理层、信息管理层、应用程序管理层及商务管理层。网络管理层主要就是指通信网络,强调对通信服务和网络各组件的管理,比如集成器、网桥、路由器等等;系统管理层则主要是指对各工作站、主机以及 PC 端等的管理。信息管理层主要就包括各种网络信息和数据,主要就是对整个建筑智能系统的数据进行应用和维护,保证信息数据的一致性和可靠性。应用程序管理层就是指各种应用程序,商务管理层就是从人事、技术和产品等的角度出发,对有关建筑智能化管理系统操作进程和服务等进行相应的管理。在现代智能建筑中,管理任务的增多,就使得传统的单一的网络管理层次已经不再适用,通过综合性的管理能够实现对多个管理任务的控制和约束。

5.1.2 专用型系统

对于专用型办公建筑,虽然其办公自动化系统具有通用办公自动化系统的功能,但是仍应按其特定的业务需求,建立专用办公自动化系统。例如,银行业务系统、商场 POS 系统、酒店管理系统、政府机关办公系统、各类企业管理系统等。

5.1.3 事务处理型系统

办公事务处理的主要内容是执行例行的日常办公事务,大体上可分为办公事务处理(如文字处理、电子表格、电子邮件等)和行政事务处理(如公文流转等)两大部分。事务处理型办公自动化系统可以是单机系统,也可以是一个机关单位内的各办公室处理基本办公事务和行政事务的多机系统。单机系统不具备计算机通信能力,主要靠人工信息方式及电信方式通信;多机系统可采用局域网、程控交换机综合通信网或 Internet 连接等。智能建筑常用的多机系统事务处理型办公系统模型,如图 5.1 所示。

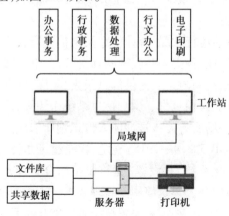

图 5.1 事务处理型办公系统

5.1.4 信息管理型系统

信息管理型办公自动化系统是事务型办公系统和综合信息紧密结合的一体化的办公信息处理系统。它由事务处理型办公系统支持,以管理控制活动为主,除了具备事务处理型系统的全部功能外,还增加了信息管理功能。根据不同的应用分为政府机关型、商业企业型、生产管理型、财务管理型和人事管理型等。

智能建筑中的信息管理型办公自动化系统是以局域网为主体构成的系统,局域网可以连接不同类型的主机,可方便地实现本部门微机之间或与远程网之间的通信。通信网络最典型的结构采用主机系统与二级计算机和办公处理工作站三级通信网络结构。其中,中心计算机主要完成管理信息系统功能,处于第一层,设置于计算机中心机房;二级计算机处于中间层,设置于各职能管理机关,主要完成办公事务处理功能;而工作站完成一些实际操作,设置在各基层部门,为最底层。这种结构具有较强的分析处理能力,资源共享性好,可靠性高。信息管理型办公系统结构如图 5.2 所示。

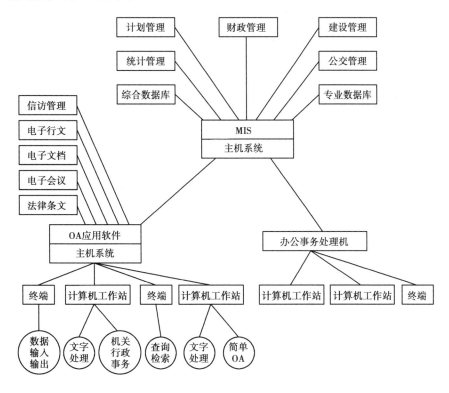

图 5.2 信息管理型办公系统

对于范围较大的系统,可以采用以程控交换机为通信主体的通信网络,把各种办公计算机、终端设备,以及电话机、传真机等互连起来,构成一个范围更广的办公自动化系统。

信息管理型系统和事务处理型系统在硬件上基本相同,没有质的区别。但事务处理型系统仅是通过网络使各计算机能够实现资源共享,各计算机的工作基本上是独立的。而信息管理型系统多了一个层次结构,且中心机通过 MIS 对各计算机实现了综合管理,各计算机分别在不同的层次上工作,协同性能更好,各计算机通过网络构成一个服务于某一特定目标的整体。MIS 的本质就是把事务处理型办公系统和数据库密切结合在了一起。

当前,信息时代中数据的价值不断被放大,并且在不同的领域形成了各种各样的数据。大数据环境下的信息管理系统在人们的日常生活和生产中将会发挥出越来越大的作用,也会朝着企业的数据收集处理、风险预警以及流程优化等方面发展。

基于移动终端通用的办公服务平台也逐步流行起来,如钉钉实现了集即时消息、短信、邮件、语音、视频等为一体的安全、独立的协同通信体系,能够与移动办公等第三方业务系统无缝切换,为内部工作人员提供点到点的消息、提醒、信息等服务,实现协同办公。

5.1.5 决策支持型系统

决策支持型办公自动化系统是在事务处理系统和信息管理系统的基础上增加了决策或辅助决策功能的最高级的办公自动化系统,主要担负辅助决策的任务,即对决策提供支持。它不同于一般的信息管理,它要协助决策者在求解问题答案的过程中方便地检索出相关的数据,对各种方案进行试验和比较,对结果进行优化。

决策支持系统(DSS)的概念结构由会话系统、控制系统、运行及操作系统、数据库系统、模型库系统、规则库系统和用户共同构成。最简单和实用的"三库决策"支持系统逻辑结构(包括数据库、模型库、规则库),如图 5.3 所示。它实际上是在普通的 MIS 系统中加入模型库和规则库形成。所谓的模型库和规则库,实际上也是一个数据库,只是其存入的不是通常的数据,而是描述数学模型和现实规则的程序,这些程序的每一段都相对完整地描述了一个数学模型和规则,在用户需要时,MIS 中的主程序段将其调出,运算出结果。

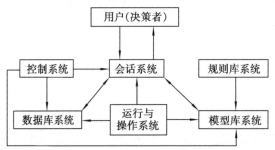

图 5.3 DSS 结构示意

决策支持系统的运行过程如下所述:

用户通过会话系统输入要解决的决策问题,会话系统把输入的问题信息传递给问题处理系统(主程序),然后问题处理系统开始从数据库收集数据信息,调出模型库和规则库中的程序进行计算。如果用户提出的问题模糊,系统的会话系统可以与用户进行交互式对话,直到问题明确;然后主程序开始搜寻能够解决问题的模型程序和规则程序,通过计算得出方案,并计算其可行性;最终将计算和可行性分析结果提供给用户,用户根据自身经验进行决策,选择一个方案实行。

决策支持系统的技术构成包括:

①接口部分。它是输入、输出的界面,也是人机进行交互的窗口。

②模型库部分。系统要根据用户提出的问题调出系统中已有的基本模型,模型管理部分应当具有存储、动态建模的功能。此部分是 DSS 的关键,目前模型管理的实现是通过模型库

系统来完成的,通常由计算机专业人员进行数学建模、编制程序完成,离计算机自动动态建模尚有一定距离,需要决策人员与计算机专业人员密切配合。

③规则库部分。通过程序,描述决策问题领域的知识(规则和事实),需要决策人员与计算机专业人员密切配合。

④数据库部分。管理和存储与决策问题有关的数据。

⑤推理部分。它属于会话系统程序段功能,识别并解答用户提出的问题,分为确定性推理和不确定性推理两大类。

⑥分析比较部分。该部分可以对方案、模型和运行结果进行可行性分析,将计算结果供用户参考。

⑦问题处理部分。该部分属 DSS 主程序段功能。根据交互式对话识别用户提出的问题,构造出求解问题的模型和方案,并匹配算法、变量和数据等,计算求解结果。

⑧控制部分。连接协调系统各个部分,规定和控制各部分的运行程序,维护和保护系统。

上述这几个部分主要是依靠程序来实现的。从当前 DSS 的开发和应用现状来看,系统解决的问题是半结构化的决策问题,模型和方法的使用是确定的,程序运行的结果也是一定的,但由于决策者对问题的理解存在差异,决策结果具有不确定性,其决策质量最终仍然取决于人,但 DSS 使人的决策水平从定性决策上升到了定量决策,明显促进了决策质量的提高。

可视化、多媒体、大数据和云计算技术的出现为决策支持系统发展提供了新的发展方向,未来的决策支持系统会朝着更加方便、强大、智能的方向发展。传统的决策过程中必定少不了材料收集、调查、分析、论证、选择、评估等过程,利用大数据技术辅助支持,将加速这些环节,并获得更加科学简洁的决策结果;云计算技术具有超大规模、虚拟化、可靠、可扩展等特点,它可以使得 IT 资源得到充分的利用,赋予系统更加强大的计算能力。可视化、多媒体则为决策的表现形式提供了多样化的途径。泛在智能则进一步促进科学化决策。

从用户角度看,智能建筑就是向用户提供一个安全、高效、舒适、便利的建筑环境。一栋办公类智能建筑如果不能提供一个高效的办公环境,尽管它很安全、很舒适,恐怕也不会有多少企业愿意入驻,高效的办公自动化系统在此起着决定性的支撑作用。

5.1.6 专家系统

专家系统(Expert System,ES)是人工智能中最重要的也是最活跃的一个应用领域,它实现了人工智能从理论研究走向实际应用、从一般推理策略探讨转向运用专门知识的重大突破。专家系统是早期人工智能的一个重要分支,它可以看作是一类具有专门知识和经验的计算机智能程序系统,一般采用人工智能中的知识表示和知识推理技术来模拟通常由领域专家才能解决的复杂问题。

专家系统的基本结构如图 5.4 所示,其中箭头方向为信息流动的方向。专家系统通常由人机交互界面、知识库、推理机、解释器、综合数据库、知识获取 6 个部分构成。

ES 把知识从系统中与其他部分分离开来。专家系统强调的是知识而不是方法。很多问题没有基于算法的解决方案,或算法方案太复杂,采用专家系统,可以利用人类专家拥有丰富的知识,因此专家系统也称为基于知识的系统(Knowledge-Based Systems)。专家系统应该具备以下 3 个要素:

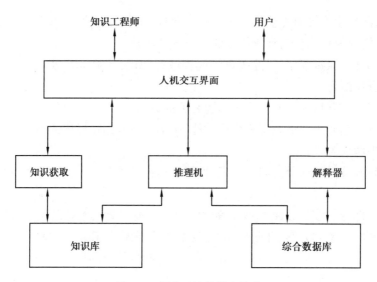

图 5.4　专家系统的基本结构

①具备某个应用领域的专家级知识。

②能模拟专家的思维。

③能达到专家级的解题水平。

（1）知识库

知识库用来存放专家提供的知识。专家系统的问题求解过程是通过知识库中的知识来模拟专家的思维方式的,因此,知识库是专家系统质量是否优越的关键所在,即知识库中知识的质量和数量决定着专家系统的质量水平。一般来说,专家系统中的知识库与专家系统程序是相互独立的,用户可以通过改变、完善知识库中的知识内容来提高专家系统的性能。

人工智能中的知识表示形式有产生式、框架、语义网络等,而在专家系统中运用得较为普遍的知识是产生式规则。产生式规则以 IF…THEN…的形式出现,就像 BASIC 等编程语言里的条件语句一样,IF 后面跟的是条件（前件）,THEN 后面的是结论（后件）,条件与结论均可以通过逻辑运算 AND、OR、NOT 进行复合。在这里,产生式规则的理解非常简单:如果前提条件得到满足,就产生相应的动作或结论。

（2）推理机

推理机针对当前问题的条件或已知信息,反复匹配知识库中的规则,获得新的结论,以得到问题求解结果。在这里,推理方式可以有正向推理和反向推理两种。

正向链的策略是寻找出前提可以同数据库中的事实或断言相匹配的那些规则,并运用冲突的消除策略,从这些都可满足的规则中挑选出一个执行,从而改变原来数据库的内容。这样反复地寻找,直到数据库的事实与目标一致即找到解答,或者到没有规则可以与之匹配时才停止。

逆向链的策略是从选定的目标出发,寻找执行后果可以达到目标的规则。如果这条规则的前提与数据库中的事实相匹配,问题就得到解决;否则把这条规则的前提作为新的子目标,并对新的子目标寻找可以运用的规则,执行逆向序列的前提,直到最后运用的规则的前提可以与数据库中的事实相匹配,或者直到没有规则再可以应用时,系统便以对话形式请求用户回答并输入必需的事实。

推理机就如同专家解决问题的思维方式,知识库就是通过推理机来实现其价值的。

(3)其他部分

人机界面是系统与用户进行交流时的界面。通过该界面,用户输入基本信息、回答系统提出的相关问题,并输出推理结果及相关的解释等。

综合数据库专门用于存储推理过程中所需的原始数据、中间结果和最终结论,往往是作为暂时的存储区。解释器能够根据用户的提问,对结论、求解过程做出说明,因而使专家系统更具有人情味。

知识获取是专家系统知识库是否优越的关键,也是专家系统设计的“瓶颈”,通过知识获取,可以扩充和修改知识库中的内容,也可以实现自动学习功能。

决策支持系统 DSS 和专家系统 ES 有什么不同呢?

运筹学的发展使决策更科学化,使决策过程同时使用模型与数据。DSS 为了强调数据与模型的有机结合和方便用户而引入了人工智能思想和技术,而专家系统则是抽取专家的知识并加以组织,以提供专家水平的咨询。DSS 强调在大范围内支持决策者工作,它可按照人的思维规律引导用户解决问题,而不是侧重将某一专门领域的知识装入知识库自动工作,因此 DSS 强调通用性,而 ES 是专用的。它强调在某一窄范围代替决策者工作。管理领域内问题复杂多变,DSS 不可能将解决问题的过程完全自动化,即在解决问题过程中对某些不能解决的仍需调用人脑解决,人机是紧密配合的;而专家系统除了要求用户回答问题、提供必要的数据外,基本是自动独立工作的。对于问题比较窄的 DSS 有可能模拟决策者的思维过程,自动得到解答,决策者只在最后决定时起作用,此时 DSS 与 ES 是类同的。

5.2 办公自动化系统的组成和设备

5.2.1 办公自动化系统的组成

办公自动化系统主要由硬件设备和支持软件系统组成。

硬件设备有计算机外围设备,如扫描仪、打印机、绘图仪等;还有一些办公自动化设备,如传真机、复印机、打字机、数码速印机、数码录像及刻录像设备、数码投影与显示设备等。自动化系统中的计算机一般通过网络实现信息资源共享,并可以方便地接入 Internet。

办公自动化软件是指为了完成信息处理和管理所用的计算机程序,通常包括计算机系统软件、应用软件、诊断和测试软件等。

办公自动化系统支持软件系统主要有办公自动化系统通用工具软件,包括数据库管理系统、文字处理软件、表格处理软件、图形处理软件、图像处理软件、翻译软件、校对软件等,还包括办公自动化应用软件,如财务管理、劳动工资管理、项目计划管理、图书资料管理、档案管理、物资管理、会议管理等软件。

5.2.2　办公自动化系统的设备与信息处理技术

办公自动化系统的基本设备主要有两大类:图文数据处理设备和图文数据传输设备。前者包括计算机、打印机、复印机、电子印刷系统等,后者包括图文传真机、电传机、程控交换机及各种相关的通信设备等。随着计算机技术、计算机网络技术和信息处理技术的发展,又有许多新的办公自动化技术设备加入其中,如扫描仪、数字图像处理系统、远程网络视频会议系统、数字电视、数码相机、网络数码摄像机、笔记本电脑和能够进行无线连接的无线网络设备及短距微功耗的蓝牙设备等。

1)信息的输入设备

字符识别(Optical Character Recognize,OCR)技术及设备主要用于对纸上的印刷及打印文字字符进行识别,将识别结果以文本方式存储在计算机中。目前的印刷和打印文字字符识别软件及设备能阅读各类中西文字符,且准确率可达98%以上。

目前字符识别技术研究算法主要分为4类:第一类是利用统计特征对字符进行分类识别;第二类是利用结构体特征对字符进行分类识别;第三类是利用人工神经网络对字符进行分类识别;第四类是基于模糊数学对字符进行模糊识别。

通过字符识别软件及设备可将书面上不可编辑的文档及图片转换为可编辑内容。在今后的若干年内,以纸为基础的办公文件仍将会继续大量存在,字符识别技术会发挥很重要的作用,并大大提高信息处理系统的工作效率。

2)信息处理、复制、存储和检索

将字处理、数据处理、排版、通信综合在一起的技术现今已较成熟。视频数据信息的处理、传输和显示技术还有极大的发展潜力。数码照相、数码摄像技术能够提供一种强有力的存储、调用、传送、编辑、检查图像和色彩的功能。在存储和检索方面,大存储空间的微型化存储器已迅速地发展,更为科学的知识管理及知识检索技术也迅速地发展起来。可以预言:新的知识管理及知识检索技术将在办公自动化系统中产生革命性的作用,也将在建筑智能化系统中产生革命性的作用。

音视频、图片信息作为非结构化数据信息中的一种,不能被计算机直接读取识别。因此,对音视频、图片等非结构化信息识别监测技术的研究能够弥补智能识别监控音频、视频及图像信息方面的空白。

远程网络视频会议系统已成为现代化的自动办公系统中的一个不可缺少的环节,它将对人们的办公方式产生重大影响,不仅可以在办公室进行,还可以在其他地方进行,即可以实现远程办公。

常用的办公自动化系统设备有计算机系统、打印机、传真机、复印机、轻印刷系统、自动收/取款机、打卡机、IC卡、电子词典、光盘刻录机、缩微机、网络(LAN,WAN)设备、多媒体演播系统、远程网络视频会议系统、可视电话系统、绘图仪、扫描仪等。

3）通信设备

办公自动化系统中一般均设置程控交换机综合通信网、微机局域网与远程网，以满足办公中的国际长途直拨电话、传真、电子邮件、会议电视等通信功能使用要求。

4）数据库

事务处理型办公自动化系统配置有必要的基础数据库，主要包括小型办公事务处理数据库和基础数据库。其中，基础数据库存储与整个办公系统主干业务相关的原始数据。

5）应用软件

在办公自动化系统中，一般将文字处理、公文管理、档案管理、编辑排版、印刷等以文字为对象的处理功能，统称为字处理；而将报表处理、工资管理、财务管理、数据采集等以数据为对象的处理功能，统称为数据处理。应用软件是为有关事务处理服务的实际工程软件，其中包括字处理软件、电子报表软件、小型关系数据库管理系统等。从发展的角度看，在办公自动化事务处理的应用软件系统中，还应包括信息管理软件。

办公事务处理需要提供具有通用性的应用软件包，软件包内的不同应用程序之间可以相互调用或共享数据，以便提高办公事务处理的效率。现阶段，诸如电子排版、电子文档管理、信息检索、光学汉字识别和远程信息传输等多种办公自动化应用技术都已较成熟。在公共服务与经营业务方面，办公自动化已逐步普及，如订票、售票、购物、证券交易、银行储蓄等业务普遍依靠网络实现了自动化。

应用于办公自动化管理领域中的常用软件技术有：

①系统软件的主要功能是调度、监控和维护计算机系统，并负责对各种独立硬件进行管理，使其能协调工作。系统软件又主要分为个人操作系统与网络操作系统。

②支撑软件也被称为软件开发环境，其功能主要是用于各类软件的开发与维护。支撑软件主要包括了环境数据库、各种接口软件以及多种基本工具，如数据库管理、文件系统管理、驱动管理、用户身份验证、编译器、网络连接等多方面的工具。

③应用软件是指为了解决某一领域具体问题而编制的软件产品，也可为满足办公自动化领域中的特定任务而进行开发。应用软件又可细分为通用软件与专用软件两类。

2019 年出现的 Quicker 软件被称为真正意义上的办公自动化软件，称为"指尖工具箱"，它具备丰富的动作库，拥有全方位的触发方式。其积木式的动作设计，使用户可自行设计组合动作，有效降低键盘、鼠标的重复性操作，为办公人员腾挪出整块化的办公时段，对办公效率的提升具有较大作用。其思想促进了 Python 的演化，使得 Python 于 2021 年在世界范围内开始普及。

Python 是一种代表简单主义思想的计算机编程语言，简单易学，功能强大，不弱于 Java、C 和 JavaScript。阅读一个良好的 Python 程序就感觉像是在读英语一样。使人能够专注于解决问题而不是去搞明白语言本身。在处理机械、重复、任务量大的工作时，写几行 Python 代码能够轻轻松松完成一大堆繁复的桌面工作，它既是一种编程语言，也可作为一种办公工具软件进行使用，代表了办公自动化软件的个性化发展方向，为泛在智能的实现奠定了软件基础。

5.3 管理信息系统

在办公事务中,为能及时得到工作所需要的信息,需要高效率地工作,必须对信息进行有效的记录、存储与管理,这需要管理信息系统。

管理信息系统是以计算机为工具,能进行管理信息的收集、传输、存储、加工、维护、信息组织和检索及使用的信息系统,它能够实测企业的运行情况,利用信息控制企业的行为,帮助企业实现长远规划的目标。还可以增设 DSS 模块,利用过去的数据预测未来,从全局出发辅助决策。MIS 的主要特征是数据量大、数据类型多、数据之间关系复杂、数据分布存储,而对数据的加工却比较简单。管理信息系统主要是处理以字符为主的结构化数据,以数据库为中心,以业务管理和办公自动化为应用目标。智能化建筑中的计算机管理信息系统应具有数据通信和共享资源的功能。

伴随互联网技术的持续发展,计算机管理信息系统将会持续多元发展,发展空间进一步增大。其发展趋势主要是网络化、智能化、虚拟化和集成化。

5.3.1 管理信息系统的建设过程

MIS 从开发到使用,一般采用结构化设计方法,需经历以下 6 个阶段:

(1)准备阶段

对 MIS 开发方法和工具进行评价和选择。

(2)规划阶段

进行 MIS 规划,先进行现行系统调查与分析,进行方案构想及可行性研究、系统规划,确定分期开发目标。

(3)系统分析阶段

对使用环境进行系统分析,包括组织结构与功能分析、业务流程分析、数据及其流程分析、功能/数据分析、系统运行环境分析。

(4)系统设计阶段

确定系统设计的目标与内容、设计总体结构、设计数据库,设计输入、输出和处理过程,此过程主要是确定各组成部分的设计模块及其相互关系。

(5)系统实施与评价阶段

根据设计模块进行程序设计,对每段程序进行调试,然后组合起来进行系统调试,系统运行后进行运行管理。

(6)发展更新阶段

根据 MIS 的使用情况,在总结使用和维护经验的基础上,根据规划阶段确定的分期发展目标进行新一轮的开发,使 MIS 能够升级甚至换代,不断适应用户的要求。

5.3.2 开发管理信息系统的方法

管理信息系统的建立、运行和使用并非单纯的技术实现,而是信息技术组织与管理、系统

· 5　办公自动化系统□·

工程的综合应用,其内容包括数据库、程序设计语言、开发工具、多媒体技术、人工智能、专家系统技术,包括 Internet,Intranet,Web 等在内的网络与通信技术,管理体制及变革方案、系统的分析、组织与优化等一系列技术。管理信息系统的结构中含有 3 个子系统,即战略决策与计划子系统、管理控制子系统和执行控制子系统。

在智能建筑形成多智能体的过程中,其运维软件的开发实现思路如下:

每个组件分别映射为一个智能体,现场层的每个通信接口也分别映射为一个智能体,并根据功能形成相应的智能体类。此系统主要包括包含通信接口智能体类(所含智能体与现场层异构网段一一对应)、设备驱动智能体类(所含智能体与现场层异构网段一一对应)、OPC Server 智能体类(含一个 OPC Server 智能体)、OPC Client 智能体类(含一个 OPC Client 智能体),它们都是自治的实体,组成一个分层的智能体系统,需重点考虑的是分层协调与平等协调问题。智能体的通信包括管理层与接口层(即 OPC Server 与 OPC Client)智能体间的通信问题以及接口层 OPC Server 智能体与设备驱动智能体间的通信问题。智能建筑多智能体运维软件架构如图 5.5 所示。

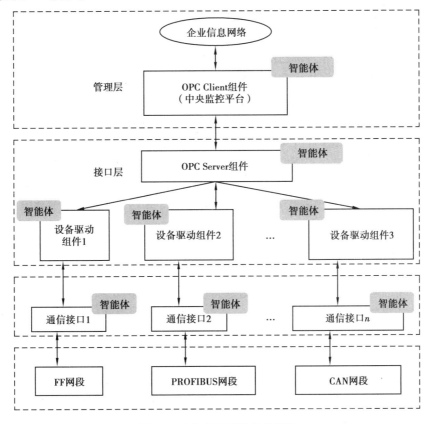

图 5.5　多智能体运维软件架构

信息系统的开发是一个系统工程,要在统一的数据环境中集成化地开发各个子系统。开发策略有自上而下方式、自下而上方式和十字形方式等类型,主要开发方法有以下 4 种。

1)结构化生命周期法

结构化生命周期法是最常用的一种开发管理信息系统基本方法,是由结构化系统分析和设计组成的一种管理信息系统开发方法,结构化生命周期法的开发过程即 5.3.1 节所述。其基本思想是将系统的生命周期划分为系统调查、系统分析、系统设计、系统实施与转换、系统维护与评价等阶段,应用系统工程的方法,按照规定的步骤和任务要求,使用一定的图表工具完成规定的文档,在结构化和模块化的基础上进行管理信息系统的开发工作。结构化生命周期法的开发过程一般是先把系统功能视为一个大的模块,再根据系统分析设计的要求对其进行进一步的模块分解或组合。其主要特点是:

①开发目标清晰化:结构化生命周期法的系统开发以"用户第一"为目标,开发中要保持与用户的沟通,取得与用户的共识,这使管理信息系统的开发建立在可靠的基础之上。

②工作阶段程式化:结构化生命周期法每个阶段的工作内容明确,这便于开发过程的控制。每一阶段工作完成后,要根据阶段工作目标和要求进行审查,这使阶段工作有条不紊,也避免为以后的工作留下隐患。

③工作文件规范化:结构化生命周期法每一阶段工作完成后,要按照要求完成相应的文档报告与图表,以保证各个工作阶段的衔接与系统维护工作的便利。

④设计方法结构化:结构化生命周期法采用自上而下的结构化、模块化分析与设计方法,使系统各个子系统间相对独立,便于系统的分析、设计、实现与维护。

结构化方法的主要缺点是设计周期较长,但这一缺点对智能建筑而言,影响并不大,因为智能建筑的发展和使用呈阶段性特点,一般不会在短时间出现明显的变化。

2)快速原型化方法

快速原型化方法是一种根据用户需求,利用系统快速开发工具建立系统模型,在此基础上与用户交流,最终实现用户需求的快速管理信息系统开发方法。原型法开发过程包括系统需求分析、系统初步设计、系统调试和系统转换、系统检测与评价等阶段。用户仅需在系统分析与系统初步设计阶段完成对应用系统的描述,开发者在获取一组基本需求定义后,利用开发工具生成应用系统,快速建立一个目标应用系统的最初版本,并把它提交给用户试用、评价、根据用户提出的修改补充,再进行新版本的开发,反复这个过程,不断地细化和扩充,直到生成一个用户满意的应用系统。目前,我国市场上的管理信息系统快速开发工具有 PowerBuilder、Python,C 等。利用这些面向对象的开发工具,可使开发者的精力和时间集中于分析应用问题及抽取反映应用系统实质的事物逻辑上,而不再拘泥于应付处理烦琐的开发实现细节,节省了大量的编程工作,并且使系统界面美观,功能较强。原型法具有开发周期短、见效快、与业务人员交流方便的优点,被广泛地应用于银行的财务报表系统、信贷管理系统、工资人事管理系统、固定资产管理系统等的开发中,比较适合智能建筑中管理子系统的开发。

快速原型模型的劣势在于,在设计使用前期需要花费大量的经济投入和人力成本,且一旦原型设计无法满足用户的使用需求,出现分歧较大的局面,不得不进行多次修改,这会持续加大成本的投入。为了充分发挥其优势,在设计初期就必须建立廉价的抛弃式原型,对现有的资源进行充分的开发利用,重点围绕解决用户需求和回答客户问题,同时也要善于利用重用机制。

3) 综合法

综合法是将周期法和原型法二者结合使用,采用结构化生命周期法的设计思想,在系统分析与系统初步设计上采用原型法作出原始模型,与用户反复交流达成共识后,继续按结构化生命周期法进行系统详细设计及系统实施与转换、系统维护与评价阶段的工作。综合法的优点是它兼顾了周期法开发过程控制性强的特点以及原型法开发周期短、见效快的特点。专业型的办公自动化系统,如商业银行的 MIS,采用综合法能使开发过程更具灵活性,往往会取得更好的开发效果。

4) 面向对象的软件开发方法

随着 OOP(面向对象编程)向 OOD(面向对象设计)和 OOA(面向对象分析)的发展,最终形成面向对象的软件开发方法(Object Modeling Technique,OMT)。OMT 是一种自底向上和自顶向下相结合的方法,而且它以对象建模为基础,不仅考虑了输入、输出数据结构,实际上也包含了所有对象的数据结构。所以,OMT 彻底实现了结构法没有完全实现的目标。不仅如此,面向对象(OO)技术在需求分析、可维护性和可靠性这 3 个软件开发的关键环节和质量指标上有了实质性的突破,基本解决了在这些方面存在的严重问题,非常适合未来智能建筑的办公自动化系统。

面向对象的软件开发方法基本思想同"面向对象的程序设计语言"的设计思想一致,它采用对象模型、动态模型和功能模型等面向对象的建模技术来描述一个系统。以此方法进行系统分析和设计建立起来的系统模型,需使用面向对象开发工具来具体实现。

5.3.3 基于 Internet 网络的管理信息系统

基于 Internet 的管理信息系统,用户只需借助一个通用浏览器,使用诸如超级链接、搜索引擎等方法,通过简单的点击或操作,便可方便地访问 Internet 网络内外的信息资源。通过浏览器界面,还可集成许多已有系统,如电子邮件、电子表格和各种数据库应用等,这是一种更有效的构造管理信息系统的方法。

5.3.4 管理信息系统的开发平台和辅助开发工具

开发一个管理信息系统软件需要有一个平台基础,这个平台包括硬件平台和软件平台两个部分。作为工作站的计算机和服务器的网络硬件,都称为硬件平台。支持工作站和服务器的操作系统软件和用于管理信息系统开发的工具软件、数据库以及数据分析工具软件,统称为软件平台。

在一个信息系统的开发过程中,最重要的是系统的分析和设计,开发工具只是实现这个系统分析和设计的工具。被选择的辅助开发工具应具有交互性(使用人机对话方式实现用户与计算机之间的交互)、易使用性、高效性、易调试性和易维护性。

目前,比较流行的软件工具有一般编程工具、数据库系统、程序生成工具、专用系统开发工具、客户/服务器型工具以及面向对象的编程工具等。这里简要介绍一些常用的开发工具。

1) PowerBuilder **开发工具**

PowerBuilder 是按照 Client/Server 体系结构设计、研制的开发系统,是面向对象的数据库应用开发工具,可同时支持多种目前广泛使用的关系数据库系统,如 Sybase,Oracle,Informix,SQL Server 等各种关系数据库。

数据库应用是办公自动化的一个非常重要的方面,目前的数据库应用技术中普遍采用客户机/服务器体系结构,在这种体系结构中,所有的数据和数据库管理系统都在服务器上,客户机通过采用标准的 SQL 语句等方式来访问服务器上数据库中的数据。由于这种体系结构把数据和对数据的管理都统一放在了服务器上,既保证了数据的安全性和完整性,又可以充分利用服务器高性能的特点。客户机/服务器体系结构正因为这些优点而得到了非常广泛的应用。

PowerBuilder 是著名的数据库应用开发工具生产厂商 Power Soft 公司推出的产品(PowerBuilder 现已被数据库厂商 Sybase 收购),它完全按照客户机/服务器体系结构设计,在客户机/服务器结构中,它使用在客户机中,作为数据库应用程序的开发工具而存在。由于PowerBuilder 采用了面向对象和可视化技术,提供可视化的应用开发环境,使得利用PowerBuilder,可以方便快捷地开发出利用后台服务器中的数据和数据库管理系统的数据库应用程序。

当前,网络技术迅速发展,随之发展的还有 OLE、OCX、跨平台等技术,PowerBuilder 自 6.0 版就提供了对这些技术的全面支持,自 9.0 版本后还可访问 Web Service,这也令 PowerBuilder 成了时下最廉价的分布式应用解决方案。可以说 PowerBuilder 是一个非常优秀的数据库开发工具,利用它可以开发出功能强大的数据库应用程序,但它对网络的支持有所不足。

2) Excel **软件**

Excel 以数据报表分析的基本形式,为用户提供了围绕报表而进行的多种数据分析功能。它所提供的功能和用户使用的方便程度是非常卓越的,在数据处理和分析能力上几乎覆盖了人们日常经济、经营和管理活动所包括的各个领域(如建立工作文件、定义模型、提取数据、定量化分析、图形分析等);同时,它又是面向最终用户的,可以使企业管理人员在不了解计算机和程序设计原理的情况下,经过短期训练,就能方便自如地使用它来处理管理问题。

Excel 电子表格具有 4 大功能:工作单、图表、数据库和宏,但一般很少得到充分的利用。从已有的使用经验看,Excel 与 Python 结合,非常适合开发管理信息系统操作层。

3) Microsoft Visual Studio

Microsoft Visual Studio(简称 VS)是美国微软公司的开发工具包系列产品。VS 是一个基本完整的开发工具集,它包括了整个软件生命周期中所需要的大部分工具,如 UML 工具、代码管控工具、集成开发环境(IDE)等。所写的目标代码适用于微软支持的所有平台,包括Microsoft Windows,Windows Mobile,Windows CE,.NET Framework,.NET Compact Framework 和 Microsoft Silverlight 及 Windows Phone。

Visual Studio 是目前最流行的 Windows 平台应用程序的集成开发环境。最新版本为Visual Studio2022 的 64 位版本,实现了 Intelli Code 和热重载。前者可以根据当前代码和上下文提出更好的代码完成建议,后者可保留应用程序的状态,允许编程人员能查看最近更改的效果,并且不会丢弃当前状态。

4)低代码开发平台

常规的工厂管理和不复杂的办公室管理可以利用低代码开发平台(Low-Code Development Platform,LCDP)快速开发信息系统,是指通过少量代码就可以快速生成应用程序的开发平台。低代码开发平台下基于 Web 的 MIS 系统的核心是 BS(Browser/Server——浏览器/服务器)架构。BS 架构比起 CS 架构有着很大的优越性,传统的 MIS 系统依赖于专门的操作环境,这意味着操作者的活动空间受到极大限制;而 BS 架构则不需要专门的操作环境,在任何地方,只要能上网,就能够操作 MIS 系统。平台以流行的可视化开发平台模式,通过可视化进行应用程序开发的方法,使具有不同经验水平的开发人员可以通过图形化的用户界面,使用拖拽组件和模型驱动的逻辑来创建网页和移动应用程序,直接在浏览器上呈现在线开发环境,无须编译,所见即所得。

5.4 办公自动化中的数据库技术

办公自动化中的数据处理在很大程度上要借助于数据库来实现。数据库系统以其可靠的数据存储和管理、高效的数据存取和方便的应用开发等优点而得到了广泛的应用。

5.4.1 商务与管理领域主要应用的传统数据库

已广泛应用于商务与管理领域的数据库分为网状、层次和关系型 3 种数据库。

(1)网状数据库

网状数据库该数据库将记录作为数据的基本存储单元,一个记录可以包含若干数据项,这些数据项可以是多值的或者是复合的数据。网状数据库是一种导航式的数据库,用户在执行具体操作时,不但需要说明做什么,还需要说明怎么做。例如,在查找时不但要指明查找对象,而且还需要规定存取路径。

(2)层次数据库

层次数据模型用树状结构来表示实体之间的联系,结构简单清晰,但查询必须按照从根节点开始的某条路径指针进行,否则就不能直接作出回答,而且路径一经指定就无法改变。

(3)关系数据库

关系数据库是用可以施加关系代数操作的二维表格来描述实体属性间的关系及实体集之间联系的模式,它将数据的逻辑结构归纳为满足一定条件的二维表格。所以,关系模型的主要特点是不仅其中的数据用二维表格来表示,所有的二维表格及表格中的数据都存在一定关系。

SQL(Structured Query Language)是一种典型的关系数据库,它是一种高度非过程化的语言,类似英语口语,易学易懂,功能也十分强大,包括查询、操作、定义和控制等,在智能化办公系统的应用将越来越广。虽然关系数据库系统的技术很成熟,但随着市场和信息技术的发展,其局限性也逐渐暴露出来,即它能很好地处理所谓的"表格型数据",却无法处理当前出现的越来越多的复杂类型数据(如文本、图像、视频等)。

(4)非关系数据库

非关系型数据库又称为 NoSQL(Not Only SQL),意为不仅仅是结构化查询语言(Structured Query Language,SQL),不需要事先定义结构,也就是不需要建表建库等,每条记录可以有不同的类型和约束条件。非关系型数据库以键值对存储,且结构不固定,每一个元组可以有不一样的字段,每个元组可以根据需要增加一些自己的键值对,不局限于固定的结构,可以减少一些时间和空间的开销。

非关系数据库可以存储和提取复杂类型数据,存储数据的格式可以是 key,value 形式、文档形式、图片形式等,文档形式、图片形式等,使用灵活,可以使用硬盘或者随机存储器作为载体,而关系型数据库只能使用硬盘,但数据结构相对复杂,复杂查询方面稍弱。

常见的非关系型数据库有 Hbase,Redis,MongodDB,Neo4j。

5.4.2 数据库的互联网/Web 架构方式

早期的数据库以大型机为平台,是一种集中存储、集中维护、集中访问的"主机/终端"模式,"客户机/服务器"模式的数据库技术,使数据库的应用更方便,与现在的网络技术结合得更加紧密。网络化应用催生了第三代数据库技术。

基于 Web 的客户机/服务器系统,不仅具有传统客户机/服务器的可用性和灵活性,同时对用户访问权利和限制的集中管理使其应用更易于扩充和管理。用户只需在一种界面上(浏览器)就可访问所有类型的信息。Web 服务器是万维网的组成部分,通过浏览器访问 Web 服务器,一个服务器中除提供它自身独特的信息服务外,还"指引"存放在其他服务器上的信息,而那些服务器又"指引"着更多的服务器,从而使全球范围的信息服务器互相指引而形成信息网络。浏览器与 Web 服务器之间遵守超文本传输协议 HTTP 进行相互通信。

还有一种简化的浏览器/服务器结构,用户通过浏览器向分布在网络上的许多服务器发出服务请求。浏览器/服务器结构简化了客户机的管理工作,客户机上只需安装配置少量的客户端软件,服务器将负担更多的工作,对数据库的访问和应用系统的执行均在服务器端完成。

5.4.3 非结构化的 Internet 数据库

信息技术中的数据信息大体上可以分为两类:一类是能够用数据或统一的结构加以表示的,称为结构化数据,如数字、符号等;另一类是根本无法用数字或者统一的结构表示的,如文本、图像、声音乃至网页等,称为非结构化数据。非结构化数据库是指数据库的不定长记录由若干不可重复和可重复的字段组成,而每个字段又可由若干不可重复和可重复的子字段组成。从本质上看,非结构化数据库就是字段数和字段长度可变的数据库。

随着互联网技术的发展,数据库的应用环境发生了巨大的变化。例如,电子商务、远程教育、数字图书馆、移动计算等都需要新的数据库支持。传统关系型数据库由于其联机事务处理、联机数据分析等方面的优势,仍将会在 Internet 数据库应用方面发挥自己的传统优势并获得发展。

非结构化数据库是传统关系数据库的一个非常有益的补充。虽然非结构化数据库兼容各种主流关系数据库的格式,但是非结构化数据库在处理变长数据、文献数据和因特网应用方面有自己独特的优势:检索的多样化、检索效率较高(如全文检索)、开发工具更为全面。

5.4.4　分布式数据库系统

分布式数据库系统是地理上分散而逻辑上集中的数据库系统。分布式数据主要包括集中式、分割式。其中,集中式的优势在于所有数据片段均可以在同一个站点之上被安排完成。因此,在后续信息数据的控制与管理上相对较为便捷,具有很好的一致性与完整性。但也因此,每个站点所要承受的负担较重,在实际处理过程中极易出现瓶颈问题。一旦某一个站点发生了故障问题,那么整个系统都会遭受到影响,缺点是系统本身的可靠性相对较低;而分割式的优势在于每一个数据都是单独的,所有的数据都将被分割成为一个又一个的逻辑片段,因此可以在不同的站点并指派与利用,因此分割式能够存储较大的数据量。缺点则在于分布在各个站点之上的数据,想要实现统一化的维护与管理存在较大难度。

分布式数据库系统需配置功能强大的计算机系统和通信网络。分布式数据库系统的一些主要特征包括下述内容。

(1)节点透明

不同节点上的全局用户面对的是逻辑上统一的同一个分布式数据库,数据分布和交换的分布式加工等技术细节对全局用户透明。

(2)同构和异构系统能够整合

各节点系统的数据模型(层次型、网状型、关系型、函数型、面向对象型等)相同的分布式数据库系统是同构的,反之就是异构的。分布式数据库系统可同时存在同构和异构两类结构。大多数分布式数据库系统都是关系型同构系统。

(3)节点自主

每个节点上既有全局用户,也有局部用户。这样,在分布式数据库系统中存在着全局控制和局部控制二级控制,其程度也不相同。但是,大多数分布式数据库系统都支持全局目录,是一种面向数据对象的目录结构。

在智能建筑控制领域,无中心的自控网络正在有效地促进分布式数据库,尤其是分布式非结构化数据库的发展。但是分布式数据库也存在一些问题。例如,众多节点之间通信会花费大量的时间;数据的安全性和保密性在众多节点之间会受到威胁;在分布式系统复杂的存取结构中,原本在集中式系统中有效存取数据的技术可能不再适用;分布式的数据划分、负载均衡、分布式事务处理和分布式执行技术缺乏新的突破。

5.4.5　云数据库

云计算(Cloud Computing)的迅猛发展使得数据库部署和虚拟化在"云端"成为可能。云数据库即是数据库部署和虚拟化在云计算环境下,通过计算机网络提供数据管理服务的数据库。因为云数据库可以共享基础架构,极大地增强了数据库的存储能力,消除了人员、硬件、软件的重复配置。

云数据库将传统的数据库系统配置在"云上",由专门的云服务提供商进行这些"云上"数据库系统的管理和部署工作,用户只需要付费就能获取数据库服务。不同于传统数据库,云数据库通过计算存储分离、存储在线扩容、计算弹性伸缩来提升数据库的可用性和可靠性。代表性的云数据库是亚马逊的 Aurora,它首先提出了日志即是数据库的理念,减少了网络消耗,提升了系统的可用性。

云数据库也能分成关系数据库和非关系数据库。典型的基于关系数据模型的云数据库就有亚马逊的 Aurora、微软的 SQL Azure 云数据库。常见的基于非关系数据模型的有亚马逊的 Dynamo DB,该数据库采用键值存储。

2019 年 6 月,Gartner 发布 The Future of the Database Management System(DBMS)Market Is Cloud 报告,明确提出传统的部署数据库的方式已经过时,云是未来,所有组织,无论大小,都将越来越多地使用云数据库。但是,云数据库中存在的问题也不可忽略,云计算中最值得关注的是安全问题,数据极易泄露,存在意外丢失的风险。

对于数据库是否上云,除了和一般应用程序要考虑的改造问题外,数据库作为有状态的服务,还要考虑数据安全、存储、高可用和故障恢复问题,还有非常重要的是性能损耗问题。如果出发点是思考数据库是否上云,建议慎重;如果出发点是考虑是否在云上建设数据库服务,建议是需要。两种出发点存在本质区别,前者更容易成为“为了上云而上云”,特别是单独把数据库上云的情况,必然会做出一些妥协。后者则是基础云先行,从应用到中间件到数据库服务,全线做云化适配和改造,结合微服务和大中台两极化发展,无论未来是平衡态还是处于某一端,对于数据库来说,弹性服务能力显得应变能力更好。

5.4.6 边缘云和中心云/核心云

《中华人民共和国国民经济和社会发展第十四个五年规划和 2035 年远景目标纲要》中提出要“协同发展云服务与边缘计算服务”。2021 年,随着 5G 与 IoT 连网装置的快速成长,加上边缘数据源的急剧增加,以及 Kubernetes 逐渐成为微服务应用程序与容器协调的标准,一种满足更广连接、更低时延、更全局化需求的云计算新模式——分布式云应运而生。

作为云计算从单一数据中心部署向不同物理位置多数据中心部署、从中心化架构向分布式架构扩展的新模式,分布式云将云计算的能力从中心向边缘延伸。围绕边缘云与边缘终端,分布式云在 CDN、视频渲染、游戏、工业制造、自动驾驶、农业、智慧园区、交通管理、安防监控等应用场景下,相关产业已初现端倪。

云计算(cloud computing)是根据《信息技术云计算概览与词汇》(ISO/IEC 17788)定义的,它是一种将可伸缩、弹性、共享的物理和虚拟资源池以按需自服务的方式供应和管理,并且提供网络访问的模式。云计算的定义是基于集中式的资源管控,也就是说将多个数据中心互联互通,且所有软硬件资源作为统一的资源进行管理、调度和交易。但这种集中式的云部署无法满足终端侧大带宽、大连接和低时延的要求,所以将云计算的能力部署到靠近终端的边缘侧,出现边缘云计算的概念,所以这个边缘云计算的“边缘”是指终端设备的边缘侧,这样通过空间距离的缩短来实现云部署的能力,大大缓解了数据回传中心云的压力,降低时延,业务实现本地化,减少网络路由转发降低成本等。边缘计算流程如图 5.6 所示。

边缘计算(edge computing)和传统云计算是有一定的边界的,它们应对的计算场景有所不同,在应用开发上侧重的优势表现出差异性。如针对大型 smart campus 项目中采集的 data(image,video and voice),可能需要 TB 级以上的带宽上传数据,目前的网络带宽是无法承受如此之大的量级的,这样的场景传统云根本计算没法用,但如果引入边缘计算技术,可以就近处理数据,将数据的处理终结在终端侧,只需要将最终处理的结果结论及部分结构化的信息回传到中心云融合,这样能有效解决数据回传造成的网络和算力压力,且系统的鲁棒性更好。

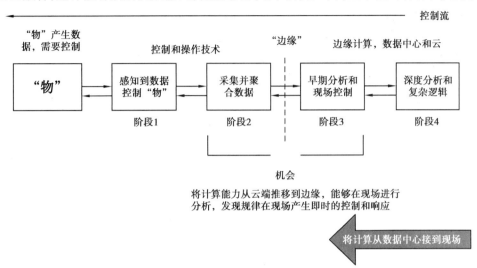

图 5.6 边缘计算

边缘云,是基于云计算技术的核心和边缘计算能力,构建在边缘基础设施之上的云计算平台,形成边缘位置的计算、网络、存储、安全等能力全面的弹性云平台,并与中心云和物联网终端形成"云边端三体协同"的端到端的技术构架,通过把网络转发、存储、计算,智能化数据分析等工作放在边缘处理,降低响应时延,减轻云端压力、降低带宽成本,并能提供全网调度,算力分发等云服务。

可以将传统的云计算看成人的"大脑",那边缘云计算就相当于人的"神经系统",他们之间不是打架竞争的关系,而是协作的关系,相辅相成,边缘云计算的出现让云计算的触角伸得更长更远,乃至世界每一个角落,算是传统云计算的拓展和延伸,所以边缘云计算和传统云计算在构架、接口、管理等关键能力上是统一的,方便整合和部署,降低开发和运维成本。所以说,边缘云计算的本质是基于云计算技术,为万物互联的终端设备提供了低时延、自组织、可定义、可调度、高安全、标准开放的分布式云服务。

思考题

1.什么是办公自动化系统? 它的主要功能是什么?

2.通用办公自动化系统和专用办公自动化系统有何异同?

3.事务处理型、信息管理型和决策支持型办公自动化系统有何异同?

4.目前,各高校教务处多设有学生教务信息管理系统,学生可上网选课、查询成绩等。这样的系统是什么样的办公系统?

5.常见的办公自动化系统有哪些组成部分? 简述办公自动化的特点。

6.决策支持系统和专家系统有什么异同?

7.目前智能建筑的信息管理软件具备什么样的特点?

8.常用哪些方法开发和建设管理信息系统?

9.适用于智能建筑办公自动化系统的数据库技术有哪些?

10.说说你心目中理想的数据库,它应该具备哪些功能和特征。

11.中心云和边缘云的划分,对个人的生活或工作会产生什么样的影响?

6

智慧社区和智慧家庭系统

本章导读:

　　本章结合智慧社区的特点,介绍了社区的整体结构、技术特征、功能要求、平台接口及应用接入及一卡通系统。结合智慧家庭系统的发展现状和趋势对其系统架构及主要技术进行了介绍。学习此章,应掌握智慧社区的整体结构、功能要求和发展趋势,掌握智慧家庭系统的基本组成、主要技术及发展趋势,理解推动小区和家居智慧化的核心技术要求。

　　随着技术发展,智能小区、智能社区进化为智慧社区,成为利用物联网、云计算、大数据、移动互联网、智能终端等新一代信息技术,通过对各类与居民生活密切相关信息的自动感知、及时传送、及时发布和信息资源的整合共享,提升社区治理和小区管理现代化,让居民生活更智慧、更幸福、更安全、更和谐、更文明,促进社区公共服务和便民利民服务智能化的一种社区管理和服务的创新模式,体现了对人(吃、穿、住、行、游、养老、健康、宜居等)自身需求的关注,是社会向高质量、精致化、人性化发展的体现。

　　根据在社区建设、管理、服务、决策过程中扮演的角色,现已形成 5 种开发建设运营类型:政府主导型、开发商主导型、服务企业主导型、政府开发商结合或政商综合结合主导型。无论是谁主导的智慧社区,都会追求具备表 6.1 所示的 8 个智慧社区特征。

表 6.1　新一代智慧社区的特征

智慧化	综合采用契合应用系统需求的智能化、信息化技术,包括人工智能、物联网(万物网)、云计算、大数据、移动互联网、地理信息、智能导航、卫星通信等
开放性	社区系统由若干模块组成。在社区内部,模块间在纵向上、横向上均可互联互通;对外应具备开放性接口,可与智慧城市其他系统互联互通
低碳节能	构建基于能源互联网思维的多能协同网络,实现横向多源互补,纵向源—网—荷—储协调运行,并利用低碳、可持续发展理念来引导、约束居民行为模式,以减少能源消耗、降低碳排放

续表

生态海绵	能够有效地蓄集、调配雨水,在硬质建筑景观和自然环境之间建立起有效联系
全生命周期	社区工程项目的规划、勘察、设计、施工、监理、运维全生命周期信息能够整合到一个BIM模型,使上下游数据实现共享。可以实现设计三维可视化、施工组织可视化、设备可操作性可视化、机电管线碰撞检查可视化。
全空间统筹	建造"社区地下管线综合体",与城市市政管线统一规划,将给水、雨水、污水、供热、电力、通信、燃气、工业等各种管线集中放入其中。
O2O	支持O2O(在线离线/线上到线下)商业模式,以实现社区的信息惠民、便民服务
智能安防	具备保护居民身体与个人信息安全、必要的设施安全的能力

6.1 智慧社区的整体结构

6.1.1 系统层次及其功能

智慧社区层次结构如图6.1所示。可分为感知控制层、网络层、平台层和应用层。

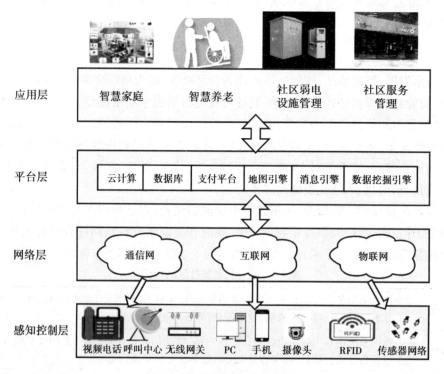

图6.1 智慧社区层次结构图

1) 感知控制层

感知控制层具有感知、控制、传输 3 类功能。

感知功能:通过摄像头、RFID、温湿度传感器等各种社区和家庭传感器采集和处理数据,转换成系统所需信息后发送到网络层。

控制功能:通过手机、PC、iPad、执行器等设备发送控制命令给社区和家庭中的受控对象,完成对受控对象的控制。

传输功能:通过传感器网络、现场总线网络实现感知控制层内部信息传输与信息交互。通信介质包括有线和无线两种,通信距离包括短距离和长距离两类。

2) 网络层

网络层的功能:通过通信网、互联网、物联网共同组成的异构混合网完成感知控制层与平台层的互联互通。

3) 平台层

平台层的功能:直接支撑应用层。提供云计算、数据库、支付、地图引擎、消息引擎、数据挖掘引擎等平台型通用技术服务,实现跨应用系统的横向信息共享与集成。

4) 应用层

应用层的功能:按照功能属性的不同,未来将划分为互不重叠的 4 个部分,即智慧家庭应用、智慧养老应用、社区弱电设施管理应用、社区服务管理应用。4 个部分应用功能叠加后覆盖了智慧社区的完整应用。

6.1.2 系统架构

智慧社区由住户、社区公共设施和物业管理 3 个部分组成,它对 3 个子系统有着各自具体的功能要求,如图 6.2 所示,这是目前已经实现的一种小区智能化系统。

未来的智慧社区平台则推荐采用图 6.3 所示的"1+4+N"模块化三级组合模式进行建设、进化。"1+4+N"中的模块指的是:1 个社区云平台,4 大应用系统(智慧家庭系统、智慧养老系统、社区弱电设施管理系统、社区服务管理系统),N 个隶属于 4 大应用系统的不同应用子系统。

图 6.3 体现了推动建筑智能向智慧进化的模块化叠进思想,除了配备各种升级的智能硬件外,最主要的是改进软件,而 AI 智能算法是软件的核心。这些智能算法与智能硬件协同工作,模仿人类认知世界、评价世界的方式方法,使物理系统具备人类的某些智慧特征,推动着系统的智慧化。如智慧照明系统应能根据人在空间中的移动情况及注意方向自动设定照明场景,背景音乐系统能根据人的行为表现和交流情况自动调整音量、音频,各种现场控制器应能自主记忆和学习以往设定参数并在类似需求下自动启动相关功能。"智慧"意味着环境自适应,决策自主优化,让社区成为一个主动学习、联想、记忆的集合体,最终实现拟人智慧,达到舒适便捷、绿色环保的运行效果。这是整个智能建筑行业努力的发展方向。

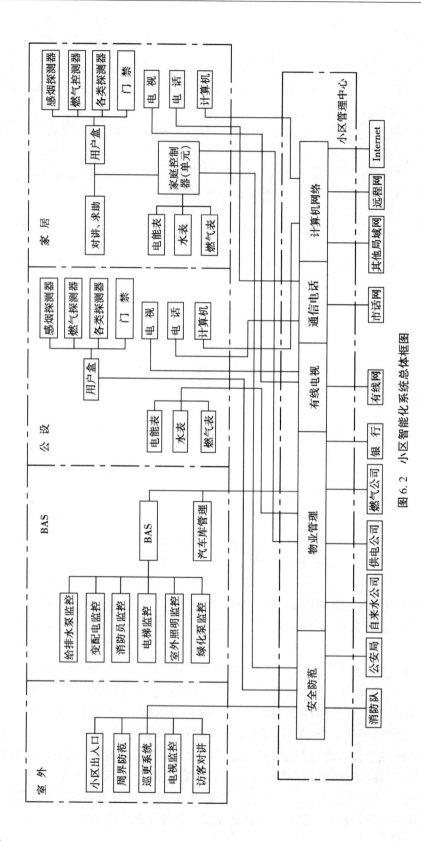

图6.2 小区智能化系统总体框图

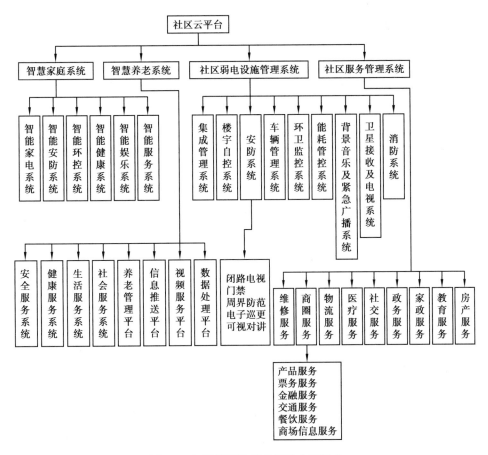

图 6.3　智慧社区体系建设的未来模式

　　智慧社区是由智能建筑衍生出来的,其技术与前述智能建筑的相关内容类似,但更关注公共环境的营造和公共事务服务。下面结合社区的特点对其主要系统进行介绍。

6.2　智慧社区中的安全防范系统

　　在智能化住宅社区中,通常设置的安保系统有周界防范报警、闭路电视监控、巡更、访客对讲、门禁、住户防盗报警、自动消防报警、停车管理和家居安防系统。

1)周界防范报警系统

　　智能住宅社区一般在社区的围墙、栅栏顶上装有周界防范报警系统,该系统一般由探测器、报警控制器、联动控制器、模拟显示屏及探照灯等组成。当有人非法翻越周界时,探测系统便将警情传送到管理中心,中心的电子地图上便显示出发生非法越界的区域,提示保安人员及时处理警情,并联动打开事故现场的探照灯或闭路监控系统,发出警告。管理中心可掌握事件的全过程,随时采取措施,有效控制事态发展。

2) 闭路电视监控系统

闭路电视监控系统是在社区主要通道、重要的公共建筑、周界和主要出入口设置摄像机，在管理中心，根据摄像机的台数、监视目标的重要程度设置一定数量的监视器、画面分割器、云台控制器、长延时录像机等组成的监视控制屏。摄像机将监视范围内的图像信号传送到管理中心，对整个社区进行实时监视和记录；同时，闭路监控系统还可与周界防范报警系统联动。当社区周界发生非法翻越时，管理中心监视屏上自动弹出警情发生区域的画面，并进行录像。随着5G、物联网、人工智能等技术的发展，智能视频监控进入新阶段。针对社区人员和车辆管理日益复杂，基于人脸识别、车牌识别、场景化等智能分析、数据深度挖掘等技术为立体化防控提供了更深层次的应用。通过人脸识别、车牌识别技术可以对进出社区的人员及车辆做到有效的布控和管理，一旦发现危险人员或车辆，系统会及时进行报警，通知到物业及公安等相关部门。如果发生异常事件需要取证，通过云摘要等数据分析技术快速搜索海量视频数据中特定信息，为事件取证、案件侦破提供有力支撑。

3) 巡更系统

巡更系统是在社区内设置若干个巡逻点，并尽量避免存在监视死区。保安人员携带巡逻记录机按规定的线路和时间巡逻，每到一点，立即发出到位信号，传送到管理中心。管理中心因此可以了解巡逻人员的到位情况，并及时将巡更路上的安全情况通报给巡更人员。随着智能手机的快速发展，基于定位技术的移动应用不仅可以实时反馈巡更位置、路线等信息，而且可以最大程度节约设备成本。巡更人员可以查看巡更路线，还可以通过拍照等方式向管理中心反馈巡更现场状况、汇报工作进度。管理人员可通过软件分析巡更信息，根据事故问题多发地点，配合不同场合需要，优化巡更站点和路线设置。

4) 访客对讲系统

访客对讲系统是在社区及各单元入口处安装防盗门和对讲装置，以实现访客与住户的对讲/可视对讲。住户可以遥控开启防盗门，有效地防止非法人员进入住宅区。

同时，在社区的主入口，访客对讲系统也发挥着极大的作用，尤其针对物业中心和住户，如果有客户前来，保安人员可以在第一时间联系住户，确定是否认识并予以放行；在社区内，各栋对讲主机和保安中心管理主机联网，在访客对讲系统的应用之下，保安中心住户可以实时发出求救信号。

5) 门禁系统

门禁系统就是出入口管理系统，对住宅及住宅社区内外的正常的出入通道进行管理。既可控制人员出入，也可控制人员在相关区域的行动。门禁系统工作原理如图6.4所示。

门禁系统对读卡技术的依赖较大，门禁系统可通过IC卡或人脸识别技术识别用户信息，达到控制人员出入的目的。在设置门禁系统时，控制器通过利用计算机技术实现出入口信息接收功能。经由此，计算机管理软件系统不仅可设置计算机的相关参数，也可对采集器进行设置。当用户将门卡与读卡器接触时,读卡器便能读取门卡信息,进而传送至控制器中,控制器进行判断,当信号符合要求时,控制器则执行合法动作,用户便可获得通行权限。

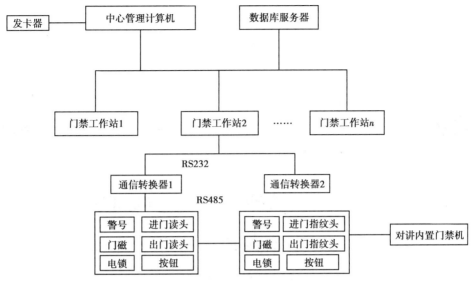

图 6.4　门禁系统工作原理图

6)住户防盗报警系统

住户防盗报警系统是为了保证住户在住宅内的人身及财产安全,通过在住宅内门窗及室内其他部位安装各种探测器进行监控。当监测到警情时,信号通过住宅内的报警主机传输至物业管理中心的报警监控计算机。监控计算机将准确显示警情发生的住户名称、地址和所受的灾害种类或入侵方式等信息,提示保安人员迅速确认警情,及时赶赴现场,以确保住户人身和财产安全;同时,住户也可通过固定式紧急呼救报警系统或便携式报警装置,在住宅内发生抢劫案件和患者突发疾病时,向物业管理中心呼救报警,中心可根据情况迅速处理。

7)自动消防报警系统

消防安全报警系统是在火灾发生初期,通过探测器根据现场探测到的情况(如烟气、可燃气体、有毒有害气体等),发信号给区域报警器(一般规模的住宅社区可设多个)及消防控制室(若系统没有设区域报警器时,将直接发信号给系统主机),或人员发现有火情时,用手动报警或消防专用电话报警给系统主机,控制中心通过报警信号来迅速处理。

8)停车管理系统

社区停车场管理是社区安防系统的重要内容。通过建设停车场云平台,及时获取社区内的开放停车位信息,并将原有道路停车位进行有效整合,实现车场余位查询、车位预约、车辆引导和移动终端缴费等功能。当前广泛应用的停车管理系统一般采用车牌识别方式,在停车场出入口安装主控电脑、车牌识别摄像头、显示屏、自动道闸,对本社区登记车辆进行车牌识别自动放行,对外来车辆进行车牌登记按时收费。停车管理系统如图 6.5 所示。

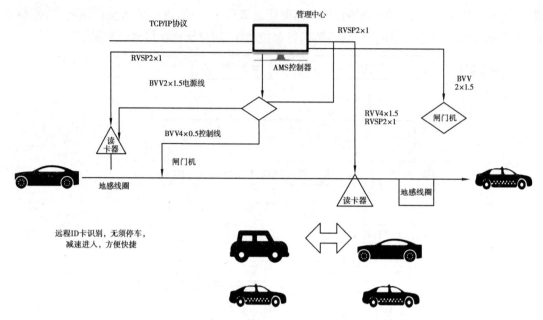

图 6.5   停车管理系统

停车管理系统具有以下特点:远距离感应读卡,无须停车,速度快,效率高;电脑管理,科学高效;简化车辆进出管理手续,而且安全可靠;系统设备投资少,建设周期短。

9)家居安防系统

近年来,随着网络技术、视频技术、自动化技术的发展和普及,家庭用户对安防的需求逐渐增加,家居安防市场快速发展,尤其是在智慧家庭系统的带动下,使得更多的安防产品进入家庭应用中成为可能。在当今社会老龄化的趋势中,在外打拼的人们迫切需要了解家庭的安全和家人的健康情况,特别是对于行动不便的空巢老人。在家人无法随时贴身照顾老人的情况下,实时监控和智能控制成了帮助青壮年人群在日常生活中随时了解家庭人员动态的先进技术手段。

家居安防主要实现住宅防盗、防灾、紧急求助等功能,包括智能门锁、电子猫眼、燃气泄漏检测、红外探测、视频监控等。并且特殊人群非常需要各种简单、自动化的信息产品,特别是养老服务与信息终端、一站式服务、医疗与紧急求助、遥控、监控等传感类产品,可切实帮助用户维护家人的生命健康。

6.3   智慧社区中的信息管理

社区信息管理就是管理中心通过信息传输,控制、监视社区内公共设施的启/停及运行情况,计量住户的耗能费用,进行全面的物业管理,为住户服务。常用的系统有多表抄收与管理系统、公共设施管理系统、物业管理系统。

6.3.1 多表抄收与管理系统

多表抄收与管理系统是住户水、电、气等用量的抄收、计量系统。因为我国北方地区还有供热系统,有些地区还有供水系统中还有中水系统,故称为多表抄收。

自动抄表系统,主要是应用计算机技术、通信技术、自动控制技术对住户的用水量、用电量、用气量等进行计量、计费。目前,常用的有下述两种模式。

1)IC 卡表具系统

IC 卡表具系统具有计量和费用结算方便的特点。但从使用情况来看,在精度、价格以及防外力干扰上都存在一定的问题,导致不少地方重新启用传统机械计量表具。

2)自动远程抄表系统

如图 6.6 所示,自动远程抄表系统有 4 层结构:

①数据转换层:负责将电表、水表、燃气表的计量数据转换成电信号,供采集器收集。

②数据采集层:负责收集、发送由三表传送来的电信号。

③数据管理层:负责系统参数设置、数据统计、用户资料管理。

④数据交换层:社区用户数据管理与有关行业管理部门(如电力公司、自来水公司、燃气公司以及银行的计算机中心)进行用户三表的数据交换和费用收取。

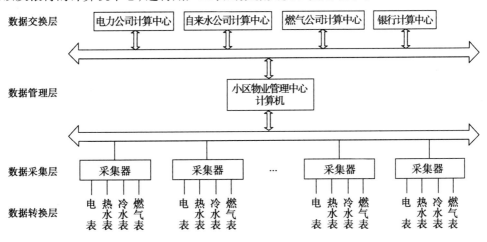

图 6.6　自动抄表系统构成

自动抄表系统应用了计算机、通信和现代自动控制技术,对住户的用水量、用电量、用气量等进行计量、计费。目前,常用的有下述 4 种模式。

(1)电力载波远传系统

用电力载波方式来传送三表采集数据,可以连接城市和乡村,应用范围包括 380 V 低压配电网的社区、10 kV 中高压配电网的城市和乡镇,也可对电力网络、供水管路、供气管路作智能综合管理,如图 6.7 所示。

电力载波抄表系统的主要特征是数据采集器将数据以载波信号方式通过电力线传送。因为每个房间都有低压电源线路,连接方便,不需要另设线路。但由于电力线的线路阻抗和频率特性几乎时刻都在变化,所以要求电网的功率因数必须保持在 0.8 以上,以保证传输信息的可靠性。另外,采用此系统,也应考虑电力总线是否与其他(CATV、无线射频、互联网络等)总线方式的兼容。

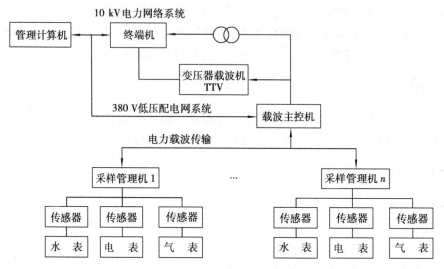

图 6.7　电力载波三表远传系统

　　在电力载波三表远传系统中传感器是加装在电表、水表和燃气表内的脉冲电路单元,信号采样采用无触点的光电技术。采集管理机通过传感器对管辖下的电表、水表和燃气表的数据予以存储、调用,同时接收来自主控机的各种操作命令和回送各用户表的数据。电力载波采集管理机的精度与电表、水表和燃气表的精度一致。采集管理机内设置有断电保护器,数据在断电后长期保存。电力载波主控机负责对管辖下的电力载波采集器送来的数据进行实时记录,并将数据予以存储,等候管理中心的调用,同时将管理中心的各种操作命令传递给电力载波采集器。

　　电力载波采集器与电表、水表和燃气表内传感器之间采用普通导线直接连接,电表、水表和燃气表通过安装在其内传感器的脉冲信号方式传输给电力载波采集器,电力载波采集器接收到脉冲信号转换成相应的计量单元后进行计数和处理,并存储结果。电力载波采集器和电力载波主控机之间的通信采用低压电力载波传输方式。电力载波采集器平时处于接收状态,当接收到电力载波主控机的操作命令时,则按照指令内容进行操作,并将电力载波采集器内有关数据以载波信号形式通过低压电力线传送给电力载波主控机。

　　管理中心的计算机和电力载波主控机的通信通过市话网进行,管理中心的计算机可随时调用电力载波主控机的所有数据,同时管理中心的计算机通过电力载波主控机将参数配置传送给电力载波采集器。管理中心的计算机具有实时、自动、集中抄取数据,实现集中统一管理用户信息,并将电、水和燃气的有关数据分别传送给电力、自来水和燃气公司的计算机系统。管理中心计算机计算用户应交纳的电费、水费和燃气费后,在规定时间内将费用资料传送给银行的计算机系统,供用户在银行交费时使用。

　　(2)总线控制网络自动抄表系统

　　此类系统的工作方式是采用光电技术对电表、水表和燃气的转盘信息进行采样,采集器计数并将数据记录在其内存中,所记录的数据供抄表主机读取。抄表主机读取数据的过程是根据实际管辖的用户表数,依次对所有用户表发出抄表指令,采集器在正确无误接收指令后,立即将该采集器内存中记录的用户表数据向抄表主机发送出去,采集器和管理中心计算机的数据传送采用独立的双绞线,如图6.8所示。

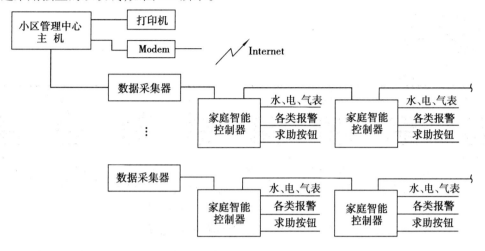

图6.8　总线网络三表远传系统

管理中心的计算机可对抄表主机内所有环境参数进行设置,控制抄表主机的数据采集、读取抄表主机内的数据、进行必要的数据统计管理。管理中心的计算机不仅会将有关的电、水和燃气的数据传送给电力、自来水和燃气公司的计算机系统,而且管理中心的计算机同时会准确快速地计算出用户应缴纳的电费、水费和燃气费,并将这些资料传送给银行计算机系统,供用户在银行交费时使用。

(3)基于NB-IoT物联网的自动抄表系统

NB-IoT使用License频段,可与现有网络共存。NB-IoT(窄带物联网)技术具有较好的室内遮盖特性、适用规模性低数据信息吞吐量、超功耗低及成本低四个优点。选用NB-IoT无线通信模块开展智能电表、预付费水表及智能气表三表合一的采集,可以合理解决目前水电气终端数据信息的人力采集和数据类型不统一等问题,与此同时还可以合理结合地下地上通信、统一多表通信协议、提升数据信息传输速度及扩张系统软件通信容积,可以简单化系统软件运作需要的中继设备,减少运维管理成本,降低安装空间。

(4)基于5G+区块链技术的智能抄表系统

5G具有高速率、低时延和大连接特点,是实现人机物互联的网络基础设施,信息管理中心通过5G网络读取住户家中的三表,实现远程自动抄表;基于区块链的抄表结算数据,基站电费对账系统,从而实现抄表数据存证、照片存证、数据流转、在线确认、在线汇总、对账统计、电费台账导出等功能。

6.3.2　公共设施管理

作为以居住为主的社区,给排水、变配电、公共照明、电梯控制等都是必不可少的内容。对智慧社区来讲,通常需要控制、监测的有以下几个系统:给排水系统、社区空调供热系统、安全预警系统、空气质量系统、电梯运行监视系统、社区供电系统、社区公共照明系统、绿地喷淋系统等,如图6.9所示。

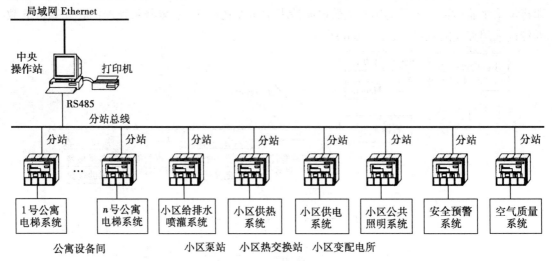

图6.9 公共设施管理系统控制网络图

给排水系统主要包括生活供回水系统、雨水排出系统等,这是城市居民的生活用水,对居民生活影响较大。

在建筑物使用过程中,室内空气的温度和湿度主要是通过供热系统来控制。

安全预警系统实现的目标是将火灾、漏气、防盗等纳入同一安全管理系统,由智能管理平台统一管理建筑和住户安全。

空气质量系统建设的目标是通过实时监测室内空气质量,尤其空气中各类有害物质的浓度,以保障人体健康。

电梯运行监控要求对于超期及隐患电梯强制停用并更换,同时加大电梯维保行业监管力度,规范日常维保安排统一指挥调度,及时发现困人故障,高效救援。

电力供应系统的智能控制目标是实时监测电力系统的运行情况,及时对故障进行反馈。在电力供应系统中的传感器设置时,应从电源起始,对供电情况、新能源并网运行情况进行监测,并将室外电力运输与利用情况,包括室外照明、电梯及其控制元件等运行情况实时反馈到管理平台,及时排除故障;室内电力控制系统因住户不同存在较大差异,其监测应更为具体,对电力改造应及时备案,以确保室内大功率电器运行时用电安全,严格控制电力负荷。

社区公共区域包括通道、电梯间及楼梯间等,公共照明系统灯具可以根据红外移动控制来感应人是否存在于需要照明的区间,并根据感应自动调整灯光的明亮程度及需要照明位置的照明灯具的开关。另外,在大空间场所和建筑物内的公共区域,可以通过集中控制器来减少人力;假设发生紧急情况时,还可以启动疏散照明灯。

绿地喷淋系统常用于社区公共景观植物喷淋灌溉,需要社区维保人员控制喷淋设备定时进行操作,喷淋控制器是系统的核心装置。

在中央站到现场控制器之间必须具备直接通信的网络,现场控制器是智能分站的要求。通信网络的结构,如图6.10所示。

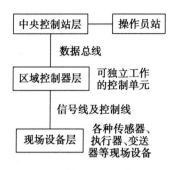

图 6.10 控制设备网络分层

6.3.3 物业管理系统

物业管理的本质在于提供房地产售租后期的服务,是房屋作为耐用消费品进入长期消费过程中的一种管理。一般来说,这类物业管理的内容,既包括以生活资料服务与管理为主业的专项管理内容,也包括与专项内容相关联的配套服务内容及与所在社区相结合的管理内容。智慧社区物业管理的工作任务如图 6.11 所示。

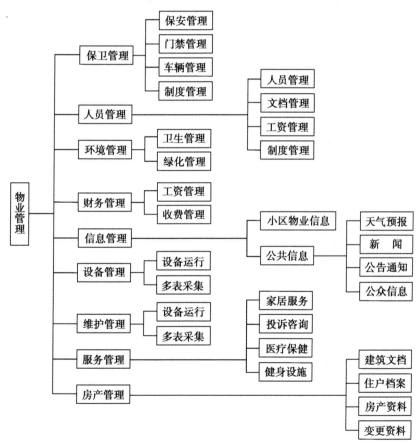

图 6.11 智能化社区物业管理的基本任务

（1）房产管理子系统

①房产档案主要功能是储存、输出所有需要长期管理的公寓房屋的各种详细信息。

②业主档案主要功能是储存、输出每套公寓的住户（包括租户）的详细信息，进行住户的入住和迁出操作。

③产权档案主要功能是储存、输出每套公寓的产权信息，进行产权分配的操作。

（2）财务管理子系统

实现社区账务的电子化，并与指定银行协作，实现业主费用的直接划转。

（3）收费管理子系统（物业管理/租金/服务等收费）

物业管理的很大一部分是物业收费。在物业管理计算机化的基础上，应该使物业收费的规范化。实现在线全通道收费，采用多种收费方式，全面覆盖收费缴费场景，通过微信线上通道，满足业主缴费多样支付场景，缴费后自动生成账单，业主通过微信公众号及小程序可自行查看到费用明细。线上支付随时随地便捷缴费；缴费后系统自动推送电子收据及发票。

①收费标准（各种费用、租金、物业管理费等）主要功能是对收取的各类费用确定价格因素以及进行计算工作。

②收费计算主要功能是确定最后应向用户收取的费用和设定费用追补项目，为费用收取做准备。

③费用结算主要功能是进行实际的费用收取工作，输出每套住户的各类费用及收、欠情况。

（4）图形图像管理子系统

图形图像管理子系统的主要功能是储存物业社区的建筑规划图、建筑效果图、建筑平面图、楼排的建筑平面图、建筑效果图、建筑示意图、住户的单元平面图、基础平面图、单元效果图、房间效果图。

（5）办公自动化子系统

在社区网络的基础上提供一个足够开放的平台，实现充分的数据共享，内部通信和无纸办公。办公自动化主要包括文档管理、收发文管理、各类报表的收集整理、接待管理（如来宾来客、投诉、管理、报修等）、事务处理等，见表6.2。

表6.2　物业办公自动化系统的管理内容

文档管理	将物业公司发布的文件分类整理，以电子文档形式保存以方便公司人员检索、查询
收文管理	管理文件的收发、登记、管理
报表管理	收集整理各类报表提供给公司领导和上级有关部门
接待管理	对公司的来宾来客进行登记，为编写公司大事记提供资料；记录各类投诉等转给事务处理过程
事务处理	对公司内部事务、各类投诉、报修等事务的处理进行监控登记，为管理者提供事务处理全过程监控和事后查询，并为查询系统提供信息

（6）查询子系统

查询子系统采用分级密码查询的方式，不同的密码可以查询的范围不同，查询的输出采用网络、触摸屏等多种方式。可为领导了解社区管理状况和决策提供依据，又可为一般工作人员提供工作任务查询和相关文档查询,也可为业主和宾客提供社区综合服务信息查询。

(7)Internet 和 Intranet 服务子系统

社区可以租用专线,自身成为一个 ISP 服务站。社区对外成为一个 Internet 网站,可发布社区的概况、物业管理公司、社区地形、楼盘情况等相关信息,提供电子信箱服务;对内形成 Intranet,实现业主的费用查询、报修、投诉、各种综合服务信息(如天气预报、电视节目、新闻、启示、广告)的发布、网上购物等。

(8)维修养护管理子系统

①房产维修主要功能是储存、输出物业维修养护的详细情况。

②设施设备维修主要功能是储存、输出对物业中的各种公共设施、各种楼宇设备进行维修养护的详细情况。

③统计及账务主要功能是储存、输出所有维修养护工作的综合情况以及按照产权人来统计其应交的各种费用。

(9)公用模块及系统维护

在以上子系统中包括以下三个公用模块:查询统计、系统维护和帮助,它为用户更好地使用本系统提供了方便和安全的保证。

对小区公用设备的控制与管理内容见表6.3。

表 6.3 社区公用设备的控制与管理内容

控制部位	智能化管理内容
电源开关状态及故障报警	高、低压配电柜状态监测及开/关控制;高压配电电流、电压及有功功率监测;变压器出线电流、电压、功率因数及有功功率监测;各种负载的电流监测;自动开关、母联开关的投切与故障报警;多台开关的逻辑控制;各层配电的状态与故障监测
给排水系统智能化管理	各水箱、水池、低位预警;各水泵运行状态与故障集中监控;生活水泵、潜水泵、废水泵故障报警程序启动/停止;污水池水位控制水位最高限报警及夜间抽水排放控制;根据统计的运转时间安排各泵轮流使用,定期自动开列保养工作单;设备管理中心计算机屏幕动画显示水系统的运转现状、如有异状,自动调出报警画面显示并提供声响报警及报警打印
热交换站温度、压力、流量检测	检测供回水温度、压力、流量;自动检测总管压力;自动检测补水泵运行状态;根据协调级所确定的换热站控制方案确定所需开启换热器台数;开关机过程控制,自动控制相关泵的启/停;根据用户侧供水温度自动控制相关阀门的开度,按优化控制算法自动调节相关用户侧循环泵的开启台数,根据回水压力确定补水泵的启/停;热水循环泵的启停控制;供热温度的自动调节;显示各测量参数,修改各设定值
风机的启/停状态	按不同时间段及楼层属性自动时序控制新风机启/停;送排风机状态监控、故障报警;火警发生时自动开闭送排风机、正压送风机;正压送风机状态监控,故障报警
照明智能化	电梯口夜间警戒时段由红外人体侦测系统联动照明,自动启动监控录像;社区庭院照明;节日彩灯、泛光灯、广告霓虹灯、喷泉彩灯、航空障碍照明灯等的定时开关控制及各种图形及效果控制,立面、广告灯及路灯时序控制
电梯运行状态及故障报警	电梯故障及具体故障类型;各部电梯运动方向;各部电梯供电电源状态

6.4 社区平台接口及应用接入

6.4.1 智慧社区与智慧城市的互联

智慧社区网络总体上由一云(社区云)、三网(广电网、通信网、互联网)、N终端(云电视、Pad、手机、笔记本计算机、PC等)组成,由智慧家庭小网、社区中网延伸至智慧城市大网。智慧社区网络经路由器连接至智慧城市大网。智慧家庭、智慧社区、智慧城市的网络连接关系如图6.12所示。

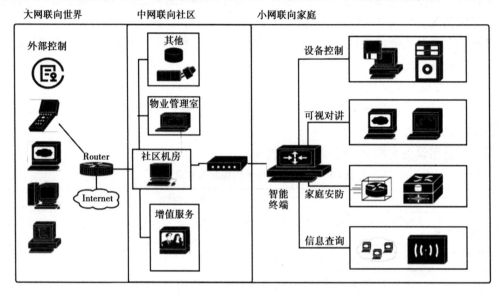

图6.12 智慧家庭—智慧社区—智慧城市网络

6.4.2 智慧社区各应用系统对外互联

1)智慧家庭系统对外互联

(1)智慧家庭系统的对外互联框架

智慧家庭系统需要与社区内各子系统和社区外支撑系统互联,实现全方位互联互通。智慧家庭系统与社区内各子系统的接口主要是在各系统的网络层通过接口实现,由智慧社区云平台层的数据资源管理器统一管理。智慧家庭系统通过中间件接口程序与外部支撑系统互联互通,如图6.13所示。

(2)智慧家庭系统与社区内各子系统接口及互联。

通信接口主要以有线网络接口为主,如有线以太网、宽带网络、广电网络等,在必要的时候也可以采用无线网络的形式,如3G/4G网络、Wi-Fi网络、ZigBee等形式,采用这种形式的接口时,所传输的数据量一般较小。智慧家庭系统与社区内各子系统互联应符合下列规定:

①智慧家庭与社区内各子系统数据传输具有共享权限设置功能。

②智慧家庭与社区内各子系统数据传输具有唯一身份标识。

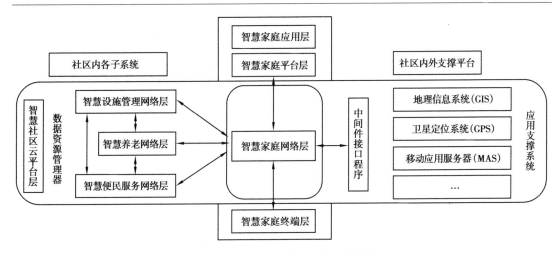

图 6.13 智慧家庭系统的对外互联框架

③智慧家庭与社区内各子系统之间的互联都是双向数据传输。

④支持多种方式传输。

⑤支持与相关子系统的硬件设施共享,如智慧养老系统。

⑥数据资源管理器可实现对互联数据的信息存储。

(3)智慧家庭系统与社区外支撑系统接口及互联

智慧家庭系统通过中间件接口程序与应用支撑系统互联互通。通过接口程序,调用或者衔接如下应用支撑系统:GIS(地理信息系统)、GPS(卫星定位系统)、LBS(移动基站定位系统)、SMS(短信接口)或 MAS(移动应用服务器)、TTS(语音合成系统)、手机程序(客户端软件)等。智慧家庭系统与社区外支撑系统互联应符合下列规定:

①智慧家庭与社区外支撑系统数据传输具有最高权限设置。

②智慧家庭与社区外支撑系统数据传输可与社区内传输实现数据隔离。

③支持多种方式传输。

2)智慧养老系统对外互联

(1)智慧养老系统与社区其他子系统的互联

智慧养老系统是智慧社区的一个应用子系统,因此除了内部进行互联以外,还需要与智慧社区的其他子系统进行互联。

智慧养老系统通过智慧养老网络层与智慧社区中其他子系统的网络层进行通信,如图6.14所示。

智慧养老系统与智慧社区的其他应用子系统之间的互联都是双向的数据传输,通过传输接口实现双向的数据接收与发送。智慧养老系统通过传输接口将智慧养老终端层以及网络层与平台层中的基础设施运行状况通过接口发送给智慧设施管理系统,由智慧设施管理网络层负责接收数据,发送给智慧设施管理平台进行处理,同时将处理结果发送回智慧养老系统,以实现养老系统的设施智慧化管理。智慧养老系统与智慧家庭之间有较多的基础设施和应用重合,因此通过双方之间的接口可以共享数据,实现应用互联互通。智慧养老系统为老人提供了相应的便民服务,这类应用可以直接由智慧便民服务进行实现,但是两者之间需要数据和信息的共享,通过两者的网络层间互联可以实现。

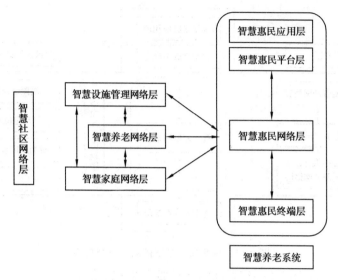

图 6.14　智慧养老系统与社区其他子系统的互联

（2）智慧养老系统与应用支撑系统的互联互通

　　智慧养老系统通过中间件接口程序与应用支撑系统互联互通,如图 6.15 所示。通过接口程序,调用或者衔接如下应用支撑系统:地理信息系统(GIS)、卫星定位系统(GPS)、移动基站定位系统(LBS)、短信接口(SMS)或移动应用服务器(MAS)、语音合成系统(TTS)、手机应用程序(客户端软件)等。

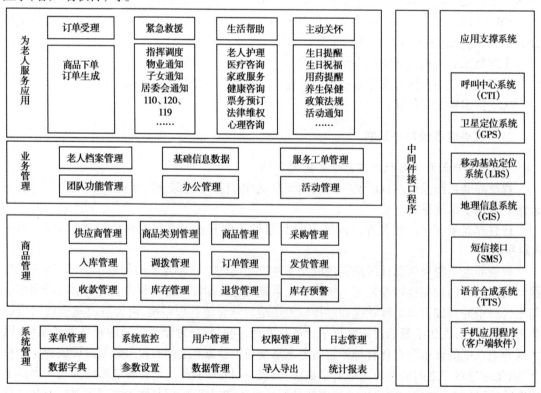

图 6.15　智慧养老系统与应用支撑系统的互联

3)社区智慧设施管理系统对外互联

社区智慧设施管理系统的对外互联主要通过社区智慧设施管理系统传输层与智慧社区其他应用系统的网络层连接实现,与应用支撑系统的连接主要通过中间件接口程序实现,如图6.16所示。

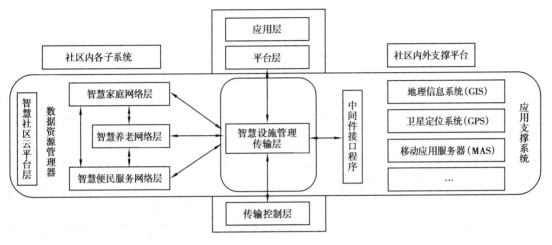

图 6.16   社区智慧设施管理系统对外互联

4)社区服务管理系统对外互联

智慧社区子系统共有 4 个,除了社区智慧惠民服务系统,还有智慧设施管理系统、智慧家庭系统和智慧养老系统,各个子系统之间是相互依存的,每个子系统都与其他系统互联互通,如图6.17所示。

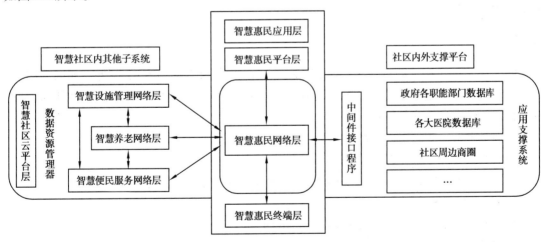

图 6.17   社区服务管理系统对外互联

智慧服务管理系统用到了智慧家庭中的家庭网关,智慧服务管理中业主的 3 个终端是移动终端、PC 终端、网络电视终端,它们都与智慧家庭互联,主要连接方式为 TCP/IP 协议、家庭 Wi-Fi 或者蜂窝数据网络;智慧服务管理系统与智慧养老中的养老医疗共用一个系统,健康小屋与大数据处理在线诊疗系统,共用一套社区个人健康档案,主要连接方式为有线网 TCP/IP 协议方式;智慧服务管理系统与智慧设施管理系统中的高亮工业液晶显示屏和物业连接,高亮液晶显示屏为智慧服务管理系统中的显示终端,归物业管理,由物业人员通过有线网络推送政务消息,通过有线网络连接各个政府职能部门,社区物流快递由物业专人管理,并由物业通过蜂窝数据网络向业主发送快递到达的通知。

6.5 一卡通系统

智能建筑中的一卡通系统是 IC 卡技术与现代智能化社会管理系统结合的产物。利用 IC 卡与智能建筑的内部设施进行连接,实现电子信息化管理,通过 IC 卡进行身份识别和操作授权,可以有效提高物业管理的安全性和管理效率。智能建筑一卡通管理系统的设计与应用以计算机技术和通信技术为基础,要实现传统社区物业功能的整合及信息化。使用户能够使用一张卡通过门禁、购物、就餐、办公、停车,满足智能建筑建设的便捷化需求。在用户的操作过程中,一卡通管理系统还要对用户操作数据进行采集和记录,并通过分析汇总得出统计报告,为智能建筑管理措施的调整提供参考。通过一卡通系统的应用,提高智能建筑物业管理水平和智能建筑的居住安全。

智能手机能够提供 NFC 卡片识别及保存功能,各种 IC 卡可以存储到同一部手机中,一个终端即可完成门禁、公共交通、餐饮购物等多种功能,体现了万物互联的特点。

新一代"一卡通系统"围绕电子支付和身份识别基本职能,加入卡片、二维码、指纹、手环、虹膜、车牌、人脸等新介质,实现介质认证互通。打破传统的卡认证模式,加入二维码等新的介质载体,并实现介质互通。居民在出入各门禁通道及需身份认证的场合时更加灵活,避免卡丢失或忘带卡的意外。

6.5.1 IC 卡

IC 卡是将一个集成电路芯片镶嵌于塑料基片中,封装成卡片的形式,其外形如同信用卡,具有写入数据和存储数据的能力,IC 卡存储器中的内容根据需要可以有条件地供外部读取,或进行内部的信息处理和判断。

根据卡中所镶嵌的集成电路的不同可分为以下 3 类:

(1)存储器卡

卡中的集成电路为 EEPROM(电可擦除可编程只读存储器,又写为 E2PROM)。

(2)逻辑加密卡

卡中的集成电路为具有加密逻辑的 E2PROM。

(3)CPU 卡

卡中的集成电路包括中央处理器 CPU、E2PROM、随机存储器 RAM 及固化在只读存储器 ROM 中的片内操作系统(Chip Operating System,COS)。

目前广泛使用的非接触 IC 卡(射频卡,REID),其集成电路不向外引出触点,因此它除了包含前三种 IC 卡的电路外,还带有射频收发电路及其相关电路。卡内有内置芯片,由多个读写扇区组成,可加密存储、读写。如今已发展到 CPU 卡阶段,具有运算和动态加密功能。手机 SIM/UIM 卡近年与射频技术融合在一起,形成了手机一卡通。

"智慧社区一卡通系统"的建设宜采取银行卡金融功能与非接触式电子钱包、电子化物业管理相整合的方式,由银行与物业管理公司联合发行银行卡,住户们可以在各地的银行网点或自助终端实现存取款、消费、转账等金融支付,可以代替住户在社区内的所有个人证件(如出入、缴费、停车证等),应用于需要身份识别的各种 MIS;可通过设在非接触式 IC 芯片内的电子钱包实现餐饮、社区内购物、手机上网、医疗等社区内消费。

6.5.2　一卡通系统管理中心

1)中心配置

一卡通中心通常由一卡通平台、接口和应用子系统构成。

①平台:中心服务器、前置机(综合前置机、银行转账前置机、查询前置机)。

②持卡人业务系统、会计业务系统。

③接口:银行接口、电信接口。

④应用子系统:具体相关管理的应用子系统,分为商务消费类、身份识别类和混合类,如商务、考勤、门禁、图书等系统。

中心主要配置由服务器和中央管理计算机、打印机、发卡机、非接触式读写器组成,通过网络与各子系统联网,组成住宅区的"一卡通"管理系统,如图 6.18 所示。

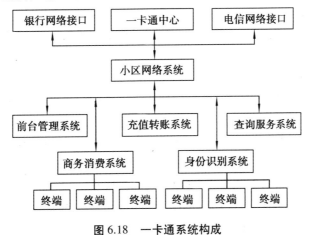

图 6.18　一卡通系统构成

2)基本功能

(1)IC 卡管理

IC 卡管理的主要目的是发行、充值、查询、挂失、修改一卡通信息,包括持卡人的住所、姓名、卡号、身份证号码、性别、权限等。

①新卡发行:建立社区住户资料库,生成信息(住户、姓名、卡号、权限等),发卡后该住户即可投入使用。

②挂失处理:根据住户挂失申请,使 IC 卡由合法卡变成黑名单卡、向各使用终端传送。同

时可向申请挂失的住户发放新 IC 卡。

③查询/修改功能:根据住户查询要求,调出住户资料,查询相关信息,并可通过打印机将所查询的资料打印出来。住户提供有效的证件及资料后,操作员可对住户的资料进行修改,重新入库。查询可通过电话、上网或在园区内的各种终端上等方式进行。

(2)数据计算

住户社区消费统计(当月消费次数、金额的计算等)、物业管理费用统计等。

(3)设备管理

设备管理功能是对读卡器和控制器等硬件设备的参数和权限等进行设置。

(4)软件设置

可对软件系统自身的参数和状态进行修改、设置和维护,包括口令设置、修改软件参数、系统备份和修改等。

(5)报表功能

生成各种形式的报表,如发卡报表、充值报表、监控报表、考勤报表、消费报表、个人明细报表等各种统计报表,辅助决策和查询。

(6)门禁管理功能

以核心主控器、出门按钮、门禁控制器、读卡器等硬件单元为基础,设计对应的程序软件,与用户资料相结合,实现门禁管理功能。采用高速网络接口,支持 10/100BASE 通信方式,通过识别用户身份,确定进出权限。并对用户的进出情况进行实时监控,出现异常时发出警报,确保智能建筑的门禁管理安全。

(7)考勤管理功能

使用一卡通系统代替打卡器,对用户的迟到、早退情况进行记录,为智能建筑人事管理提供支持。

(8)停车管理功能

采用一卡通系统对车辆进行分类管理,自动统计当前停车场的车位数,并提供车位检索功能。用户在寻找车位时可以根据智能一卡通系统的提示快速找到车位,可以实现自动首付功能。同时,一卡通系统会对用户停车情况进行记录,并更新停车场管理信息。

(9)消费管理功能

通过软件设置,直接对消费硬件进行控制和管理,在使用过程中,只需要设置好价格、消费类型等关键参数,就可以实现自动扣费功能,并生成电子单据,供用户进行消费查询。此外,消费功能模块还提供消费机记录查询功能和消费记录刷新功能,可以通过组合条件进行快速查询,并对用户消费行为进行监控。

基于发展现状,推行以社保卡为载体的"一卡通"模式,实现"一卡通"社会保障、卫生健康、公用事业缴费等民生服务功能,拓展卡的公共管理应用领域,会成为未来趋势。

6.6　智慧家庭系统

6.6.1　智慧家庭系统的概念

智慧家庭系统（Smart Home）又称智能家居、家庭自动化（Home Automation）、电子家庭（Electronic Home、E-home）、数字家园（Digital Family）、家庭网络（Home Net/Networks for Home）、网络家居（Network Home）、智能家庭/建筑（Intelligent Home/Building）。尽管名称繁多，但它们的含义和所要完成的功能大体相同。

智慧家庭系统的实现首先是在一个家庭住宅中建立一个通信网络，为家庭信息提供必要的通路。在该网络操作系统的控制下，通过相应的硬件和执行机构，实现对所有家庭网络上的家电和设备的控制和监测。其次，它们都要通过一定的媒介平台，构成与外界的通信通道，以实现与家庭以外的世界沟通信息，满足远程控制/监测和交换信息的需求。当下，结合物联网、云计算、移动互联网和大数据等新一代信息技术，实现低碳、健康、智能、舒适、安全和充满关爱的家庭生活方式，是智慧家庭系统更高层次的目标。

6.6.2　智慧家庭系统架构

智慧家庭系统架构包括应用层、平台层、网络层和终端层。其中应用层为智慧家庭的功能体现，依托底层平台具有人工智能应用。平台层、网络层和终端层为智慧家庭的实现基础，信息交互构成闭环生态圈，打破不同智能家电之间的界限。以该架构为依托，各层可采用相关技术实现，如图 6.19 所示。

1)应用层

应用层具有概念属性，涵盖了智慧家庭可实现的业务能力。具体要求为：

①可叠加不同的应用服务系统。

②可集成第三方业务系统。

③各个应用相对独立，系统的升级和应用部署不影响整个系统的运行，系统升级和应用部署快捷方便。

④可搭载人工智能系统，通过大数据平台对用户使用家电的习惯进行分析，经过推理、决策、执行，主动为用户提供个性化服务，帮助用户管控家电、智慧家庭系统设备。

2)平台层

平台层具有管理属性，实现数据汇总、运行管理功能。平台层作为运营平台，能够承接业务层所涉及的智慧家庭各领域的业务应用，同时监管家庭数据的存储和处理。平台层的支撑技术有云计算、云存储及大数据等。具体要求为：

①实现各种用户终端的统一接入和管理。

②对于各终端，具有"统一标准体系"和"统一安全系统"。

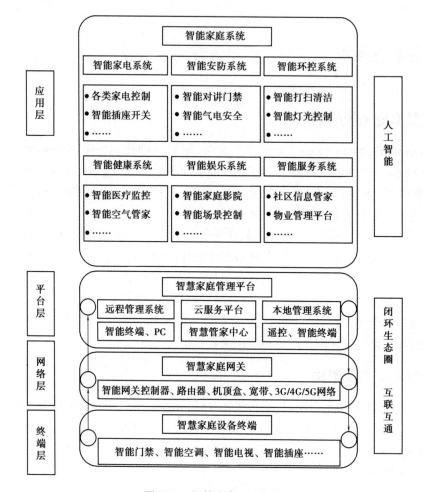

图 6.19　智慧家庭系统架构

③对于各用户,实现"统一身份认证"和"统一鉴权管理"。

④屏蔽设备物理特性,用户操控设备简化到所见即所得的图形化界面。

⑤具有远程、智能管理功能。

⑥具有高度的开放性,做到产品互联互通。

3) 网络层

具有互联属性,以多种方式实现平台层与终端层信息指令交互。在网络层中,家庭网关是智慧家庭的控制中心,能够对家庭网络中的所有设备进行联网。常用的家庭网关控制设备有无线路由器、机顶盒和控制器等。具体要求为:

①兼顾有线和无线连接方式。

②以现有入网设备为基础,与室内局域网相互兼容。

③兼容常见通信方式以及具有较好的可升级性。

4) 终端层

具有实现属性,具体实现智慧家庭相关应用。终端层的实质是对家庭网关中联网设备进

行细分,实现智慧家庭各类电气设备的互通和网络的互联。具体要求为:

①具有信息自动反馈功能。

②具有可开放协议、相关软件支持,能够较好升级扩展。

③以无线通信为主。

智慧家庭系统管理终端的原理示意图,如图 6.20 所示。同样是采用模块化设计,各个功能模块和线路相对独立,主要由监控模块、中央处理器 CPU 模块、电话模块、网络模块、电视模块及影音模块等组成。功能上主要有接入、分配、转接和维护管理。支持电话、传真、上网、有线电视、家庭影院、音乐欣赏、视频点播、消防报警、安全防盗、空调自控、照明控制、燃气泄漏报警、三表自动抄送等。

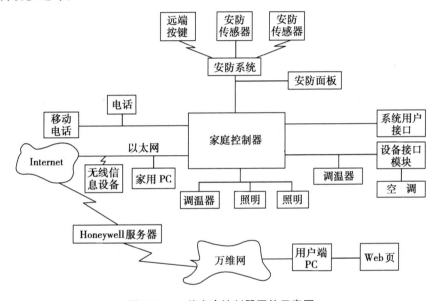

图 6.20 一种家庭控制器网的示意图

家庭控制器(也称网关)是智慧家庭系统的核心,能够将家中许多相对独立的灯光照明、家用电器、可视对讲、安防报警、视频监控等终端产品组合成一个统一系统,从而方便地进行本地操作,也可通过互联网或无线网络实现远程控制。智慧家庭系统和家庭网关的关犹如人的心脏。智慧家庭系统通过家庭网关实现系统信息的采集、信息输入、信息输出、集中控制、远程控制、联动控制等功能。有了家庭网关,与家中设备以及智能终端设备互联互通,在看电视、控制空调或是打开窗帘,抑或是不在家通过摄像头监控的时候,都可以进行远程控制,家庭网关也成为电信运营商、连接和控制的中心角色,而 AI 算法的实现方式则是其技术关键。

接入终端包括接入终端探测器、家电设备、视频监控等设备,其中探测器包括门磁、玻璃破碎、紧急按钮、被动红外、烟感燃气、温湿度等探测器,家电设备包括灯光、窗帘、电饭煲、洗衣机、热水器、冰箱等,视频监控设备包括 IPC、硬盘录像机等。

用户终端包括对讲室内机、智能手机终端、PC 等。智能手机上安装一个与控制器配套的应用程序,当住户出门时,通过手机将情景模式切换到离家模式;当住户回家时,通过手机将情景模式切换到在家模式;当住户睡觉时,通过手机将情景模式切换到就寝模式;当住户出差时,可以通过手机查看家里的情况,非常方便快捷。

智慧家庭系统利用智能开关、智能插座等传感器和控制器,将门窗、照明、家电、安防等家居设备连成家居网络,进行统一管理和控制。近年来出现的比较新颖的末端设备有智能体脂秤、智能血压计、智能血糖仪、智能手环、智能按摩理疗椅等,可以通过网络检查人体的健康状态。各种末端设备都能通过手机 App、语音控制或手势进行控制。

家居系统真正的智能化是无感的,应该主动,并非单纯受人控制,而是能通过分析判断主动做出人想要它做的事。从听从指令到主动管理,这就是 AI 驱动下实际的"主动智能"。以后的智慧家庭系统是整体性的,家庭控制器对所有设备进行统一管理,根据用户的行为、习惯,外界的天气、温度等,自动判定场景,实现无感的智能体验。智慧家庭系统目前正处于这样的进化阶段,单体的设备智能化程度已经达到比较高的水平,但要想实现真正的主动式全屋智能,一方面成本较高,另一方面它需要在建筑设计阶段,至少在装修阶段进行整体规划设计,所以距离实现还有一段路要走。

6.6.3 智慧家庭系统标准总线协议技术

在家庭生活自动化中,除了对家庭电气设备作操作控制外,更突出的问题是家庭中各类家用电器设备间的通信以及家庭和外界的通信和人与各类设备的通信问题,所以,智慧家庭系统的关键技术其实就是网关技术和总线技术。

现场总线控制系统通过系统总线来实现家居灯光、电器及报警系统的联网以及信号传输,采用分散型现场控制技术,控制网络内各功能模块只需要就近接入总线即可,布线比较方便。现场总线类产品通常都支持任意拓扑结构的布线方式,即支持星形与环状结构走线方式。灯光回路、插座回路等强电的布线与传统的布线方式完全一致。不需要增加额外布线就可实现"一灯多控"等功能,是一种全分布式智能控制网络技术,其产品模块具有双向通信能力,以及互操作性和互换性,其控制部件都可以编程。

1) KNX 总线与 RS485 总线

在有线智慧家庭系统的协议中,应用最广泛的两种协议就是 KNX 总线与 RS485 总线。所谓总线,就是一条连接所有设备的线路。所谓总线通信协议,是总线上运行的软件定义。总线协议就像是一种语言,是总线上的设备用来进行彼此沟通的工具。这个语言的精细程度就决定了总线设备之间沟通的效率。

KNX 协议从物理层到数据链路层以及到应用层,在各个层面都有非常详细和完备的定义。因此,从这个角度来说,KNX 总线协议就好像计算机之间的普通话,非常精细而且准确。即使是不同厂家生产的 KNX 设备,都可以完全地实现无缝兼容,是国家标准《控制网络 HBES 技术规范住宅和楼宇控制系统》(GB/T 20965—2013)指定的智慧家庭系统总线协议。

RS485 总线也是目前市面相对比较常见的总线标准,但是 RS485 总线标准实际上只规定了其物理层面的相关参数,并没有对软件方面的通信协议进行详细规定。生产厂家只好基于 RS485 总线标准,自行制订相关的总线协议。比如 Modbus 协议,就是最早由施耐德电气制订的基于 RS485 总线通信的,用于工业控制的总线协议。现在市面上各厂家声称的"485 协议",其表达的意思应该是"某种基于 485 总线的通信协议",所以并非准确的说法,因而同样是声称自己产品属于"485 协议"的两个厂家,其产品之间却不能直接进行互联,因为它们所说的语言在很多细节上并不一致。但 RS485 类的产品优势在于成本较 KNX 低而在国内使用更为广泛。

2)国内跨平台标准化协议

为了解决智慧家庭系统互联互通突出的问题,2020 年 12 月 9 日,中国通信标准化协会与中国家用电器协会共同成立智慧家庭系统互联互通标准联合工作组,其总体路线为"基于中国家电用器协会与中国通信标准化协会的标准化战略合作,更广泛地覆盖智慧家庭系统领域跨界、多元的互联互通需求及技术实现",并规划了三个阶段分步实现总体路线,并于 2021 年 12 月 28 日发布了双编号标准《智慧家庭系统跨平台接入与身份验证技术要求》(T/CCSA 328—2021,T/CHEAA 0019—2021)。

《智慧家庭系统跨平台接入与身份验证技术要求》能统一不同智慧家庭系统间的设备发现、连接、身份验证和接入配网等必要交互过程,使不同厂商、不同平台的智慧家庭系统设备可以跨平台进行网络接入和身份验证,企业还可在该标准基础上自定义拓展特性,家居设备可基于该标准接入任何满足标准要求的生态平台,消费者可依据个人偏好选择智慧家庭系统平台入口。标准的发布将有效解决智慧家庭系统互联互通中存在的"生态壁垒"问题,助推智慧家庭系统互联互通行业的进一步规范发展,提升用户的使用体验。

6.7　智慧社区的核心技术

智慧社区系统涉及一套核心技术体系,现将对各项具体技术及应用关键问题简介如下。

6.7.1　智慧交通技术

1)新能源汽车和充电桩(站)

新能源汽车和充电桩(站)宜符合《电动汽车传导充电系统第 1 部分:通用要求》(GB/T 18487.1—2015)、《电动汽车传导充电用连接装置第 1 部分:通用要求》(GB/T 20234.1—2015)、《电动汽车传导充电用连接装置 2 部分:交流充电口》(GB/T 20234.2—2015)、《电动汽车传导充电用连接装置第 3 部分:直流充电接口》(GB/T 20234.3—2015)、《电动汽车非车载传导式充电机与电池管理系统之间的通信协议》(GB/T 27930—2015)。

2)智能导航定位与停车

智慧社区应支持智能导航定位技术,包括卫星导航定位、无线信号定位、传感器定位(支持多传感器信息融合)、混合定位。智能导航定位应建立在社区空、天、地立体空间感知基础上,通过空、天、地多种类型传感器组合实现导航信号采集与处理,通过远程、近程、有线、无线等多种方式综合实现导航信息传输。

停车应提供自动车牌识别、停车诱导、车位信息查询、移动支付停车费、自动泊车(可选)等先进功能,并支持立体停车库的应用。

6.7.2　智慧服务机器人技术

智慧社区应支持高效的物流系统,应设置智能快递投递箱,将快件暂时保存在投递箱内,将投递信息通过短信等方式发送用户,为用户提供 24 h 自助取件服务,解决快递末端投递问题。智能快递投递箱基于嵌入式技术,通过 RFID、摄像头等各种传感器进行数据采集,然后将采集到的数据传送至控制器进行处理,处理完再通过各类传感器实现整个终端的运行,包括 GSM 短信提醒、RFID 身份识别、摄像头监控等。

家庭服务机器人宜作为家庭物联网的核心信息中枢,从事家庭服务工作,包括维护、保养、修理、运输、清洗、监护等。家庭智能机器人包括电器机器人、娱乐机器人、厨师机器人、搬运机器人、陪护机器人、助理机器人、类人机器人等种类。社区智能服务机器人宜包括保安巡逻机器人、社区 O2O 助理机器人等。

6.7.3　人工智能及其支撑技术

通过 BIM、VR、AR 等技术实现社区的三维可视化建设和管理。采用 VR、AR 实现智慧营销、智慧家装、智慧教育等;采用 BIM 进行社区全生命周期规划、设计、管理。并具备大数据挖掘、智能分析、机器学习技术。社区大数据主要包括时空大数据、行为大数据、视频大数据。通过数据挖掘发现自然变化规律、人的行为规律、人的偏好、社会潮流、舆论趋势等,通过智能分析和机器学习推断生活、服务、健康等需求。

6.7.4　社区生态海绵及其他生态技术

海绵社区雨水控制利用工程技术应包括"渗、滞、蓄、净、用、排"。渗透技术主要以改造硬质地面、增加下渗为主;主要措施包括透水铺装、渗透塘及包括雨水花园、滞留带等。滞蓄技术以雨水滞留和储蓄利用为主,兼有峰值流量削减和补充地下水等作用;主要措施包括雨水罐、雨水湿地、雨水花园、集水池等;储蓄的雨水可进一步回用。净化技术主要是改善水质,对水质进行源头处理或深度处理,其出水多直接排放或集中处理后回用;主要措施包括初期截流和弃流设施、前置塘、沉淀池、植物缓冲带、人工湿地等。

1)场地规划

海绵社区场地规划包括场地分析和雨水系统设计。场地分析包括合理选择和布局海绵设施,确定其形式和规模,设计则主要旭合理进行场地竖向设计,避免破坏水文环境造成破坏。已建社区场地的雨水系统设计应采取适当的分散式、低影响开发设施去适应原地下管线布置,有效衔接雨水管道系统及超标雨水径流的排放,对雨水进行滞留、净化和回用。

2)调蓄容积量计算

调蓄容积量根据住房和城乡建设部颁布的《海绵城市建设技术指南—低影响开发雨水系统构建(试行)》(建城函〔2014〕275 号)计算。低影响开发设施调蓄容积一般应满足"单位面积控制容积"的指标要求,设计调蓄容积一般采用容积法进行计算。

$$V = 10 \, \phi \, HF \tag{6.1}$$

式中　*V*——设计调蓄容积,m³;

　　　H——设计降雨量,mm;

　　　φ——综合径流系数,可根据面积比例加权平均计算;

　　　F——汇水面积,hm²。

3)海绵设施应用

海绵设施在小区各要素的应用包括:

(1)建筑屋顶雨水渗滞区

为减少雨水产流量,需采取以雨水利用和渗透设施为主的源头控制设施,如绿色屋顶、雨水桶等。利用绿色屋顶的植物和土壤对雨水截流和吸收,并使用雨水桶收集绿色屋顶的外排水,实现对雨水的源头管理。超出绿色屋顶和雨水桶处理能力时,利用地面其他的措施进行雨水综合管理,如人工水景、湿地、下凹式绿地等,将场地景观融入雨水管理中,提高住宅环境的整体美感。

(2)小区道路雨水渗滞区

基于海绵城市自然渗透的理念,在人行道进行透水铺装改造,增加地面的透水性,结合侧石开口或标高控制(路面标高高于周边绿化带标高)等措施,将路面径流引入附近雨水处理设施,以达到增加下渗、削减洪峰的效果。

(3)小区公共场地渗滞蓄区

在公共场地内设置集中式雨水设施和末端处理设施,主要以雨水滞留设施为主,如生物滞留设施、下凹式绿地、雨水花园等。利用低于路面的洼地储存、渗透雨水,结合物理处理和生物处理的特点,有效去除污染物、减少雨水径流量。

除了充分利用雨水资源外,智慧社区建设应对其他低碳节能、绿色环保、循环经济给予足够重视,支持太阳能、空气能、地热、风能等多种新能源技术的引入,支持固废循环利用,设置智能垃圾箱(桶)等,向零能耗建筑、零能耗社区方向努力,通过构建多能互补的家庭和社区能源互联网实现智慧能源管控。

6.7.5　社区综合管廊管控技术

智慧社区综合管廊建设应符合《城市综合管廊工程技术规范》(GB 50838—2015)中的规定。社区综合管廊管控系统搭建应采用物联网架构,结合社区地理信息系统进行模块化设计,满足分阶段施工及技术改造的要求。

社区综合管廊管控系统可包括4个子系统:管廊监控系统、管线监测系统、消防监测系统、管廊健康管理系统。管廊监控系统包括环境与设备监控、视频监控、入侵报警探测、电控井盖监控、门禁系统监控、巡更/人员定位、应急通信系统、电动百叶监控、移动智能终端监控。管线监测包括电缆监测、天然气管道监测、热力管道监测、水管泄漏监测等。管廊健康管理包括沉降监测、塌方监测。

社区综合管廊管控系统应满足如下性能要求:

①具有统一的管理平台,子系统间联动性好,响应速度快。

②具备地理信息管理系统,结合 GIS 和 360°全景技术,多视角识别管线位置和状态信息。

③系统支持云计算、大数据等技术应用,预留智慧城市接口,支持向智慧城市平滑升级。

④系统开放。向下兼容第三方设备和系统;向上支持通用接口协议,可接入更高一级的监控系统。

6.7.6　社区智能安防与应急

智慧社区应支持智能门禁,实现扫码开门、对讲开门、远程联网开门、蓝牙开门、人脸识别开门等全方式开门模式,并可实现如下特殊功能:体温测量、数据记录、统计、分析、线上线下广告位、公安联网预警。业主联动画像,业务联动有收费催费、投诉报修、增值运营等。

智能安防监控具有点位设置管理、录像存储与调用,支持物理服务器及云存储方案、在线实时查看,公区监控业主开放、高空抛物专用摄像头,智能算法实现特殊事件自动记录、智能预警提醒,人脸识别抓取,公安系统联动方案。

还应提供以保护居民隐私、保障社区人群信息安全的系列信息安全技术,包括家庭隐私保护技术、社区金融安全技术、社区大数据安全技术等。

智慧社区宜建设智能应急保障系统。该系统通过社区内监控系统进行视频采集,通过收音机、社区广播系统、单元门口机、电话等进行应急广播,通过电视进行应急信息播报。应急网络平时可以作为社区通信网络,灾难时可以作为应急指挥、指导及营救服务网络。应配备用于应急调度、操作的手机、iPad 等移动终端。

6.7.7　社区 O2O

智慧社区更凸显对人的关怀,基于本地用户即时需求而聚合本地服务提供商,协助实现需求和服务的对接。社区 O2O 将社区、家庭作为服务的生态圈,提供精细化服务和高端定制服务,使业主对社区产生归属感和认同感,形成业主、物业、商家全面参与互动、共生共荣、相互促进的关系,能使物业真正融入生活,提高舒适度和幸福度。

1)社区 O2O 产业链构建

社区 O2O 产业链可从三方面构建:

①第三方综合平台、物业管理平台和垂直服务平台。第三方综合平台主要以流量分发形态存在,通过聚合周边实体零售商或服务商,将用户订单导流到周边合作商家的店铺上。

②物业管理平台是在物业服务的基础上聚合周边实体供应商及细分领域垂直供应商,将服务输送给小区用户。

③垂直服务平台聚焦在某一个品类的服务上,例如家政、洗衣、生鲜、教育、外卖等。

2)社区 O2O 平台搭建

社区 O2O 平台也可从三方面搭建:

①电商:包括在线购物超市、定向团购等,如在每个五公里商圈之内整合传统商家,将传统商家进行电子化,把其商品植入社区 O2O 购物平台;提供 PC 端、电话、微信、App 等多种购物通道和线上支付方式;自建物流配送机制等。

②服务:包括社区咨询、家政、教育、快递、虚拟及一卡通整合周围商家等服务。

③社交:包括社区社交互动、社区微信群沟通、节日联欢等。

思考题

1.智慧社区主要由哪几部分组成？各有什么功能？

2.社区应有哪些安防子系统？

3.社区信息管理系统的主要功能是什么？

4.你认为你所在的社区或校园最适合采用哪种远程抄表系统？请说明理由。

5.社区公共设施管理系统与一栋智能建筑的建筑设备自动化系统有何异同？

6.社区的物业管理系统有哪些功能？

7.社区设置服务管理中心应满足哪些基本要求？

8.智慧家庭系统的构成是怎样的？

9.谈一谈自己对智慧家庭系统的体会。尝试用手机下载"遥控精灵"一类的 App,遥控空调或电视。

10.设想智能互动的智慧家庭系统在自己家应当实现哪些功能。

11.发展智慧社区的核心技术有哪些？它们能否移植入智慧家庭系统？

7

建筑的本体智能化

本章导读:

　　智能建筑首先是建筑技术和信息、控制等技术的集成,要求实现建筑本体的智能化,为智能化系统的设计、施工、使用、维护和升级提供良好保障。本章通过对办公和住宅两类智能化建筑进行比较分析,将详细介绍建筑和信息技术主要的集成技术和方法,并详细介绍建筑本体智能化的发展趋势。通过本章的学习,应掌握智能建筑和智能住宅的建筑设计特点和主要要求,理解智能化小区的环境特点和实现良好建筑环境的方法和措施,理解实现建筑本体智能化的分析方法和思路,了解智能建筑的未来发展趋势。

　　智能化建筑是建筑进入信息化社会后发展的必然结果。它的出现必将推动建筑设计理念和方式的进一步发展,将在更深入的层次上对建筑物的创作思维、建筑审美和建筑文化产生影响。智能建筑本质上是建筑技术与信息技术的集成,不能只停留在设备、系统、布线等自动化技术层面,而应考虑建筑本体的智能化、建筑与智能化的适应性等问题。建筑本体的智能化,就是指建筑及其环境能够充分满足人的需求,具有较高的能源利用效率和良好的生态性能,并能够根据使用需要,实现建筑内部空间和外在形象的转变,允许各种性质不同的变化,使建筑像生命一样新陈代谢,有很好的灵活性和适应性。具体表现在:

　　①建筑的空间尺寸和布局能够适应当前和未来可预见时期内人的需要。

　　②建筑的交通、设备尽可能与结构系统分离,结构系统灵活易变,同时各系统又有机地组合在一起,便于建筑维修、改建和扩建;室内外空间可根据需要灵活划分,空间使用性质和设备安装可适时变化。

　　③智能建筑的智能化系统竣工后不封闭,其管线、接口处都预留了充足的扩展空间。

7.1 智能建筑的办公室的净高

7.1.1 智能建筑的层高

智能建筑的空间设计,层高是设计的关键性问题。在对层高进行考虑和分析时,需要对经济因素以及应用舒适性因素进行分析。如果层高比较高,会出现材料浪费的问题。因此,在保障建筑物基础功能的同时,建筑物层高应尽量降低。但是过低的建筑层高,又会增加人们的心理压力感。合理的层高不仅可以避免不必要的材料浪费,减少先期投资,而且能够实现空间的有效利用、节省能源花费,乃至有助于调节办公人员心理、消除疲劳。

总的来讲,结合实际情况对建筑层高进行设计,一般情况下净高的下限为 2.6 m。由于智能建筑存在一定的复杂性,所以属于特殊建筑,其层高设计应考虑风道、监控、供应电视及排水、强弱电、暖通空调等不同的管线设计及施工,将综合性、系统性数据线进行统一,明确不同线路的走向等,从而设计出合理的高度。因此,智能建筑需求略高于普通建筑。

智能建筑的层高主要由 3 个方面组成,即使用功能对净高的要求、吊顶的空间尺寸和布线方式对层高的影响。

1)使用功能对净高的要求

不同的使用者对办公楼的净高要求不尽相同,即使同一智能建筑不同区域的净高尺寸也会不相同。净高过低会使人产生压抑感,不利于空气流通,室内人员非常容易疲劳。但净高过高不仅增加空调与照明能源的消耗,也难以满足声学的要求,不利于噪声控制。净高还与每人所占有的空气容积量及自然采光度有关。因此,智能建筑的净高必须结合人的需求进行适时、适地的分析,才能确定出一个合理的数值。

(1)办公室的净高

根据国内人体的平均身高状况及当前智能建筑内通常采用的空调和采光方式来看,办公室适宜的净高一般在 2.4~3.0 m,实际工程中多取 2.6 m(图 7.1)。净高 2.6 m 是能够满足100~500 m² 办公环境的最低净高。考虑到环境心理因素,办公室的楼面面积越大,净高也应该相应地有所提高,可适当从 2.6 m 提高到 2.8 m 或 3.0 m。

(2)会议室的净高

智能建筑中的会议室常设有投影仪/电视、远程会议通信系统等设备。各种多媒体方式在会议过程中会被大量采用。因此,国外也将其称为专用功能室。会议室的人员通常较集中,密度高于办公室,室内净高较办公室有所增加,一般应不低于 2.6 m。设置投影仪等大型设备时,净高则应根据设备尺寸确定。

(3)大堂及门厅的净高

大堂与门厅是智能办公建筑中非常重要的部分,人流在这个出入口交汇集散,所有的来访者、会见者、等候者及工作人员在这里都能够感受整幢建筑的档次与风格,形成强烈的第一印象,因此其空间通常要求较高。但过于奢华和商业的大堂及门厅设计将对大楼内的办公气氛造成不利影响。所以,具体的净高尺寸需要在设计中结合室内设计及所要创造的室内氛围和所处部位等因素一并考虑确定,一般宜为 3.5~4.0 m。

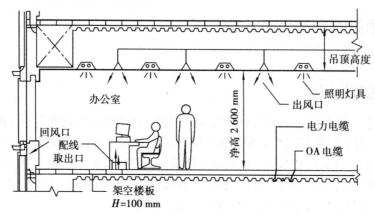

图 7.1 智能建筑内办公室的净高

（4）走廊的净高

走廊的主要作用是通行,因此对净高要求较低,通常不低于 2.1 m 即可。在实际工程中,多将截面较大的干线、干管布设于走廊的吊顶内,以充分利用走廊空间。但从人的心理感受看,长度超过 20 m 的走廊净高宜为 2.5~2.6 m。

2)吊顶的空间尺寸

吊顶内通常容纳以下几个部分:空调系统(包括各种形式的送风管、回风管、顶装式风机盘管等);消防系统(各类防火报警器、消防喷淋器、紧急照明灯、紧急广播设备等);照明系统(各种暗装或半暗装的照明灯具及各类电缆、电线等);自控系统(各类自控设备,如温度感应控制设备、通风量感应控制设备等)。因此,吊顶高度需要统筹确定。

（1）梁高的控制

智能建筑一般不采用普通建筑常用的梁板结构体系。在梁板结构体系中,梁高一般取跨度的 1/12~1/10,梁高占去了吊顶的大部分空间。因此,为降低梁高尺寸,考虑尽量采用无梁楼板、双向密肋等有利于减小梁板厚度的结构形式,从而减小吊顶高度。另外,还有采用组合楼板设计的,即把混凝土浇在折形钢板上。这样,不但降低了结构高度,又便于安装吊顶内部的其他设施,如图 7.2 所示。近年来,随着装配式建筑的流行,采用预制的叠合板,可以实现"无梁",从而明显降低梁高的影响。

（2）空调管的高度

空调管的截面尺寸根据单位换气量计算,在截面面积不变的情况下,可适当采用增大宽度、减少高度的做法,宽高比一般为 1∶(1.5~2)。空调管不能穿梁,空调干管多置于走廊的吊顶内部;在非走廊的办公大空间内,一般采用局部降低吊顶的方法安装管线。

（3）其他吊顶设施的安放

首先在平面上确定梁与空调管的位置,然后依次安放吊顶龙骨、灯具、出风口、进风口、感烟探测器、消防喷淋口等设施。但仅有平面设计是不够的,还需要有剖面设计以确定梁、空调管、灯具、电缆桥架、消防喷淋管的竖向位置,并优化组合它们之间的位置关系,从而取得吊顶的最小尺寸,如图 7.3 所示。

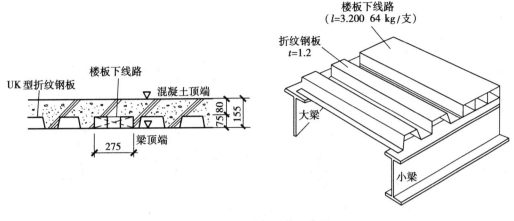

图 7.2 组合楼板结构示意图

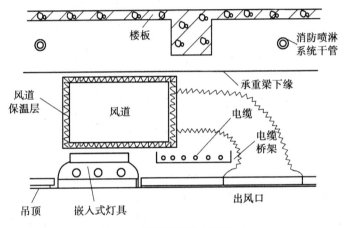

图 7.3 吊顶剖面的剖面设计

目前,按照国内外实际工程中的做法,随着建筑梁高的不同,智能建筑的吊顶高度一般多为 1.1~1.6 m。

3)布线方式对层高的影响

(1)预埋管和架空双层地板布线方式

预埋管布线将预埋管(镀锌钢管、硬质塑料管等)预埋在建筑物的主体结构梁、板、柱中,再将电线、电缆等穿于其中,最后利用外露的接线盒、插销盒等将线缆引至用户的工作点,如图 7.4 所示。预埋管的规格种类繁多,直径在 15~100 mm 不等,对结构影响不大。这种布线方式造价低、可靠性强、施工简单,但由于配线容量小、适应性差,将被逐步淘汰。

架空双层地板布线是在结构楼板的上面再架空铺设一层地板,利用二者之间的空间进行布线,如图 7.5 所示。这种方式早期多用于计算机中心、CAD 工作室等需要布置大量电缆的地方,同时考虑到空调回风空间,因此大多数采用高架双层地板布线方式,两层地板间的空间高达 300~350 mm。但由于办公室对空调的要求远远低于计算机中心,室内地面多采用架空高度在 60~150 mm,自带支座(也有支座与面板分离的)的架空地板。如日本的智能大厦,多采用架空高度在 75~100 mm 的自带支座的地板。

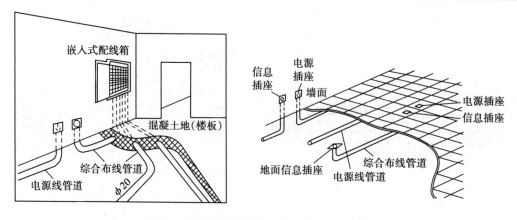

图 7.4   预埋管架空双层地板布线方式示意图

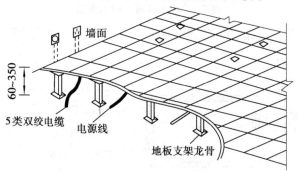

图 7.5   架空双层地板线布线方式示意图(单位:mm)

架空双层地板布线方式布线灵活,配线容量大,施工方便,适应性强,对建筑结构没有影响。但初期投资较大,容易遭受鼠害。因此,此种布线方式更适用于线路变更频繁、办公自动化设备集中、配线复杂、承租者可自行配线的楼内。

(2)地坪线槽布线方式

地坪线槽布线方式是将矩形金属线槽及其配件组合好后,预埋于楼板内或垫层内,并每隔一定距离从线槽附设的出线盒或出线口中引出配线,通过插销等附件连接至用户,完成整个布线,如图 7.6 所示。在这类布线方式中所使用的线槽规格一般常用的有 4 种:25,75,100,125型,常用尺寸及规格见表 7.1。

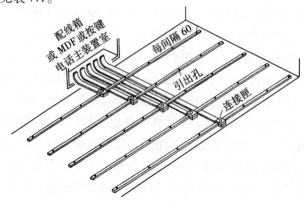

图 7.6   地坪线槽布线方式示意图(单位:cm)

表 7.1 线槽类型及规格尺寸

简　图	种类 $a×b$	进线盒尺寸 D/mm, $L_1×L_2$	出线盒高度 H/mm	线槽数/根
	25 型 25×25	$\phi75$	45~90	1
		100×100	50~120	2
		150×150	50~120	3
	75 型 25×75	$\phi100$	50~100	1
		150×150	50~120	2
		250×250	50~120	3
	100 型 25×100	$\phi125$	50~110	1
		200×200	50~120	2
		300×300	50~120	3
	125 型 25×125	$\phi150$	50~120	1

与不同的线槽形式相配合,此类布线的施工方法也是多种多样的。但从总体来说,大致可分为两类:一类是铺设于现浇楼板内,通常要求现浇楼板的厚度不小于 200 mm;另一类是铺设于垫层以内的,通常要求垫层厚度不小于 70 mm。具体做法如图 7.7 和图 7.8 所示。在采用此类布线方式时,先由电气专业计算出线槽所需的截面面积,再由建筑专业人员根据层高的需要选择合适的线槽类型及施工做法。线槽的出线口根据办公室的室内布置来确定,但在室内布置不能确定时,一般沿线槽每隔 600 mm 预留一个出线口。在选用了截面较大的线槽类型或平面尺寸较大的出线口时,沿线或在出线口上宜加设一层钢丝网,以防地面产生龟裂。同时,由于出线口较多,须防止出线口高出地坪而有碍观瞻、不利行走。

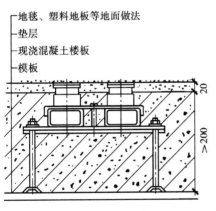

图 7.7 现浇楼板的地坪线布线方式做法
（单位:mm）

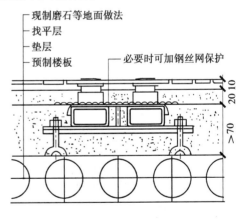

图 7.8 预制楼板的地坪线槽布线方式做法
（单位:mm）

此种布线方式施工做法相对简单,造价较低,布线容易,可大量配线,稳定性强,对建筑层高要求较低。但适应性差,不利于配线的更改。

随着高层建筑的发展,大量高层办公楼采用了钢结构形式,只要其楼板结构采用的是混凝土与压型钢板相组合的方式,则优先考虑选用此种布线方式,如图 7.9 所示。

这种布线方式是将电缆或电线铺设在由压型钢板形成的梯形空间中,并用底板将其封闭。封闭的方式有上封式和下封式(实际中采用下封式较多),如图 7.10 所示。

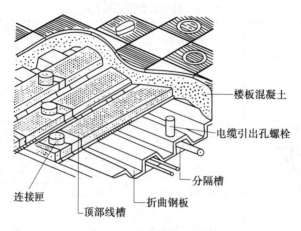

图 7.9　单元式线槽布线方式示意图

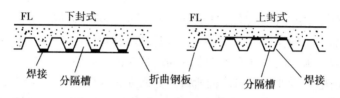

图 7.10　组合楼板的上封与下封方式

　　采用此种布线方式的优点是可充分利用结构高度来布线,适当降低造价,对层高要求较低,强、弱电可分槽敷设,减少相互之间的干扰。缺点是只能单方向布线,灵活性较差,通常需要与其他配线方式结合使用。常与其配合使用的布线方式有:扁平电缆布线方式和顶部线槽配线方式,如图 7.11 所示。

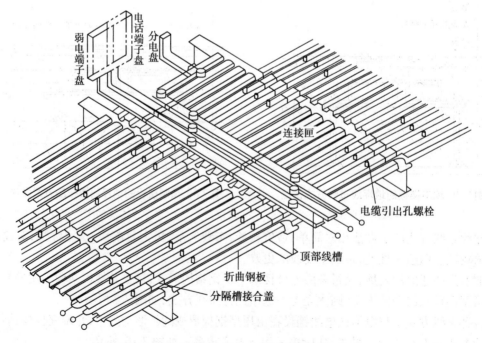

图 7.11　单元式线槽布线方式常与顶部线槽配合使用

（3）干线式布线方式

干线式布线方式是在单元式线槽布线的基础上发展而成的,除了利用压型钢板的梯形空间封闭后所形成的线槽外,还在另一方向楼板上设置大型电缆沟来集中布线,如图7.12所示。电缆沟的截面尺寸由电气专业人员计算得出,在安排电缆沟位置时应将其设计在既不影响正常使用、又利于检修的地方,一般可设于通道两侧。

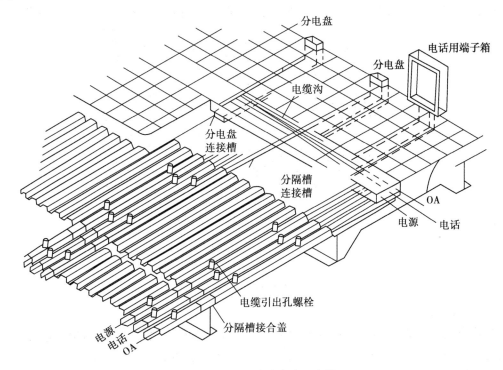

图 7.12 干线式布线方式示意图

这种布线方法的优点是配线量大,布线施工较简单,在出线口安排合理的情况下,对配线的增、减变化的适应性较强。缺点是只能解决部分次干线的配线,支线的配线不够灵活,当电缆沟的截面较大时,对建筑的结构强度及层高有一定影响。因此,干线式布线方式适用于大直径电缆布线或大量电线、电缆集中布设的情况。

（4）扁平电缆布线方式

扁平电缆布线方式也称地毯下布线方式,出现于美国。克服了前述几种布线方式占用空间大、施工耗时多的缺点。扁平电缆由扁带状的绝缘导线、上保护层和下保护层共同组成,通常只有2mm厚,分为电力用、通信用和数据传输用3种电缆,如图7.13所示。施工时直接敷设于楼地面上,用胶带固定,最后盖上方块地毯。

这种布线方式的优点是施工十分简便,配线的检修、增减也十分便利,适应性强,不影响结构强度,基本不影响层高,施工强度低。适用于专业性

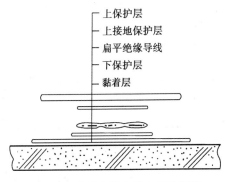

图 7.13 扁平电缆布线方式示意图

较强、对智能化布线要求较高的办公室内,也可用于层高条件不受限的普通建筑的智能化改造。但这种电缆的单价高,所需的配件都必须专门生产,不易配套,电缆容易因摩擦导致损坏。

(5)网络地板布线方式

网络地板布线方式是一种非常简洁的方式。网络地板是将结构与布线相结合的一种新型结构楼板,既是楼板,同时也参与布线,如图 7.14 所示。由于结构中已经考虑了网络布线的需要,所以对层高的要求较低,并且配线容量大,适应性强。但因其技术含量较高,应用尚不多。

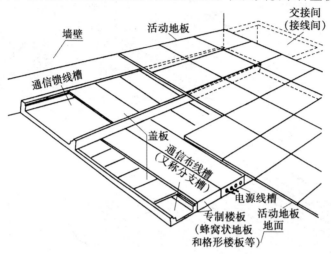

图 7.14 网络地板布线方式示意图

(6)顶棚布线方式

顶棚布线方式就是将电线、电缆敷设于线槽中或电缆架上,通过吊顶内部走线,在适当的位置,沿墙柱向下引至用户。此种方式初期投资小,安装方便,配线容量大。但占用了吊顶内空间,与通风管、给排水管道并行,不但对通风管、给排水管道的检修或改建造成了困难,而且对电线、电缆的维护也不利,彼此之间有较大的干扰,是一个系统稳定性隐患;另外,吊顶内通风差、散热慢,电力电缆、电线都只能降容使用。如果出线位置不当,还会影响室内整体装修效果。因此,顶棚布线方式多用于智能化要求较低的办公楼或改建项目中,如图 7.15 和图 7.16 所示。

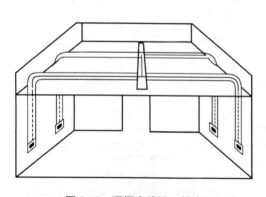

图 7.15 顶棚布线沿立柱出

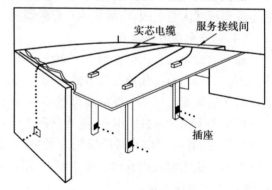

图 7.16 顶棚布线沿墙体出

综上所述,智能建筑净高的取值一般为 2.4~3.0 m,吊顶高度通常在 1.1~1.6 m,而地面布线所占高度随布线方式的不同可以在 0.02~0.35 m 取值。照此计算,层高的理论取值应在

3.52~4.95 m。但在实际工程中,考虑到造价、模数、施工、惯例、业主要求、规范等因素,层高的数值宜在较小范围浮动。参照国外标准,智能建筑的层高尺寸宜控制在 3.8~4.2 m。在技术经济条件许可的情况下,应尽量减小吊顶及结构高度,适当增加净高尺寸,以提高舒适性,留出扩展余地。

7.1.2 智能建筑的柱网

层高与柱网关系密切,在确定层高的同时,必然涉及柱网布置。柱子承载着整个建筑的竖向力,并与墙体共同构成支撑与维护体系;与此同时,柱子还起到划分、分隔空间的作用。柱网设计既是结构需要,也是功能的需要。合理的设计不仅会给使用带来方便,而且还能提高空间利用效率。

1) 自然采光对智能建筑柱网的要求

在对智能建筑的评价中,经济与环保是两个重要指标。当今全球能源紧张、生态环境日益恶劣,节约能源就等于减少开支、保护环境。据国际照明委员会统计,全世界照明用电占总发电量的 9%~20%。电气照明是建筑的主要能量消耗项目,在智能建筑内充分利用自然光,减少人工采光非常必要且有益健康。目前,新建智能建筑大多采取混合采光方式,追求以自然采光为主,人工采光为辅的光环境设计。

为了更多地采集自然光,可以采用加大开窗面积、提高窗的透光率、增加层高等方法。但当柱网的进深过大时,靠近内部的空间还是无法利用自然光,理论上最理想的采光进深也只有8.4 m。因此,智能建筑的进深不宜过大。在实际工程中,由于受到太阳高度角、天空照度、室内外遮挡等不利因素的影响,对于近光区的关灯距离以 5~6 m 为限。所以,在没有采用任何辅助采光措施时,办公室合理的自然采光进深在 8~10 m,如果考虑设于内侧的通道便可得出智能建筑的单侧最佳进深限度在 10~12 m。如果利用天窗采光或采用了先进的采光设备,进深尺寸就可以相应加大,如香港上海汇丰银行大厦的中庭就是利用了反射板自动采光。

2) 办公单元对智能建筑柱网的影响

办公单元(或称办公工作站)是指办公室内一个或几个人员办公所需要的设备、面积及空间,如图 7.17 所示。以前,由于办公方式简单,对自动化要求低、设备少,所以办公单元较少。普通建筑办公室每人使用面积不小于 3 m² 即可。但随着办公方式的改变、自动化设备的大量出现,每个办公人员所拥有的办公自动化设备的数量大量增加,办公单元的面积不断加大。在智能建筑中,每个办公单元包括 1 张办公桌、椅子约 2 把、计算机 1 台、电话 1 部、打印机或打字机 1 台。每个办公单元的家具、设备所需的面积至少是 2.5~3.0 m²,如果再配备一些文件柜、衣架、隔断、绿化摆设等用具,那么所占用的面积为 12~15 m²,边长为 3~4 m,如图7.18所示。因此,各国相应提出了各自的办公面积标准,如美国的人均净面积为 14~19 m²,加拿大为14~19 m²,日本为 5~12 m²,德国为 7~11 m²。

考虑到办公单元的排放方式也是多种多样的,确定柱网尺寸就必须结合办公单元的尺度和使用中的摆放方式来确定,只有这样才能保证空间利用效率,如图 7.19 所示。

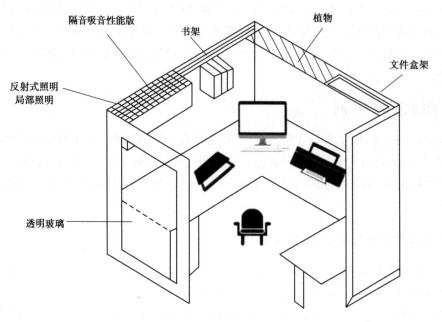

图 7.17　办公单元的构成

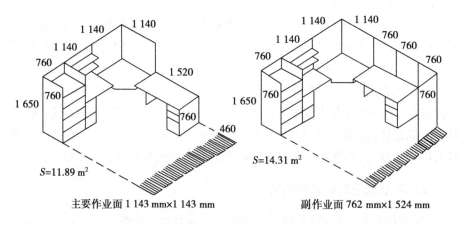

主要作业面 1 143 mm×1 143 mm　　　　　副作业面 762 mm×1 524 mm

图 7.18　办公单元的基本尺寸(单位:mm)

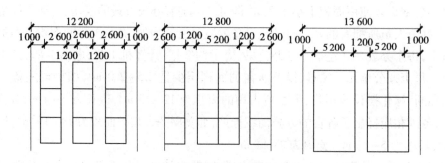

图 7.19　工作单元的布置与参考尺寸(单位:mm)

3)环境心理因素对智能建筑柱网的影响

在现代智能办公室内,环境心理因素越来越受重视。最初,对办公室的大小问题持两种观点:一种认为小房间安静、封闭,个性能够得到尊重,有利于办公;而另一种则认为大房间便于交流、管理,工作效率高,有利于办公。但心理学研究表明,人虽需要一定的私密性,却也需要更多的交流与接触以加强人际关系和工作联系。所以,现代化的办公室常利用半隔断方式来形成小空间,再以这些小空间为单元组成大的办公空间,实现开放式办公。

美国对试验者的调查表明当物理距离超过约 12 m 时,相互交流的概率就下降到 11%。德国劳动保护协会推荐,作为声学要求,大空间办公室的最小面积为 400 m²;苏联提出两工作点之间最大联系距离为 25~30 m(以人的行走时间来决定);并且他们还提出,为了在大空间平面上划分任何模数尺寸的空间和安排任何要求组织的工作位置,建议灵活布局大空间面积不少于 400 m²,宽度不小于 20 m。而我国《建筑设计防火规范(2018 年版)》(GB 50016—2014)规定:通向公共走道的房门或户门到最近的安全出口的距离为位于两个安全出口之间的房间不大于 40 m;位于袋形走道两侧或尽端的房间不大于 20 m。

所以,一个进深在 12 m 左右,面宽(长度)30 m 左右,面积大约为 400 m² 的房间是比较理想的大空间办公室(图 7.20)。柱网设计尺寸应兼顾这一要求。

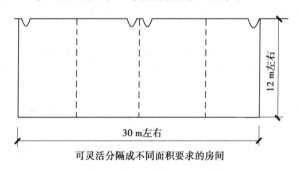

可灵活分隔成不同面积要求的房间

图 7.20 比较理想的大空间办公室的尺寸示意图

4)地下车库对智能建筑柱网的要求

智能建筑多为高层建筑,常用地下停车方式。停车场结构常与上层柱网一并考虑。汽车在车库里停放时,除了本身所要占用的空间外,为了方便车辆进出、开门,车与柱、车与墙、车与车之间还需保留一定的距离,如图 7.21 所示,其关系见表 7.2。

表 7.2 车位的尺寸确定

	$m<6,n<1.8$	$6.1<m<8$ 或 $n<2.2$	$8.1<m<12$ 或 $n<2.5$	$m>12,n>2.5$
车与柱 L_1/m	0.3	0.3	0.4	0.4
车与墙 L_2/m	0.5	0.5	0.5	0.5
车与车 L_3/m	0.5	0.7	0.8	0.9

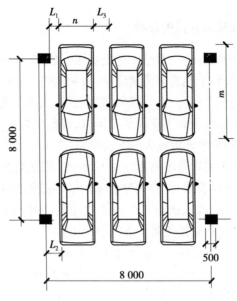

图 7.21　车位示意图(单位:mm)

将表 7.2 中的汽车所需尺寸与其自身尺寸相加得到的就是一个停车位。结合目前我国小轿车的具体尺寸,小轿车的停车位可按 2.4 m×5.0 m 来计算。由此可得小轿车停车数量与柱间净尺寸的关系见表 7.3。

表 7.3　小轿车停车数量与柱间净尺寸的关系

两柱间停车数/辆	2	3	4	5
两柱间净尺寸/m	4.8	7.2	9.6	12.0

通常一般设计中取 8 m×8 m 的柱网,就是考虑了柱截面宽为 500~800 mm,停 3 辆车的情况下,此时的柱网尺寸十分经济。但当柱截面宽增大、缩小,或是停车方式发生改变时,柱网的尺寸也应当根据实际要求而适当调整。考虑当前高层建筑越来越趋向采用大跨度柱网,结合前述大空间办公室的尺寸,采用 11 m 左右的柱网尺寸,停 4 辆小轿车将是智能建筑较好的柱网开间尺寸,此时柱截面尺寸增大到 1 000 mm×1 000 mm,如图 7.22 所示。

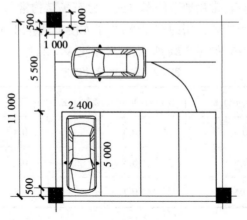

图 7.22　11 m 柱网停车分析(单位:mm)

除上述因素外,在布置柱网时还应考虑中央空调等管道布置问题。

5)智能建筑柱网的发展趋势

智能建筑的层高主要是随着新材料、新技术的改变而改变的,而柱网尺寸则是主要随着人们对智能建筑需求的变化而变化的。正如本书所述,未来的智能建筑将向着多功能、高适应性及人性化方向发展。其柱网的发展趋势也必定要与这种趋势相适应,呈现出更具弹性、灵活的特性。对这一特性的具体体现就是柱网进深尺寸增加,柱距加大,柱子的数量减少,可利用的大空间相应增多。而大空间的增多将有利于智能建筑内多功能的实现,一些较大尺度的房间,如大型报告厅、会议室、展览厅、健身房等便可容纳其中,为使用者提供更多样、更完善的办公服务。此外,大空间还可被分隔成不同尺度的小房间,以满足不同承租者的不同使用要求,从而增强了自身的适应性与灵活性。目前,国外发达国家的超高层智能建筑为了满足结构需要,往往采用巨型结构,利用筒体作为柱子,在各筒体之间每隔数层用巨型梁相连,突破了原有柱网的概念。

国外智能建筑常采用框筒结构,柱网开间尺寸多集中于 4 m 和 6 m。这是因为框筒结构体系的外围柱距通常不宜太大,密柱、宽梁有利于加强建筑的整体刚度,同时,结合办公室内工作站的模数考虑,则 3~6 m 成为最常选用的开间尺寸。而国内智能建筑的开间尺寸呈现出不规律状态,是因为国内的高层智能建筑采用的结构体系种类较多,有框架、框剪、框筒等形式,不同的结构形式有不同的开间要求。从进深来看,国外智能建筑的进深尺寸通常较大,一般都不小于 12 m,体现了智能建筑柱网进深的一种发展趋势。而对国内智能建筑的进深尺寸统计表明,国内智能建筑的进深一般为 10 m 左右,普遍小于国外的进深尺寸。

工程实践表明,智能建筑柱网的间距必须符合建筑结构形式的要求,开间尺寸应与室内办公单元的模数相符,从使用的合理性和结构经济性考虑,进深尺寸应不小于 10 m,并可适当加大,但不宜超过 15 m。

7.2 智能建筑的特殊功能需求及其设计要求

在智能建筑的设计中,有一些与智能布线相关的特殊功能需求的内容,相应地在建筑空间设计上也有要求。以下简要地介绍智能建筑中的相关内容。

7.2.1 设备室

设备室设置的目的是容纳空调、安全、火警控制、照明及管理信息的数据终端机,其内部应安排有主配线架、计算机终端、备用电压保护等。设备室的环境要求较高,通常情况下,房间应远离电磁干扰源(如变压器、发电机、雷达等),避免可能的泛水区域,常年温、湿度要控制在一定的范围内,不允许管道、机构设备或电力电缆穿过。设备室的大小一般由工作站的数目确定,面积计算标准见表 7.4。进出应方便,设备间的典型平面布置如图 7.23 所示。在工作站数目尚不能确定时,一般按照每 10 m² 用户工作站面积需 0.07 m² 设备室面积来计算。

表7.4 设备室的面积

工作站数目/个	1~100	101~400	401~800	801~1 200
设备室面积/m²	14	38	75	112

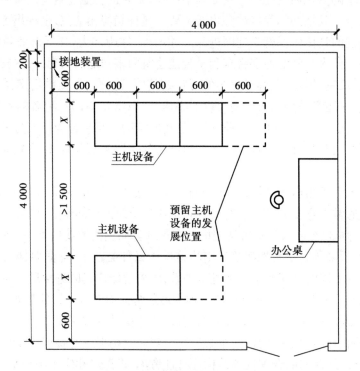

图7.23 设备间典型平面布置(单位:mm)

由于外部电缆在进入建筑 15 m 内就需要由建筑的内交换机来终结,并同时提供主电压保护。所以,设备室通常安放在地下一层(或建筑的 1,2 层),并距离建筑外墙不宜大于 15 m。

7.2.2 监控室

监控室内主要设置各类监视及控制设备,如火灾报警及消防控制设备、电梯运行监控设备、室内温湿度监控设备、紧急广播设备、安全监控设备、电源工作监控设备等(图7.24)。监控室对环境要求通常较高,要与周围房间进行防火分隔,室内照度应充足、均匀,光线不能直接照射在显示屏上,以免产生眩光,温湿度亦应有一定控制。为了防尘,进入控制室前,应设有更换衣服和鞋的缓冲室。

监控室的面积通常较大,面积一般为 50~80 m²,留有一定扩展余地。位置安放在地下一层或首层均可(有时可将监控室与设备室合并设计)。

7.2.3 电信间

电信间是电缆在垂直方向及干线和水平通道在水平方向的连接点,它包括有源语音设备、数据通信设备、终端区和交叉连线,如图 7.25 所示。当每层楼的服务区域大于 900 m² 时,每

900 m² 宜采用一个不小于 3 m×3.3 m 的电信间。当电信间与工作区域的距离超过 90 m 时,每层就需设一个以上的电信间。

设置时宜与强电配线间分开。通常置于每层中部,以便电缆进出。

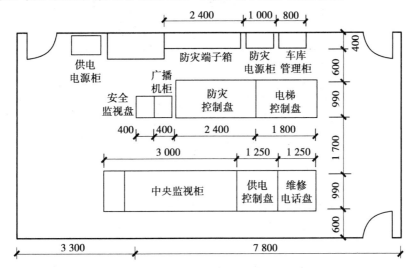

图 7.24　监控室典型平面图(单位:mm)

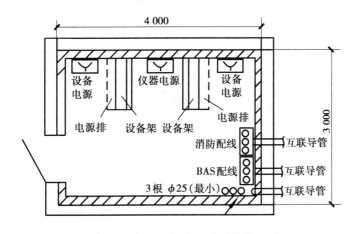

图 7.25　电信间典型平面图(单位:mm)

7.2.4　共用天线电视和卫星电视接收设备

越来越多的智能建筑安装卫星电视接收系统。卫星电视接收设备既可设在屋顶,也可设于地面。当设于屋顶时,除留有足够空间外,还要适当考虑设备的荷载,采用局部加强结构强度的做法以保证安全;当设于地面时,应与周边设施协调布置,尽量避免周围环境对接收信号的干扰。

7.2.5　电话程控室

即使无线通信技术已经非常发达,有线电话仍有其独特作用,智能建筑常设置独立电话程控室。其大小应由楼内的电话门数确定,如图 7.26 所示。为了缩短布线距离,减小信号衰减,电话程控室宜设在 5 层以下。

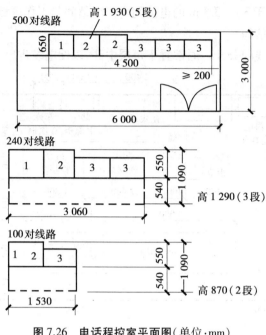

图 7.26　电话程控室平面图(单位:mm)
1—电话交换机;2—电源装置;3—主配线盘

从以上多个方面及前述的智能建筑的新变化中不难看出,智能建筑新增的一些功能要求和空间都是基于办公自动化的需求而产生的,与通信工程、自动控制专业、设备专业联系相当紧密,土建方面的变化主要是随通信、自控、设备的要求而改变和调整的。建筑设计与通信、自控、设备方面的设计宜在智能建筑的设计初期就实现并行,以建筑设计为龙头,协调通信、自控、设备系统的设计,才能确定出较为妥当的设计方案。

7.2.6　综合布线系统设计

建筑的综合布线系统就像是人的中枢神经系统,传递大数据,并且联系不同的终端。常见的建筑设备有给排水管道、给水附件、升压及贮水设备、室内消防设备、散热器、供暖管道、空调、新风机、燃气管道、燃气表、电气线路、电能表等。在设计时,一定要保障用电用水设备具有足够的空间。设备间的面积不低于 8 m² 左右,主机房的面积不低于 100~120 m²。

7.2.7　防火自动化及应急逃生救援系统设计

建筑设计人员在对智能建筑进行设计时,必须考虑到智能建筑防火自动化及应急逃生救援系统的优化设计,使其符合甚至优于国家规定的使用标准要求,设置相应的系统及装置。通过将火灾报警系统与消防自动化系统相互结合,当火情或其他紧急事件发生时,报警装置会自动作出反应,对建筑中出现的紧急状态进行有效的控制,从而保障人的生命财产安全。

建筑灭火及应急逃生救援设施一般包括:消防车道、消防登高面、消防救援场地、灭火救援窗(口)、消防电梯、直升机停机坪等,是用于救火的相关设备设施;消防车道、消防登高面、消防救援场地属于建筑外的救援设施。消防车道常见的设置形式有:环形消防车道、尽头式消防车道、穿越建筑的消防车道、与环形消防车道相连的中间消防车道。满足表 7.5 中条件时,需设置环形消防车道。

表 7.5　需要设置环形消防车道的场所

建筑类型	设置要求
民用单、多层公共建筑	>3 000 座的体育馆;>2 000 座的会堂;占地面积>3 000 m^2 的商店建筑、展览建筑
民用高层建筑	均应设置
单、多层厂房	占地面积>3 000 m^2 的甲、乙、丙类厂房
高层厂房,Ⅰ、Ⅱ、Ⅲ类汽车库、修车库	均应设置

尽头式消防车道设置于有封闭内院或者天井的建筑物,但当有封闭内院或者天井的建筑物,当内院或天井的短边大于 24 m 时或当建筑物沿街部分的长度大于 150 m 时,需设置穿过建筑的消防车道。

消防车道的净宽度≥4 m、净空高度≥4 m、坡度≤8%;普通消防车最小转弯半径为 9 m,登高车最小转弯半径为 12 m,特种车最小转弯半径为 16~20 m。一般环形消防车道,要求至少有两处与其他车道连通,方便消防车进出,一般不需要设置回车场;尽头式的消防车道一般需要设置回车场,一般回车场面积为 12 m×12 m,高层建筑的回车场面积为 15 m×15 m,重型消防车使用的回车场面积为 18 m×18 m。

高层建筑应沿一个长边 L 布置(针对长方形或者正方形建筑),或者沿周长长度的 1/4 且大于长边 L(针对异形建筑)布置消防登高面,当群房的径深超过 4 m 导致登高面长度不足 L 时,需要继续在其他的相邻的面布置确保登高面总长度大于 L;消防登高面需有直通室内楼梯间的入口和灭火救援窗,方便消防员尽快达到需要灭火或救援的楼层。

如果连续布置登高操作面确实有困难,对于建筑高度≤50 m 的建筑,消防登高面可间隔布置,间隔距离不宜大于 30 m(间隔布置的多个登高操作面的总长度大于等于周边长度的 1/4 且大于 L)。

消防车登高操作场地应与消防车道相连通;消防车登高操作场地上方不得有树木/架空管线等障碍物和车库出入口。具体尺寸要求见表 7.6。

表 7.6　登高场地的具体要求

场地靠建筑外墙一侧的边缘距离建筑外墙	5 m≤L≤10 m
场地的坡度	≤3%
场地的长度和宽度(建筑高度≤50 m)	长≥15 m,宽≥10 m
场地的长度和宽度(建筑高度≥50 m)	长≥20 m,宽≥10 m

建筑内的救援设施则包括消防电梯、直升机停机坪、消防救援口。这三者设置的基本要求分别见表 7.7—表 7.9。

表7.7　消防电梯的设置要求

建筑类型	设置条件	设置要求
住宅建筑	建筑高度>33 m	每个防火分区应≥1台
公共建筑	1.一类高层； 2.建筑高度>32 m 的二类高层(群房可不设置消防电梯)； 3.5 层及以上且总建筑面积大于 3 000 m² (包括设置在其他建筑内五层及以上楼层)的老年人照料设施	每个防火分区应≥1台
地下或半地下建筑(室)	1.地上部分设置消防电梯的建筑； 2.埋深>10 m 且总建筑面积大于 3 000 m²	每个防火分区应≥1台
高层厂房(仓库)	建筑高度>32 m 且设置电梯的高层厂房(仓库),但下列情况不设置: 1.建筑高度>32 m 且设置电梯,但任一层工作平台上的人数小于等于 2 人的高层塔架； 2.局部建筑高度大于 32 m,且局部高出部分的每一层的建筑面积不大于 50 m² 并且是丁/戊类厂房	每个防火分区宜设置 1 台

注:考虑到节约资源,可以一梯多用,将消防电梯兼作客梯或货梯使用。

表7.8　直升机停机坪的设置要求

设置要求	建筑高度大于 100 m 且标准层建筑面积大于 2 000 m² 的公共建筑,在屋顶宜设置直升机停机坪或供直升机救助的设施
与周边突出物的间距	设在屋顶平台上的停机坪,与设备机房、电梯机房,水箱间、共用天线等突出物的距离不小于 5 m
直通屋面出口的设置	从建筑主体通向停机坪的出口不少于 2 个,且每个出口的宽度不宜小于 0.90 m
设施的设置	直升机停机坪四周设置航空障碍灯、应急照明设置和消火栓等

表7.9　消防救援口(窗)的设置要求

消防救援口的设置位置	消防救援口的设置位置与消防车登高操作场地相对应,窗口的玻璃易于破碎,并在外侧设置易于识别的明显标志
消防救援口的洞口尺寸	消防救援品洞口的净高度和净宽度均不小于 1.00 m,其窗口下沿距室内地面不宜大于 1.20 m
消防救援口的设置数量	消防救援口沿建筑外墙逐层设置,设置间距不宜大于 20 m,并保证每个防火分区不少于 2 个

7.3　智能建筑标准层设计

由于一幢办公楼自身的功能较统一,内部空间规律性较强,标准层设计越来越重要。通常,标准层包括两部分,即核体部分与壳体部分。在设计中,常将楼梯、电梯、设备辅助用房、管井等集中布置,竖向贯通,并与相应结构构成坚强的"核心",用以抵御巨大的风和地震侧移,这部分就是核体,而核体以外日常办公使用的部分则被称为壳体。

智能建筑的标准层大致也可分成两部分,其中:壳体部分就是办公空间,而核体部分由服务空间、交通空间和设备空间组成。与普通办公楼标准层相比,智能建筑的标准层又有一些新的变化。下面分别对智能建筑标准层的面积、核体部分和壳体部分进行简要介绍。

7.3.1 智能建筑标准层的面积

平面利用率是确定智能建筑标准层规模的关键因素。平面利用率是指壳体部分面积(也就是有效使用面积)占整个标准层面积的比例数。通常来说,比例数越高,平面利用率越高,经济效益也越好。但在实际工程中,这个比例数有一个合理的取值范围。这是因为在标准层中,除了包括壳体部分的面积以外,必然还要包括核体部分面积与结构面积,这两部分面积的大小同样影响着平面利用率。在办公楼标准层面积一定的情况下,这两部分的面积如果大了,势必会减小壳体部分的面积,使得利用率降低,但如果为了提高利用率而盲目地缩小这两部分的面积,则会降低核体的交通、疏散能力,影响设备系统正常运转,甚至会影响整个建筑的使用与安全。

日本的研究表明,当层数一定时,标准层面积在 2 000 m² 左右时,平面利用率最高,大约在 78%。当标准层面积小于 1 500 m² 或大于 3 000 m² 时,平面利用率则大幅度下降。这说明虽然标准层面积可以减小,但由于作为功能需要的核体部分的面积与结构面积是有最低限度要求的,不能随意减小,这样就只能缩小办公面积,从而导致平面利用率降低;当标准层面积增大时,每一层的使用者就会增多,对交通、设备的需求量相应增大,外围结构面积也要增大,并且它们的增加幅度会高于标准层的增加幅度,也会导致平面利用率降低。

平面利用率同时还受到层数的影响:层数越高,平面利用率越低。这是因为当层数增加时,垂直交通和运输问题就变得越来越重要。为了有效解决这些问题,就必须增大核体部分的面积。虽然标准层的规模在 2 000 m² 左右时,平面的利用率最高,但这只在建筑属非超高层建筑的前提下成立。在此条件下,考虑到智能建筑内采用大空间办公室,设备要求高,管线较多,相应核体部分面积会有一定增加,其标准层规模宜为 2 000~2 500 m²。

7.3.2 智能建筑的核体

智能建筑的核体主要由服务空间、交通空间、技术空间 3 部分共同组成。其中,服务空间包括卫生间、开水间、储藏间等,交通空间包括电梯、楼梯、走廊等,技术空间包括一般设备管井、智能布线管井、设备用房等。它们是整个智能建筑的中枢部分,不但承担着大楼垂直交通运输的任务,而且全部的附属服务设施都集中在这里,各类管线、智能化布线系统也要通过它们实现层与层之间的连接。智能建筑设计的核心是标准层,而标准层设计的核心就是核体。

1)核体的布局形式

核体的布局形式一般按照其在标准层中的位置可分为 3 类:集中式、分散式和综合式。
集中式是将核体集中起来,在标准层平面中独立成一个区域。按照其所处位置又可再细分为中心式、对称集中式、偏心集中式及独立集中式。中心式为核体居中,壳体环绕核体构成。

这种形式的壳体部分与核体部分接触最充分,适合不同面积大小、平面形式、纵横比例的标准层平面,易于满足不同功能、规模、层数的布置方式,在实际工程设计中被普遍采用。

分散式就是指在一个标准层平面中布置有两个或多个核体的形式。这种形式一般适合于面积较大的办公建筑,结合交通、防火分区的具体要求,把电梯、楼梯、设备辅助用房及各种设备管井分散地布置在每个分区的合理位置上。这样能较容易地满足办公建筑的防火和交通组织要求,并可丰富造型设计。

综合式则是根据不同的环境、场地、层数、使用功能、结构、设备等因素的要求,在一个标准层平面中采用多种核体的布局方式,可称为综合式。它可兼备各种布局的优点,但如果设计不当则会导致使用和管理不便。从国内外智能建筑的发展趋势看,智能建筑的核体趋于分散和分离,已开始大量出现中庭空间设计,综合式的布局逐渐增多。

2) 智能建筑核体的规模

实际工程中,在满足了消防、应急救援、交通、日常使用要求的前提下,尽可能将核体的规模控制在最小范围,以提高平面利用率。但在智能建筑中,核体的规模将有所增加,这主要是由于其技术空间中,智能布线需要增加面积所致。据调查,智能布线所需面积约占标准层总面积的 1.1%,最大达 4.3%。在日本,智能布线所需的面积平均占标准层面积的 2%。

国外智能建筑核体部分在标准层中所占的比例普遍高于国内智能建筑核体在标准层中所占的比例。其主要原因是国外这些智能建筑的标准层规模通常较大,因此其核体部分的面积也要相应加大才能够满足交通、服务、防火安全等方面的使用要求;而国内智能建筑的标准层规模一般不大,所以也不需要很大的核体面积。而当标准层面积在 2 000 m² 左右时,可达到较高的平面利用系数。

7.3.3　智能建筑的壳体

智能建筑的壳体部分(也就是办公空间)主要包括两种房间:一是办公室,多以大空间形式存在;二是会议室,由于经常需要配置计算机、远程通信系统或是电视、电话会议系统等自动化设备,所以又被称为专用功能室。办公室的尺寸会因时因地而异,在设计时,应根据建筑的外围尺寸、使用者的要求、设备的具体尺寸并结合室内布置来确定,突出表达办公单元的概念。

7.3.4　基于人心理因素智能建筑标准层设计

在智能建筑的标准层设计中,办公空间的设计尤为重要,在该设计的过程中,需注重人和人之间的沟通程度。经过研究,在办公空间的总体面积为 400 m²,室外通道宽度不低于 1.5 m 并有一定面积(长宽在 10 m 左右)的办公室外部空间公共交流区域时,企业内部及企业间成员的交流程度就比较理想,所以在给用户提供办公功能时,需了解用户的心理需求,不断提升办公空间的质量及生活的品质,达到其相应的舒适性要求。

7.4　智能建筑动态立面设计

　　建筑立面在可持续建筑中占有越来越重要的地位。在设计中,建筑立面必须考虑当地的地理位置、太阳、风等影响因素。建筑立面设计的影响因素经常是相互矛盾的,如在利用自然光线的同时要避免眩光,冬天利用太阳能,夏天则须避免太阳辐射,利用自然通风的同时要避免噪声及空气污染。面对每天及不同季节的天气变化,一个静态的立面设计方案不可能解决各个影响因素之间的相互冲突,因此,动态立面成为智能建筑可持续发展的内在要求。

　　智能建筑设计面临的挑战不仅来自变化的气候,而且来自用户对室内环境变化的需求。用户对室内环境变化的需求主要源于几个方面:用户的行为、衣着习惯及新陈代谢的水平差异,空间内在的视觉变化需求及未来的功能调整。智能建筑的立面设计必须能够对外界的环境变化和用户需求作出相应的反应,在满足用户舒适度的同时智能地制订最佳能源解决方案。在美国伦斯勒理工学院克罗纳(Kroner)教授的定义中,智能建筑是指建筑系统能够对当前事件、室外气候和室内环境作出合理的反应与预知,使建筑达到性能最优化的同时满足用户对环境舒适度的要求。

　　智能建筑的立面设计涉及很多因素,如雨水、潮气、空气、声音、光线、视线、阳光、防火与安全等。本节着重介绍与室内舒适度、空气品质、视觉联系、自然采光与建筑节能相关的建筑立面控制动态系统。

1)动态遮阳系统

(1)附加动态遮阳系统

　　传统建筑固定的遮阳系统不能根据太阳的位置调节遮阳角度,导致遮阳、视线及日光利用功能相互冲突。动态遮阳系统则可根据每天及不同季节内的太阳运行轨迹,调整遮阳角度,在实现遮阳的同时优化其他影响因素。

　　卡耐基·梅隆大学建筑与性能诊断中心罗伯特·普瑞格智能工作室(Robert·Preger Intelligent Workplace)立面外层由自动控制的高强反射玻璃遮阳板构成。遮阳板太阳直射光的透射率只有14%,计算机控制系统根据室外安装的光线感应器决定遮阳板的角度,在遮阳模式与导光模式之间切换。当遮阳板处于垂直状态时,在实现遮阳功能的同时也不会完全遮挡视线;当遮阳板处于水平状态时,可以加大自然光的入射深度,将光线反射到室内顶棚。

　　如果同时追踪太阳的不同高度与方位角,还可实现更为精确的遮阳。在1992年西班牙塞尔维亚博览会西门子展馆中,高17 m、宽28 m贯通建筑全高的曲线型建筑遮阳系统悬挂在屋顶支撑上,围绕圆形建筑周边追踪太阳不同的辐射轨迹,同时调整遮阳板的角度,既遮挡直射光线又反射光线进入室内。不断变换位置与角度的遮阳板赋予建筑独特的高科技外观形象。

　　我国住房和城乡建设部办公楼在改造中使用了198套斜伸式遮阳篷与LT50电机(遥控+风感),风感保证其在大风天气能够收回遮阳棚。该套系统既可以保证适宜天气下的通风,还可改善室内的热环境和光环境,经由测试评估,南向标准办公室夏季总冷负荷可减少20%~24%。

（2）智能玻璃

智能玻璃是在传统玻璃上镀一层薄膜,薄膜中含有能改变颜色的化合物,这层薄膜可以根据室外变化和用户需求改变光线的透射率。智能玻璃有足够多的孔容纳小气体分子,如氧气和一氧化碳分子进入。它们与蛋白质发生反应,导致颜色改变。智能玻璃分为被动与主动两种。被动智能玻璃包括热感变色窗（Thermochromic Window）和光感变色窗（Photochromic Window）。主动智能玻璃主要通过附加一个微小的电压差而引起窗户透射率的改变,称为电致变色（Electrochromic Window）。智能玻璃的特点是正午,朝南方向的窗户,随着阳光辐射量的增加,会自动变暗,与此同时,处在阴影下的其他朝向窗户开始明亮。装上智能窗户后,人们不必为遮挡骄阳配上暗色或装上机械遮光罩了。严冬,这种朝北方向的智能窗户能为建筑物提供70%的太阳辐射量,获得漫射阳光所给予的温暖。

此外,智能玻璃还可作为一种建筑立面。这种玻璃立面可以大大地降低冬季在窗附近的冷辐射影响,还可以在夏季通过在顶棚灯具附近开口抽除灯具附近的热空气,有的甚至可以在冬季通过热交换装置回收热废气中的热量。部分发达国家建成的许多办公建筑应用了多重表皮立面技术,已发展到可以有组织地透过外侧保护玻璃从室外吸入新鲜空气进入空调系统,实现室内的新风供应。

2) 动态日光反射系统

充分利用自然光线是降低建筑能耗的重要手段。建筑立面可以整合动态日光反射技术,充分利用光线的漫反射。智能建筑还可根据用户移动感应器与相应的室外光线照度水平自动调整室内照明控制模式,自动提高或者降低室内人工照度水平,节能能源消耗。

瑞士巴塞尔 SUVA 保险公司在建筑大楼的改造中,在距建筑原表面 100 mm 位置附加了一层智能化的玻璃表皮。建筑的每层立面由自动控制的 3 层上悬窗组成,上层为棱镜玻璃面板,可根据太阳光的角度调整位置反射光线进入室内。位于视线高度的中间一层可以观景和自然通风。底层在原来的石墙上附加了一层印有保险公司标志的保温玻璃,夏天自动开启冷却石墙,冬季自动闭合利用二层表皮之间的空腔提高保温性能。

3) 动态自然通风系统

在不同的气候区,当室外温度处于舒适范围时,实现良好的自然通风是保证室内舒适度的最佳手段。建筑自然通风以开窗控制为主,考虑窗户的位置、数量、尺寸、朝向及窗户细部设计。

智能建筑立面动态自然通风系统最为常见的为双层幕墙通风系统。德国法兰克福龙贝格（Kronberg）行政办公楼是一个 U 形平面的三层建筑,外立面由 3 层通高的双层幕墙盒子窗户（Box Windows）构成。自动控制可开启的钢化玻璃构成了双层幕墙的外表皮,减少热损失并保护中间的遮阳百叶。内表皮的每个办公分隔由双层玻璃与自动开启的通风口构成。中心计算机控制外表皮、中间遮阳与内表皮通风口的开启状态,在满足用户需求的同时达到节能目的。可开启的外表皮设计不仅满足技术需求,而且赋予建筑立面或平整闭合或有韵律开启的多度的外观形象。

4)动态能源生产系统

太阳能是建筑主动或被动获取电和热的主要可再生清洁能源。智能建筑立面可将建筑遮阳与太阳能光电板进行整合,根据不同时间、地点的太阳位置及辐射强度,计算出即时的太阳高度角,调整太阳能光电板追踪太阳辐射轨迹,在有效遮阳的同时也能有效地生产能源。

澳大利亚林兹(Linz)SBL办公楼项目中,在半圆形南向立面上设计了太阳能光电板追踪遮阳系统,每层安装13片,全楼共52片光电板,面积为250 m^2。为更有效利用太阳能,每片光电板根据计算的太阳角度单独调整角度,每年可发电15 900 kW·h,占该建筑总用电量的40%。

太阳能光热相较于光伏而言较易利用,在楼顶设置太阳能热水系统,也是一种有效的动态能源生产和节能系统。

7.5　智能建筑室内办公环境设计

智能办公建筑室内环境设计的最终目的是实现办公空间环境的舒适性,以便使每个占用办公空间的成员具有良好的生理和心理状态,能够快速、高质、有效地完成办公业务。随着办公自动化的飞速发展,人与机器的联系越来越"密切"。但长时间的计算机操作,容易使人出现身心疲劳、心理烦躁不安的症状。为此,智能建筑室内环境设计以人体工学为依据,提供合理的工作站和家具设计,提供舒适的室内温湿度、照明、音质、色彩环境,使人处于最佳健康工作状态,从而提高工作效率。

7.5.1　工作站的平面布局形式

在智能办公建筑的室内设计中,最重要的就是工作站的平面布局设计。工作站非常适合于大空间智能化办公室的需求。工作站的平面设计包括了办公分区、交通组织、机具布置及周围环境设计等内容,良好的平面布局能够有效提高工作效率。工作站可分为个人工作站、共用工作站、少数人工作站、专职工作站等。工作站的布置形式也有许多种,基本形式如图7.27所示。

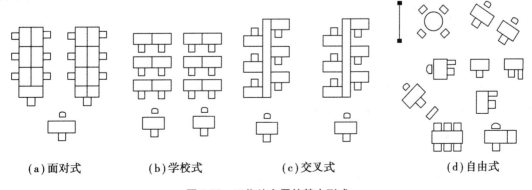

(a)面对式　　　(b)学校式　　　(c)交叉式　　　(d)自由式

图7.27　工作站布置的基本形式

（1）面对式

将工作站面对面地排列在一起,其之间的主要业务关系可以是 2 人为 1 组,也可以是 4~6 人为 1 组。这种方式便于相互之间语言、表情、动作上的联系,在办公业务的程序上可以做到相互传递和交流,但采光方向不尽合理。

（2）学校式

每个工作站的排列按照两人 1 排呈单向纵列布局,与教室布置相似。它们之间主要业务关系是两人 1 组,而几组之间又构成 1 个大组,大组内又可进行业务上的联系。其优点是易于监督管理,缺点是不便于各组之间的交流。

（3）交叉式

交叉式既有利于办公之间的交流,又有利于管理,是现代办公室广泛采用的形式。

（4）自由式

根据办公的需要,工作站呈不规则形式布置。其优点是室内气氛轻松、活泼、交流自由、视觉丰富,缺点是增加了设计难度和专业设备管线布置的复杂程度。

上述布局形式只是几种典型形式,在工程中的实际表现千差万别。但无论形式如何变化,工作站的布置必须遵循以下两个原则:一要相互紧凑,二要分隔合理。相互紧凑是为了节省办公面积,便于工作站环境设备(照明、空调、通信)的集中和配管布线;合理分隔是为了减少交叉、避免干扰。

7.5.2　室内采光设计

良好、舒适的光线不仅是视觉上的需要,它还可消除疲劳、避免视力损伤,并能创造温馨的室内气氛,这正是智能建筑室内光环境的原则。

在传统建筑中,经常因为采光面积控制不当而产生不舒服的生活体验。例如,当开窗过小时,光线对于建筑内部区域的照射强度过大,自然光线的照射范围和强度不受控制。智能建筑设计人员在研究建筑采光特点的基础上,提出了新的智能建筑设计方式和理念。

如前所述,自然采光将是智能建筑室内采光的主要方式。但在自然采光时,必须同时注意对太阳光的控制。太阳光直射会引起极为不适的刺目与眩光,不符合办公室采光要求,也还会带来一定的辐射热,造成夏季制冷能耗的增加。因此,智能建筑的自然采光必须将采光与遮阳一并考虑。目前许多智能建筑都设有自动遮阳板,可根据太阳的高度、角度及光线强度实现自动调节,在争取最大限度采光量的同时,也保证了采光质量。

另一种自然采光就是利用光纤导光。通过采光罩高效采集室外自然光线并导入系统内重新分配,再经过特殊制作的导光管传输后由底部的漫射装置将自然光照射出去。

还可通过百叶、光线控制器、新型玻璃、外遮阳等手段有效地利用自然光线。例如,一些写字楼设计里运用了智能百叶窗,通过自动感光智能收降转动百叶,有效控制自然光线在室内的照射强度与区域。还可引入智能照明控制系统,选用高效节能灯具,设置时间性、区域性控制模式,控制灯具按时、按区、按需关闭。

智能建筑室内采光必须要做到充足、均匀、柔和。当自然采光不能满足照度要求时(如阴天、距离窗太远、受到遮挡等情况),就需要用人工照明方式来补充和调整。

在目前的自动化办公室内,通常采用的照明方式有 3 种:一般照明、局部照明和混合照明。

采用一般照明和局部照明方式时,最好将所用灯具嵌装在吊顶的夹层内,外面再用玻璃或其他透明材料作面罩,也可使用滤光罩,利用滤光罩内不同角度的格栅进行滤光,使光照更为柔和均匀。

为了既有局部良好的光照度,又不会因亮度比差大而引起不适,可将一般照明与局部照明方式共同使用,这就是混合照明,如图 7.28 所示。当这两种方式混合使用时,由于光反射率不一样,以及光照角度和视觉的关系,会产生一定的不适感。因此,此时最好将一般照明改成间接照明,即通过反射光来照明,使它的亮度变得柔和一些,不会直接刺眼,又可与局部照明的亮度相混合起来,从而达到混合照明的最佳效果。

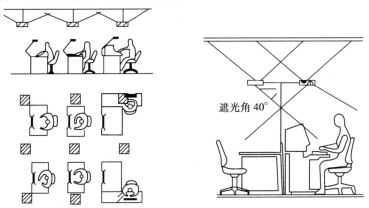

图 7.28　混合照明

从发展趋势来看,将会有越来越多的智能建筑采用智能照明技术,由各类探测点感知室内照明情况,并将信息传送给控制站(计算机)或 DDC 现场控制器,再由控制装置发出指令调整光源的位置、开关和强弱,如图 7.29 所示。

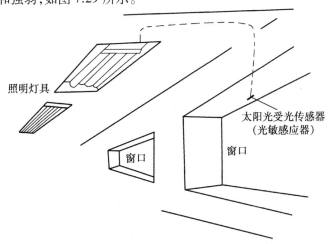

图 7.29　智能建筑的自动感光及控制

7.5.3　室内声环境设计

室内声环境主要是研究室内环境中的音质效果和噪声控制两部分内容,但音质效果对于智能建筑室内声环境而言并非主要问题,其主要问题是噪声控制。

在智能化办公室内有各种噪声源,噪声的出现和传播不仅使人们心烦意乱,搅扰人们的思想情绪,降低工作效率,而且长期生活或工作在受噪声污染的环境之中还会导致人们生理和心理上出现病态症状。为此,智能建筑内对噪声有其相应的控制标准,见表7.10。

表 7.10　智能建筑内各类房间噪声控制标准

房间名称	理想噪声值/dB	最大值/dB
大空间办公室、大会议室	30	40
个人办公室、接待室、小会议室	40	50
中型会议室、办公室	45	50
制图室	50	60
打字室、电子计算机房、复印机室	60	65
其他非办公辅助用房	65	—

无论是什么样的房间,当它们的噪声值长期超过所允许的最大值时,就要考虑采用噪声控制。通常采用控制噪声源、隔声、吸声和消声的方法。控制噪声源是指在办公室内应尽量采用低噪声的设备和办公机具,如低音量的电话蜂鸣器、微声键盘等。

隔声是采用一些密度大的隔声材料,将传来的噪声反射回去;吸声则是采用一些轻质多孔的吸声材料,利用它们的孔隙将穿过的声能转化为热能,从而吸收噪声。如隔断采用双层双面、中填矿棉毡的石膏板隔声,地面铺设地毯吸声,顶棚采用矿棉吸声板等,如图7.30所示。

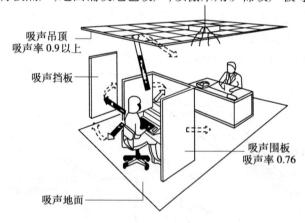

图 7.30　室内的吸声与隔声处理

若房间距离交通主干道较近,要重点强化窗户、墙体的隔声性能,比如应用广告牌、阳台板等方法阻隔交通运输活动形成的噪声。

消声是指在空调管道上安装消声器、消声箱,在金属或较硬物体的接触边缘加设橡胶、塑料或黏性软质的垫层等。房间所在建筑的设备、机房、管道局部都应配合使用消声减震方法。

7.5.4　室内热环境设计

人所能感知的或对人能产生影响的外部世界。人处于室内的环境称为室内热环境。人的热舒适感是建立在人和周围环境正常的热交换上。室内热舒适环境包括:室内空气温度、空气湿度、室内风速和室内热辐射。目前普遍接受的热环境舒适性指标见表7.8,房间围护结构内表面对人体的热辐射作用中偏暖不刺激。

如何有效地实现室内的空气流动,保证人体的热舒适性,需要结合建筑围护结构和暖通空调设备综合考虑。当前流行使用空气循环扇对室内环境进行局部改善,它通过空气动力学原理,形成强劲的风量,搅动室内空气,并通过折射,使室内产生对流风,从而加速室内空气的流通。其目的不是人体降温给,而是加速空气流通速度。

7.5.5 室内色彩设计

智能建筑更关注对人的关怀,其室内色彩设计更加注重室内环境色彩的视觉舒适性,而且还要与室内光照技术相配合,是光环境设计的一个分支。长期坐在计算机显示屏前的办公人员,由于眼前的作业区都是发光的反射体,当其视线移到别处,若看到的物体颜色过于强烈或过于阴暗,都会使眼睛受到刺激而导致疲劳,使人体在生理和心理上会因突然感到不适而产生不安定的情绪,影响工作效率。因此,在进行智能建筑的室内色彩设计时,大空间办公室的墙面、地面、吊顶以及门窗等部位的色彩应平衡,颜色的对比度不能太大,色泽不能太鲜艳。

办公室内的色彩,均应与机具颜色、照明光色,以及家具、吸声挡板、围板等的色彩相协调,以柔和的基调为主,色相宜暖,并要有和谐的过渡色,以使视线转移时不致让人感觉过于突然。对于休息区域的色彩可采用转换气氛的色彩,色调宜比较轻快,易于消除疲劳,令人愉悦。室内各部分的色彩要求,见表7.11。

表 7.11 智能建筑室内各部分的色彩要求

部位名称	色彩明度	反射率/%
地面	明度为 3~5 度,无彩色	6~20
墙面	明度为 7~8 度,色彩柔和	42~56
吊顶	明度为 9 度以下,色彩浅而明亮	72

7.6 智能化住宅的建筑设计特点

前面主要介绍了智能办公建筑(智能大厦)的本体智能化实现方法,但随着智能化技术向小区、家庭的普及,住宅建筑的本体智能化设计也逐渐受到人们的重视。

智能化住宅在建筑上应满足各个不同群种居住的要求。从建筑本体实现智能化的要求出发,住宅应是大的可随意自行分割组合的空间。目前的做法主要是依靠房产商提供几种户型供用户来进行选择,如何合理确定空间面积,成为智能化住宅的一个首要问题。

7.6.1 智能化住宅的面积

表7.12列出了当前一个智能化住宅功能空间面积的参考值。

表 7.12　智能化住宅功能空间面积的参考值

分　类	项　目	指标体系	
		一般	推荐
面积标准/m²	起居室	18	22
	主卧室	14	16
	次卧室	9	10(单人)/14(双人)
	厨房	6	7
	餐厅	10	12
	单卫生空间	4	4.5
	双卫生空间	7	8
	储藏室	2.5	3
	书房	8	10

7.6.2　户型平面设计要求与趋势

不同的人,其行为动作、行走路线并不一致,但智能住宅等生活类建筑,应当充分满足人生活习惯和日常生活行为的需求。在此,以厨房设计为例略加说明。

从炊事行为分析,厨房属于共用行为区,炊事行为从购物开始,清除垃圾终止,故厨房宜靠近户门;炊事行为的目的是提供饮食,故应与餐室相连;为延续交谈与增强团聚气氛,厨房能与客厅相容则更理想;与卫生间相邻可节省设备管线,便于管线维修、更新;由于烹调产生热量、食物不宜受太阳光直射,最好设于北向房间;连接服务阳台,不仅可为操作者提供一个室外活动空间,在我国北方还可以利用较低气温条件储藏食品。

观察人在厨房中的操作行为,从购入食品的储存、清洗、配餐、烹调、备餐,进餐,到餐后的清洗、储藏,完成一次炊事行为周期。其中联系最频繁、操作最集中的部位是水池、炉灶和冰箱前,称为工作三角形的 3 个顶点。它们在厨房内的布置顺序应是:冰箱接近入口,炉灶近餐桌,水池在二者之间,并宜在 3 件设备两侧布置操作台面。主要操作台设在水池与炉灶之间。在规模大、设备全的厨房中,储藏区增加了冰柜,洗涤区增加洗碗机和垃圾处理机,烹饪区增加烤箱和微波炉等。按此规律布置,厨房既可减少操作者的无效劳动,又便于部件产品的标准化、管线、管件的定型化及设置管线区。

设置定型管线区能改善厨房室内空间视觉效果,保护管线与表具,提高管线设计、安装、生产的标准化程度,便于厨房设备与管线接口的衔接,以及管线维修、管理和更换,促进管材、管件的改型和配套生产,推动厨房设备家具产品的定型与开发。

管线区有立管区与横管区之分。立管区可在厨房之外或占一墙角,结合小面积住宅条件建议设在外墙与设备之间,其范围不大于 30 cm×50 cm,以便于掩蔽。横管区布置在低柜后侧 10~15 cm 内。

厨房的本体智能化还有一个重要特点,就是厨房电气设计扩大。厨房照明设计的原则是:

结合操作行为照亮工作区,提高照明效率,满足操作者的需要;同时,在家用电器产品不断开发和普及的今天,厨房电气设计也应有一定的余量。例如,可在厨房一隅设置洗衣机、电熨斗,以便一个人同时做几件事,提高效率。

未来的家居户型设计会在不同社会需求层次呈现下列趋势:

①未来户型设计方向之一:趋向餐(厅)厨(房)合一和客(厅)书(房)合一

②未来户型设计方向之二:重主卧轻客厅

③未来户型设计方向之三:坚持动静分区,功能细节接受微创新抗拒大颠覆

④未来户型设计方向之四:朝向与过道体现对老人和幼童爱护

同济大学陈秉钊教授等人 2003 年在国家自然科学金会重点课题《可持续发展的中国人居环境的评价体系和模式研究》提出的中国城市人居住宅原型至今仍具有指导意义,如图 7.31 所示。

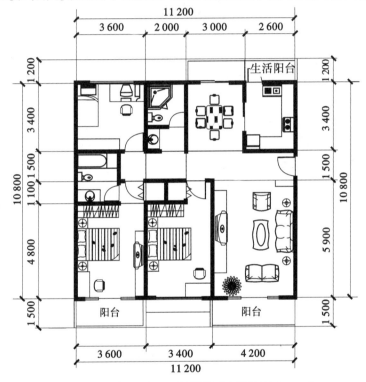

图 7.31　三室二厅二卫房型原型示意图(单位:mm)

7.7　智能小区的环境特点

智能化住宅的环境在这里主要指居住环境,主要包括声环境、热环境、光环境、空气品质及其他环境。

7.7.1　声环境

声环境是居住环境中的重要组成部分。所谓声环境是指住宅内外各种噪声源,在住宅内

形成的对居住者在生理上、心理上产生影响的声音环境。与住宅热环境、光环境相比,声环境的影响可能是更为长期的,也是居住者本身不易改变的。噪声干扰使人们休息、工作与睡眠都受到影响。《声环境质量标准》(GB 3096—2008)中明确规定了住宅区域为1类声环境功能区,环境噪声的最高限值:白天55 dB、夜间45 dB,若超过这个标准,便会对人体造成危害。在住宅室内外干扰居民的噪声中,室外噪声主要是交通噪声,室内噪声主要是楼板的撞击声。因此,解决上述两类噪声将是智能化住宅声环境的关键所在。

小区内噪声控制方法有下列3点:

①当住宅沿城市干道布置时,应首先选择建筑群的布局形式,然后在住宅平面布局中作防噪声设计。起居室、卧室不应设在临街的一侧,当设计确有困难时,每户至少应有1或2间卧室背向吵闹的干道。

②小区内各种服务设施,无论是单独建造的或配置在住宅首层的,都应根据噪声状况作隔声处理。

③住宅楼群中的小学体操场、幼儿园游戏场的位置应远离住宅。小区内的菜市场副食品商场和百货商场,应与住宅保持足够的距离,或通过住宅楼的平面布局加以隔离。

7.7.2 热环境

在舒适的热环境中,人无冷或热的感觉,仅有凉爽和舒适的感觉;人的生理反应最小,血管稍有收缩和张弛,汗液分泌恰当;人的精神饱满、愉快、反应灵敏、工作效率最高,人处于热舒适状态。表7.13给出了当前室内生活空间的环境质量控制基本指标。同样也可使用空气循环扇进行改善。

表7.13 住宅内环境质量控制基本指标

CO 含量率/($\times 10^{-6}$)	<10
CO_2 含量率/($\times 10^{-6}$)	<1 000
温度/℃	冬天 18~24,夏天 22~28
湿度/%	冬天 30~60,夏天 40~65
气流/(m·s^{-1})	冬天<0.2,夏天<0.3

7.7.3 光环境

光环境的内涵很广,包含了日照、采光和人工照明3方面。改善住宅的光环境可以增进人体和视觉的健康,形成心理上的舒适感,同时,还能为在住宅内安全有效地进行各种不同的作业和活动提供良好的环境气氛。

人对光环境的需求与其从事的活动有密切的联系。在进行生产、工作和学习的场所,优良的照明能振奋人的精神,提高工作效率和产品质量,保障人身安全与视力健康,因此,充分发挥人的视觉效能是营造这类光环境的主要目标。而在休息、娱乐和公共活动的场合,光环境的首要作用则是创造舒适优雅、生动活泼或庄重严肃的特定环境气氛。光对人的精神状态、心理感受产生极大的影响。

对于室内照明来说,住宅应充分利用天然光资源,为居住者提供一个满足生理、心理、卫生要求的居住环境,天然光资源主要通过窗户获取,住宅室内采光标准见表7.14。小区道路照明传统上参照道路照明设计规范,确定照明指标,包括亮度、照度、均匀度等。然后根据小区道路特点,如流线方向、节点功能等,适当调整亮度、照明方向、照明方式等要求。明确指标要求后,计算或选择确定照明灯具(路灯、庭院灯、草坪灯等)的数量、高度、发光样式、色温、显色性等,为最终的灯具选型划出界线和要求。最后,根据小区景观风格特点,选择适合的路灯、庭院灯、草坪灯外观样式。但与一个街道照明不同的是,小区照明至少应保证主要活动中心区域的清晰度,以保证实现较精细的动作。

无论室内还是室外,好的光环境具有照度适度、亮度比舒适、光色宜人、显色性良好,无眩光干扰等特点。

表 7.14　住宅室内采光标准

部　位	起居室(客厅)、卧室、书房、厨房	卫生间、过厅	楼梯间
窗、地面积比	1/7~1/6	1/10	1/14

7.7.4　空气品质

室内空气品质主要指人所感受到的空气的新鲜程度和洁净程度。当前,保证建筑内部空气良好,主要依靠通风实现。民用建筑应满足的通风换气次数标准,见表7.15。因当前大气污染和雾霾比较严重,室内空气净化技术正逐步发展起来。

表 7.15　民用建筑的通风换气次数

房间类型	换气数/(次·h^{-1})	房间类型	换气数/(次·h^{-1})
厨房	10~40	配电室	3~4
盥洗室、卫生间	5~10	变电室	8~15
浴室(无窗)	5~10	蓄电池室	10~15
洗衣房	15~20	油罐室	4~6
空调、制冷机房	4~6	汽车修理间	3~4
电梯机房	8~15	地下修车库	5~6

室内空气品质的评价是认识室内环境的一种科学方法,是随着人们对室内环境重要性认识的不断加深所提出的新概念。它反映在某个具体的环境内环境要素对人群的工作、生活的适宜程度,而不是简单的卫生指标合格与不合格的判断。

空气的洁净程度是指空气中的粉尘和有害物的浓度。我国尚未统一粉尘洁净等级的划分标准和要求,对智能化建筑的舒适性空调系统,可采用 ASHRAE 对可接受的室内空气品质标准进行判断:空调房间的绝大多数人对室内空气表示满意,并且空气中没有已知的污染物达到了可能对人体健康产生严重威胁的程度。

7.7.5　智能建筑室内设计趋势

随着智能家居的不断发展,对智能建筑室内设计提出了新的要求。

一是设计模块化发展。因智能家居平台技术层面上主要是远程和无线控制,因此在空间布局上要求室内设计师尽可能地将各种电子设备有组织地布置。这就需要在设计阶段提前将家居产品的位置、布线、设备管道规划好,并和家具位置相结合,势必会将住宅空间的设计引向模块化发展。

二是用户个性化发展。因用户个体需求不同,因而智能家居需要根据用户及其家庭成员特点提供个性化服务,而设计师在进行室内设计时就需要结合用户特点,合理布置空间,安排家居产品,如老人独居的家庭宜做适老化处理。

三是智能化理念拓展。设计时要充分意识到,智能化家具的融入促进了室内环境设计的规范化和个性化,以智能化为出发点,设计出更符合人们需求的、便利的、高效的、有特色的空间。

7.7.6　其他环境问题

优良的智能化建筑环境还包括了建筑室内和小区内给排水、供电品质及电磁辐射环境等的品质管理。从目前的研究成果看,水环境品质的好坏主要体现在给水水质、水压、水量及排水顺畅、噪声、气味污染程度及雨、废、污水的高效回收及利用等方面;用电环境品质的优劣则主要体现在供电可靠性、频率、电压偏移、电压波动、电压波形及不平衡度和用电可靠性、安全性等方面。电磁环境的品质开始受到重视,是因为物业环境中各种电气产品日益繁杂,尤其是智能化建筑,对人的影响渐多,产品间有可能还存在着电磁兼容性(EMC,包括电磁干扰 EMI 与电磁抗 EMS)问题。当前,这部分的品质管理工作主要是通过对产品进行 EMC 认证进行,要保证使用能够通过 EMC 认证的产品,避免电磁危害。

总之,智能小区综合运用了计算机技术、通信技术、控制技术、环保节能技术和新型建筑材料,是由环保节能设备、家庭智能控制系统、通信接入网、小区物业管理服务系统和小区综合信息服务系统来支持实现的。智能小区本体智能化的本质就是以人为本,在住宅的建设中就紧密地与环境和人的生活融为一体,在 AI 的驱动下,营造出和谐的居住环境和人文环境。

7.8　建筑本体智能化的未来

美国作家凯文·凯利(Kevin Kelly)在 2016 年出版的《必然》(*The Inevitable*)一书中提出了未来科技的 12 个元趋势:Becoming(形成)、Cognifying(知化)、Flowing(流动)、Screening(屏读)、Accessing(使用)、Sharing(共享)、Filtering(过滤)、Remixing(重混)、Interacting(互动)、Tracking(追踪)、Questioning(提问)、Beginning(开始)。

凯文·凯利声称这些趋势将持续至少 30 年,并将这些元趋势称为必然,因为它们植根于科技的本质而非社会的本质。科技发展规律不随人类文化或者意志变化而变化,所以这些元趋势必然发生。而这些变化的发生对我们人类的未来影响巨大,因此了解这些变化至关重要。

类比建筑的发展趋势,结合这 12 个词语中的一部分,可以用来一窥建筑本体智能化的发展方向。

1)Becoming(形成)

凯文·凯利认为,人类社会的归宿不是乌托邦,而是"进托邦"。它体现从量变到质变的渐进式改进。"进托邦"中的"进"(Pro)来自"进程"(Process)和"进步"(Progress)。

建筑是基于人生活和社会发展需求而形成的,随着人类社会的发展与升级,未来智能建筑的自适应性、可升级性将突破改造、重建这些传统路径,在可循环、可生长材料和建造方式的变革中升级进化。

(1)智能建造

如图 7.32 所示,2012 年,中国远大集团只用了 6 天便建成了一座 15 层高的酒店,又用"搭积木"方式在湘阴建成一座 30 层的低碳智能化建筑——T30 酒店,从开工到入住仅用 48 天,抗震能力是使用传统方式建造的同类大楼的 5 倍。采用了模块化装配式设计和施工,成为中国建筑业智能建造的先锋。

图 7.32　中国智能建造的代表——T30 酒店

碧桂园在汕头市金平项目完成"BIM+FMS+WMS+建筑机器人"(BIM:建筑信息模型;FMS:机器人协同管理系统;WMS:仓储管理系统)多机施工系统的验收,共有 8 款施工机器人、6 款运输及上料机器人、5 款集中工作站开展多机协同装修施工作业,首次构建出完整的全周期机器人施工闭环,对全世界建筑行业具有巨大的示范和引领价值。

(2)生物建造

如图 7.33 所示,麻省理工学院为一只机械手臂编程,在钢架上打造出一个框架作为蚕的路线图。当蚕自由爬上这套设施时,便可对光、热及几何图形做出反应,并创造出反映其所处环境的图案。让 500 只蚕在 6 个月的时间内打造出一座前人未曾想象过的丝质建筑。实现了大自然令人叹为观止的高效率。

又如图 7.34 所示,利用巴氏芽孢杆菌将沙土变为砂岩的特性,人们在撒哈拉沙漠中建设了一堵 6 000 km 长的可居住墙体,成为一种凭借生物反应而自然生成的沙土建筑。能生产砂岩的巴氏芽孢杆菌是一种生活在沼泽和湿地中的细菌,一经引入,这些细菌可在不到一周的时间里建造出结构坚固且可居住的建筑,为快速解决沙漠难民住房提供了途径。

图7.33　麻省理工学院在美国马萨诸塞州剑桥市建造的丝绸馆

（3）生态建造

如图7.35所示，GEOtube大楼是福尔德斯工作室（Faulders Studio）的设计师为迪拜设计的一个未来建筑模型。它是一个巨型的结构体系，外层是一个白色网状结构，就像人体血管一样，利用漂浮式的太阳能板抽取波斯湾的盐水并且输送到建筑的每一个空间的外层结构，从地下室到顶楼，水分蒸发后剩下的盐分就会累积形成白色结晶，可以随着时间的推移，海盐层的不断沉积的同时，建筑也会慢慢地"长大"。

图7.34　撒哈拉沙漠的巴氏芽孢杆菌　　　图7.35　GEOtube大楼
　　　　　　"建造"的沙土建筑

当需要对建筑进行空间上的增建，可以直接延伸白色网状血管结构，等待盐分凝结，形成新的空间，从而实现建筑的智能生长。

2）Cognifying（知化）

知化是让建筑物本身具备一定知识和推理能力，实现AI。未来技术将和人工智能相关，技术要做的事情是让所有的东西更加智能，这个知化过程会给社会带来根本性变革的技术趋势，将智力作为一种服务，使其可以像电力一样传输。所以，对效率要求不高的工作更适合人类。人则适合去做创造性的工作，因为创造本身就是不讲究效率的，不用考虑正确性。因为AI吸收了过去所有的经验，实际上它都是最聪明的人加上机器。与人工智能的合作表现决定了人的境遇，人应该和AI的产物，包括建筑物进行合作，而不是和他们对抗。

图 7.36 所示的 Dynamic Tower Hotel 位于迪拜,是世界首个风力发电旋转大厦,由意大利建筑师 David Fisher 设计,2008 年筹划,2021 年完工,高约 458.33 m,共 80 层配备了风力涡轮机,水平布置在每个楼层和屋顶上的太阳能电池板之间,实现了自行供电。国内将其翻译为动力塔酒店,全幢楼高每个住房分布在不同楼层。每一层楼都能以不同速度 360° 旋转,并且大厦的旋转速度能够被声控。用户只要说出"快一点、慢一点、停止、开始、速度 1、速度 2、速度 3"等,就可以控制当层的转速,其他部分的运动可以随着时间变化持续旋转。此外,旋转大厦还能识别天气和温度变化,通过建筑表面自动调节室内温度。

图 7.36 Dynamic Tower Hotel

大楼大部分采用特殊钢质构造,硬度低,却有很好的韧性。中心轴是设计建造中最关键的部位之一,它将各层牢固地穿在一起,又能让各层楼可以单独、自如地旋转。

3) Flowing(流动)

世界开始进入了一种无始无终的流动状态,几乎所有的一切,不管客观与主观,有无意识,都可以被解译为信息流。信息流通过人们的上载下载进行复制、传递。3D 打印机的发明,让建筑本身也具有了可被复制、下载、传播的流体化数字化属性。未来,会有很多物品成为可以下载的东西,建筑也不例外。

未来会更加重视建筑和社区的品质,未来的智能建筑将会在信息流技术的支持下,实现 3D 打印、BIM+建筑机器人等智能建造,从而大幅度提高建筑效率和全寿命周期的品质。

图 7.37 是俄罗斯 3D 打印建筑公司 Apis Cor 和美国建筑公司 Sunconomy 共同开发的单一结构 3D 打印混凝土住宅。Apis Cor 3D 打印混凝土系统最大打印面积为 132 m²,可以随时下载住宅信息进行打印。

图 7.38 展示了普通人则可凭借最少的工具及最少的培训在任何地方建造房屋。有了开源建筑系统,任何人都可以设计、分享、下载以及使用胶合板等成本低廉且适应当地需求的板材(使用电脑数控铣床)"打印",可快速建成的房屋。特别适合于震后住房及其他应急建筑的快速建造。

图 7.37　3D 打印混凝土住宅

图 7.38　普通人能够实现的维基化建筑

4) Accessing(使用)

凯文·凯利强调,可能在未来,使用权比所有权更加重要。当人为了拥有自己的住宅需要付出的代价越来越大,拥有它的使用权比实际拥有它将会更有吸引力,就像穿行于复杂环境时不去拥有任何东西的狩猎者是自由地奔向前方的,没有拥有事物所带来的负累,才可以保持敏捷和精力充沛,时刻为即将出现的未知事物做好准备。租赁人可能将是大部分居住者的身份,因此如何打造高质量的租赁空间及服务将会是未来住宅建筑一个重要的课题。

由大东建托与藤本壮介共同设计的租赁住宅,私有空间被压缩到最小,取而代之的是宽阔的庭院、客厅、厨房和卫浴。相较于传统租赁公寓中私有空间最大化及公共部分则仅由通道构成,人们可以在宽阔的庭院中沐浴阳光,在近乎奢侈的厨房中烹制饭菜,在宽敞的书房中阅读书籍……享受高质量的租赁空间,远比蜷缩在蜗居中要来得自由自在。图 7.39 所示为强调使用的租赁住宅。

图 7.39　强调使用的租赁住宅

5) Filtering(过滤)

图 7.40 所示的是在 2015 年的米兰世博会上面世的 13 000 m² 吸霾建筑。建筑的混凝土外立面可吸收空气中的污染物,并将污染物转化为可被雨水冲刷掉的无害盐。

面对过剩的信息,过滤成为了数字化世界中的基本生存需求,新的世界秩序将在过滤中产生。过滤是多样化、个人化的,基本问题集中解决,给用户留下极大的个性化空间,是建筑"过滤"的方式之一。

图 7.40　米兰吸霾建筑

图 7.41 所示住宅模型由 LIXIL 与坂茂合作设计而成。将浴室、卫生间、厨房、洗漱台集中为一体,排水设于其上方,最小化住宅设备占据的空间,同时利用滑动收纳的装置,帮助用户根据需要自行改变房间的大小和格局,保证用户可以最大个性化地安排和利用住宅空间。排水系统的一体化解放了房间大小与格局。

图 7.41　排水系统一体化的自由住宅

6) Interacting(互动)

图 7.42 所示的 ITC 媒体大楼,是为突显新兴技术发展而设计的公共空间。可调节气温的半透明充气膜制成的建筑外墙,便是这一使命的表现。天气炎热时,传感器会自动为这些遮光气膜充气来遮挡阳光和降低制冷成本,而在阴天,传感器则会通过放气来增加光照。

如果建筑像人体一样具有大脑、感受神经,与自主动作反应,可以聪明地感受到人的需要,察觉周围环境的变化,根据环境气候的条件做主动的回应与改变。建筑物将成为具有感觉,会思考,是一个可调试的生命体,并即时与环境改变做互动。图 7.43 演示了一种能呼吸的建筑金属表面。智能热双金属由对热能产生不同反应的两种金属构成,因此无须控制或耗能便可对温度变化做出反应。安装后,热双金属的活性特质可让整个系统在热天实现空气流通,同时起到遮阴的效果,从而实现建筑的"呼吸"。

图 7.42　ITC 媒体大楼

图 7.43　能呼吸的金属

图 7.44 所示的气泡(Bubbles)是由一个大型充气体系组成的,由 Foxlin Architects 设计。巨大的尼龙气囊挂在相互连接的透明管道上,这一体系可以根据来访者的行为进行收缩和膨胀。如果场地上没有访问者活动,整个场地空间会逐渐被这些泡泡填满,创造出一个半透明的,由泡泡填充形成的空间形态。

图 7.44　Bubbles | Foxlin Architects

来访者所感受的不是一个固定的空间立面而是一种体积可变的建筑系统。当来访者触碰一个泡泡时,泡泡会收缩,从而在装置内部提供出空间,活动越多空间就越开放,通透。从一开始,这一装置的目的就在于创造出一个可感知的建筑环境,这一环境可以根据不同的外界条件进行变化。

7) Questioning(提问)

数字世界的发展仍然遵循着摩尔定律飞速发展,这使人类拥有了前所未有的解决问题的能力。一个答案将带来两个新的问题,结果是,答案越多,问题越多。我们进入了一个有机会发现更多问题,并把人类引导到终极问题上的正反馈循环。而对于最本质属性为庇护的住宅建筑,有一个问题涌现:万一未来极端环境无法避免,建筑如何帮助人类生存?

图7.45显示的自给自足的螺旋海底城市由日本的清水公司(Shimizu Corporation Japan)设计,计划2030年左右建成。高强度树脂混凝土网壳结构周围,设置有漂浮的海堤和减震控制器,保证其平稳。类似潜水艇城市可以通过螺旋结构漂浮在海面或沉入海底。它利用海水温差发电法(OTEC)发电以及深海强压反渗透过滤技术提取纯净水,大型水下牧场提供实物资源,借用海底的微生物将二氧化碳转化为甲烷燃料,实现自给自足。

图7.45 自给自足的螺旋海底城市

人类对建筑的体验,正在被信息革命所颠覆,一个崭新的未来正在到来。未来建筑将突破传统的物理概念,将人、环境、社交需求等因素巧妙交融,给人以全新的多维体验。建筑智能化的进化,不会是只解决好技术问题就能完成,它还涉及经济、环境、社会,乃至商业、国家政策等方面,甚至可以说智能化建筑设计与社会生活中的各个方面都有着千丝万缕、直接或间接的联系。对智能建筑的发展要从整个社会发展的高度去认识。

一个智能化建筑设计的好坏,不能简单地以眼前的使用情况为标准,而应以一种可持续发展的眼光来评判。这是因为人的视野借助于信息技术的普及和发展得到前所未有的大幅拓展,各种意识形态的传播速度逐步加快,它们之间的碰撞、学习和交融机会也越来越多。人的世界观发生着巨变,这些意识形态左右着建筑的设计取向,尤其是6G技术即将突破,高速无线通信逐渐取代有线网络的趋势,元宇宙概念渐行的当今,必须以更为长远的眼光来估计未来社会的价值取向。

信息技术改变着人的生活与工作方式,今天的智能建筑要努力为适应明天的办公和生活方式作好准备。从技术角度观察,AI与信息技术的突飞猛进使得智能建筑内的智能化设备也在不断地增多、发展、变化。今天的智能建筑设计就必须考虑未来人的工作、生活方式,以及设备的适应问题。

所以,为了适应社会不断发展变化的各种需求,必须提高智能建筑的适应能力。这种思想体现在设计上就是注重弹性设计和超前设计。如在建筑设计上,办公空间要尽量采用可灵活分隔的大空间、水平布线要注重灵活性并留有足够的竖井空间、电总容量要考虑增容的可能性、部分楼面要为未来承受大、中型通信设备做好准备等。在智能化系统的支持下,充分应用新材料、新技术,创造良好的建筑办公环境和居住环境。这些在建设初期并不需要很大的投入,但在后期施工、使用、维护、改造升级时,能带来极大的便利。

思考题

1.什么是建筑的本体智能化? 建筑的本体智能化具有什么样的特点?

2.如何确定智能建筑的层高? 合理的层高范围是多少?

3.智能建筑的柱距是如何确定的? 若在你所在的城镇修建智能建筑,请提出一个合理的柱距。

4.在建筑中设立办公单元有什么好处? 一个办公单元的平面尺寸宜为多少?

5.智能建筑有哪些特殊的功能要求? 在建筑设计中应如何满足这些特殊要求?

6.智能建筑合理的楼层平面面积应为多少?

7.建筑立面的动态设计包含哪些功能?

8.智能建筑的室内环境设计有哪些特点?

9.智能化住宅应满足哪些基本的建筑设计要求?

10.智能小区的环境设计应达到哪些基本要求?

11.室内色彩设计的要求有哪些?

12.简述智能小区声环境、光环境、热环境的重要性。

13.智能建筑的未来会朝着哪些方向发展? 我们如何来保障智能建筑在这些方向上实现它的可持续发展?

参考文献

[1] 钟强.建筑智能化技术在物联网时代的应用及发展[J].居舍,2018(11):396.

[2] 刘红芹,汤志伟,崔茜,等.中国建设智慧社会的国外经验借鉴[J].电子政务,2019(4):9-17.

[3] 张刚.北京城市副中心:加快智慧城市建设步伐[J].中国建设信息化,2020(21):60.

[4] 刘先唯.建筑智能化与可持续发展[J].现代经济信息,2018(20):354.

[5] 王宜文.关于综合布线技术在智能建筑物中的运用[J].纳税,2017(26):181.

[6] 朱保华.智能建筑设备电气自动化系统设计研究[J].山西建筑,2021,47(5):111-113.

[7] 段晨旭.建筑设备自动化系统工程[M].北京:机械工业出版社,2016.

[8] 王文祥.供配电系统电气自动化的应用分析[J].产业科技创新,2020(29):2.

[9] 刘莉馨.建筑设备监控系统标准化设计研究[D].北京:北京建筑大学,2018.

[10] 龚华堂.智能停车信息管理系统的构建方案[J].信息与电脑(理论版),2021,33(14):101-104.

[11] 孙国庆,张晓慧,仁红淑,等.智能建筑机电设备自动化技术[J].智能建筑与智慧城市,2021(11):117-118.

[12] 林伟伟.高层建筑消防电气设计隐患及火灾报警系统优化策略探析[J].中国住宅设施,2021(12):7-8.

[13] 王晓莉.入侵探测器主流技术及原理概述[J].微型机与应用,2014,33(18):1-3.

[14] 师帅.基于命名数据网络的会议电视系统研究[D].天津:天津大学,2018.

[15] 刘慧.VSAT卫星通信系统及应用研究[J].数字技术与应用,2016(6):36.

[16] 吴文博,刘依卓.5G背景下物联网的应用与发展问题研究[J].数字通信世界,2021(10):63-64,116.

[17] 秦健勇,杨丽君.基于物联网技术的楼宇智能化综合安防监控系统设计[J].自动化与仪器仪表,2021(5):82-86.

[18] 罗杰,蒋嘉坤,唐文龙,等.基于物联网的楼宇智能化建设[J].现代物业(中旬刊),2018,17(3):40.

［19］姜志峰,云中华,朱利娟,等.基于 CSMA/CD 改进的混合 RFID 防碰撞算法［J］.计算机技术与发展,2018,28(3):78-82.

［20］于状.光纤传输中的同步数字体系研究［J］.无线互联科技,2020,17(18):129-130.

［21］李洁.结合 IP 应用的 ATM 组网优化设计［J］.科技创新与应用,2019(2):96-98.

［22］姜呈凯.我国 5G 产业发展的现状、问题与对策［J］.环渤海经济瞭望,2021(5):24-26.

［23］邱义,郭一晶.物联网时代的智能小区安防系统研究［J］.中国房地产,2020(21):76-79.

［24］徐均,王学勇,张谦,等.智能小区安防系统的设计与实现［J］.工程建设与设计,2019(4):100-101.

［25］崔利军.智能小区安防牵手信息化［J］.城乡建设,2019(10):24-27.

［26］王金山.智能控制在建筑公共设施管理中的应用分析［J］.建材技术与应用,2021(2):19-21.

［27］张宁.浅谈智能照明系统在公共建筑中的应用［J］.科技风,2018(6):229.

［28］况伟杰.基于有线电视网络的社区单元智能广告投放系统研究［J］.广播电视网络,2021,28(8):105-107.

［29］周莉.智能建筑建立一卡通管理系统研究［J］.信息系统工程,2018(2):58.

［30］孙博.新一代一卡通系统下高校基于人脸识别应用［J］.网络安全技术与应用,2020(10):164-166.

［31］周娟.信息家电远程控制系统的构想［J］.电脑知识与技术,2020,16(22):48-49.

［32］王会来,邵军,吕雪栋,等.人脸识别技术在智能楼宇中的应用研究［J］.科技创新与应用,2021,11(20):182-184.

［33］徐陆.智能建筑中的建筑设计分析［J］.智能城市,2019,5(12):23-24.

［34］张瑞英,孙胜男.智能建筑中的建筑设计［J］.住宅与房地产,2020(3):72.

［35］温树彬.浅析智能建筑的建筑设计和智能化系统［J］.建材与装饰,2017(15):88-89.

［36］李红.复合功能高层建筑的标准层设计［J］.建筑技术开发,2018,45(7):33-34.

［37］张智伟.谈建筑设计中智能玻璃立面的节能作用［J］.房地产导刊,2018(9):254.

［38］蔡蔚.智能建筑中的建筑设计研究［J］.居舍,2019(11):100.

［39］刘路宁.探析智能建筑工作室空间的生态设计［J］.决策探索(中),2020(4):95.

［40］张丹.绿色智能建筑对建筑学的设计要求分析［J］.住宅与房地产,2021(5):78-79.

［41］金明华.基于智能家居背景下的住宅室内设计研究［J］.地产,2019(17):54.

［42］杨茜婷.基于智能家居系统的自理老人住宅室内设计研究［D］.昆明:昆明理工大学,2020.

［43］黄喜悦.基于本体方法的建筑智能化系统集成研究与开发［D］.济南:山东建筑大学,2019.

［44］杜明芳.智能建筑系统集成［M］.2 版.北京:中国建筑工业出版社,2021.

［45］杜明芳.智慧建筑:智能+时代建筑业转型发展之道［M］.北京:机械工业出版社,2020.

［46］张聪,高峰.卫星互联网未来应用场景及安全性分析［J］.信息技术,2022,46(3):

120-126.

[47] 任远桢,金胜,鲁耀兵,等.星链计划发展现状与对抗思考[J].现代防御技术,2022 (2):11-17.

[48] KEVIN K.The Inevitable[M].London:Penguin Books,2016.

[49] CHEN X R,LIU X.Intelligent building problems and countermeasures[J].Applied Mechanics and Materials,2013(353-356):2904-2907.

[50] SARKER I H.Smart city data science:Towards data-driven smart cities with open research issues[J].Internet Things,2022(19):100528.

[51] LEA R.Smart cities:An overview of the technology trends driving smart cities[J].Smart Cities:An Overview of the Technology Trends Driving Smart Cities,2017(March).

[52] VERMA A,PRAKASH S,KUMAR A,et al.A novel design approach for indoor environmental quality based on a multiagent system for intelligent buildings in a smart city:toward occupant's comfort[J].Env Prog And Sustain Energy,2022,n/a(n/a):e13895.

[53] OREJON-SANCHEZ R D,CRESPO-GARCIA D,ANDRES-DIAZ J R,et al.Smart cities' development in spain:A comparison of technical and social indicators with reference to european cities[J].Sustain Cities Soc,2022,81:103828.

[54] SILVA B N,KHAN M,HAN K.Towards sustainable smart cities:A review of trends, architectures,components,and open challenges in smart cities[J].Sustain Cities Soc, 2018(38):697-713.

[55] O'DWYER E,PAN I,ACHA S,et al.Smart energy systems for sustainable smart cities: Current developments, trends and future directions [J]. Appl Energy, 2019 (237): 581-597.

[56] KIM W,KATIPAMULA S.A review of fault detection and diagnostics methods for building systems[J].Sci Technol Built Environ,2018,24(1):3-21.

[57] EVANGELOS M, KONSTANTINOS P, ARIS D, et al. A smart building fire and gas leakage alert system with edge computing and NG112 emergency call capabilities[J]. Information,2022,13(4):164.

[58] FAN T,CHEN ZG.Smart communities to reduce earthquake damage:a case study in xin heyuan,China[J].Appl Math Nonlinear Sci,2022,7(1):957-966.

[59] HU M.Smart Technologies and Design For Healthy Built Environments[M].Cham: Springer International Publishing,2021.

[60] MOHAMED, BEN, AHMED, et al. Innovations in Smart Cities and Applications[M]. Springer Cham,2018.